ASP.NET Core 与 RESTful API 开发实战

杨万青 著

人民邮电出版社

北京

图书在版编目（CIP）数据

ASP.NET Core与RESTful API开发实战 / 杨万青著
. — 北京：人民邮电出版社，2020.2
ISBN 978-7-115-51951-1

Ⅰ. ①A… Ⅱ. ①杨… Ⅲ. ①网页制作工具－程序设计②互联网络－网络服务器－程序设计 Ⅳ.
①TP393.092.2②TP368.5

中国版本图书馆CIP数据核字(2019)第301633号

内 容 提 要

ASP.NET Core 是微软推出的新一代跨平台、高性能 Web 开发框架，具有模块化、内置依赖项注入、开源、易于部署等特点。作为近些年来主流的软件架构风格，REST 旨在构建简单、可靠、高性能、高伸缩性的 Web 应用。

本书系统地介绍了如何使用 ASP.NET Core 开发 RESTful API 应用，共包含 10 章内容。前 3 章主要介绍了 REST、HTTP、ASP.NET Core 的基础理论。第 4~10 章讲述如何根据前 3 章的理论逐步构建规范的 RESTful API 应用，涉及资源的基本操作、Entity Framework Core、高级查询、日志、缓存、并发、HATEOAS、认证与安全、测试以及部署等内容。

本书适合.NET 开发者或.NET 初学者阅读，也适合那些有其他编程语言基础且想要学习.NET Core 的开发者阅读。同时，本书也适合作为大专院校计算机专业的师生用书和培训学校的教材。

◆ 著　　杨万青
　责任编辑　张　爽
　责任印制　王　郁　焦志炜

◆ 人民邮电出版社出版发行　北京市丰台区成寿寺路 11 号
　邮编　100164　电子邮件　315@ptpress.com.cn
　网址　https://www.ptpress.com.cn
　北京七彩京通数码快印有限公司印刷

◆ 开本：800×1000　1/16
　印张：19.75　　　　　　　　2020 年 2 月第 1 版
　字数：447 千字　　　　　　 2024 年 12 月北京第 15 次印刷

定价：79.00 元

读者服务热线：(010)81055410　印装质量热线：(010)81055316
反盗版热线：(010)81055315
广告经营许可证：京东市监广登字 20170147 号

前　言

编写背景

微软于 2016 年推出 .NET Core 和 ASP.NET Core。作为一个全新的开发平台，.NET Core 对 .NET Framework 框架进行了重大的改进，解决了 .NET Framework 的一个非常明显的缺陷，实现了跨平台性。使用 .NET Core 能够开发出适用于各种平台以及各种不同类型的应用，如 Web 应用程序、微服务、控制台程序、Windows 桌面应用（自 .NET Core 3.0 起）等，并能够轻松地部署到各个平台上。同时，.NET Core 沿用了 .NET Framework 框架的优点，使 .NET 开发人员能够顺利上手并在工作中使用。.NET Core 从发布之初就加入开源组织，并受到开发者社区的支持，目前 .NET Core 已经达到 2.2 版本，其成熟性、稳定性、高性能、模块化等特点将帮助开发者开发出适用于各种场景的企业级应用。

作为 .NET Core 平台的重要角色，ASP.NET Core 旨在开发现代主流的 Web 应用程序。与 .NET Core 一样，ASP.NET Core 同样具有跨平台、开源、模块化、高性能等特点，这些特点使它完全超越了 ASP.NET。ASP.NET Core 还具有一些重要特点，如内置依赖项注入、轻型的高性能模块化 HTTP 请求管道、灵活的配置与日志系统等，使开发者能够轻松地开发出更灵活、更安全和高质量的 Web 应用程序。同时，ASP.NET Core 内置了对云平台和容器的支持，使它能够快速地部署到不同的平台中。

自从 2000 年 Roy Thomas Fielding 在其博士论文中首次提出 REST 后，REST 一直就是人们讨论的话题，并且不断地应用于各种技术的实现中。作为一种软件架构风格，REST 旨在构建简单、可靠、高性能、高伸缩性的 Web 应用。然而，由于它并不像标准一样具有详尽的定义、说明与规则，并且开发者易受其他 Web 服务开发风格的影响，因此多数人对于它的认识与理解不够全面，甚至存在一定程度上的误解。

本书以 ASP.NET Core 与 REST 为主题，介绍了如何使用 ASP.NET Core 开发出规范的 RESTful API 应用。本书不仅详细地介绍了 REST、REST 约束以及 HTTP 协议，还深入介绍了 ASP.NET Core 及其重要性。充分理解 ASP.NET Core 与 REST 有助于开发者设计出规范的 RESTful API。

本书内容

本书系统介绍 ASP.NET Core 与 RESTful API 应用的开发，共分为 10 章。前 3 章重点介绍

前言

理论知识，后 7 章主要讲述实践操作。前 3 章的理论为后 7 章的实践提供了支持，如第 1 章介绍的 HTTP 消息头和状态码、第 3 章介绍的 ASP.NET Core 核心特性，会在后 7 章中经常提及并用到。这种从理论到实践、由浅入深的学习方式有助于读者进一步掌握所学的内容。如果你刚开始学习.NET Core 开发，建议按照章节顺序阅读本书。

从第 4 章开始的项目实践将带领读者一步一步地开发 RESTful API 应用，从项目的创建到实现对资源的操作，从使用 Entity Framework Core 到高级查询与日志，从为项目添加认证功能到为项目应用 ASP.NET Core 提供的各种安全特性，从测试到部署，这一系列内容贯穿了一个实际项目的整个开发流程。读者若能从头到尾实践本书中项目的开发流程，将会受益匪浅。同时，在介绍项目开发的过程中，对于遇到的新知识，本书也进行了必要的理论性介绍，如第 4 章中的仓储模式、第 7 章中的 HTTP 缓存、第 8 章中的 CORS、第 10 章中的 Docker 与 Azure 等。

本书主要内容如下。

第 1 章介绍 API 与 REST 的基本概念、REST 约束、HTTP 协议，以及 REST 中资源表述常用的 JSON 格式与 XML 格式等。

第 2 章介绍.NET Core、.NET Standard 以及 ASP.NET Core，讨论 ASP.NET Core 自 2.0 后各个版本新增加的特性与变化，展示开发环境的设置以及如何开始创建第一个 Web API 应用。

第 3 章深入剖析 ASP.NET Core 提供的重要特性，如启动与 Kestrel 服务器、中间件、依赖注入、MVC、配置、日志、错误处理。

第 4 章介绍实例项目（该项目将贯穿本书后面的章节）的创建，讨论如何准备测试数据、仓储模式，以及如何实现对资源的各种操作，如获取、创建、删除、更新等，最后讨论内容协商及其实现方式。

第 5 章介绍 Entity Framework Core 以及如何在项目中使用它，并使用它替换原来的内存数据源方式，以及使用异步方式替换原来的同步方式。

第 6 章介绍分页、过滤、搜索、排序的实现，以及如何记录日志并处理异常。

第 7 章介绍较为复杂的主题，包括缓存以及不同种类缓存的实现方式、并发控制的实现方式、API 版本、HATEOAS，以及 GraphQL 及其实现。

第 8 章介绍如何保护 API 应用程序，包括为应用程序添加认证功能、使用 Identity 保存用户信息、使用 HTTPS 与 HSTS。该章还会讲解数据保护 API 和用户机密的概念与使用，以及跨域资源访问及其实现方式。

第 9 章介绍如何对应用程序进行单元测试、集成测试，并为其创建 OpenAPI 文档。

第 10 章介绍如何将应用程序部署到不同的位置，如 IIS、Docker 以及 Azure，同时介绍 Docker 与 Azure 的概念与基本操作。

建议与反馈

完成本书的写作是一件不容易的事。本书尽可能涵盖相关的知识点，并尽力确保内容的正确性，使读者能够从中有所收获。然而由于个人水平有限，书中疏漏之处在所难免，如果你在学习过程中发现书中的错误或对本书有任何建议和意见，既可以告诉作者或本书编辑，也可以提交到异步社区中，我们将非常感激。

作者邮箱：ictcm@outlook.com

编辑邮箱：zhangshuang@ptpress.com.cn

致谢

感谢我的家人在我写作期间给予我的支持和包容，也感谢那些帮助我解决疑问并给出建议的技术专家和同事。最后，感谢本书编辑为本书提供的指导与建议。

资源与支持

本书由异步社区出品，社区（https://www.epubit.com/）为您提供相关资源和后续服务。

提交勘误

作者和编辑尽最大努力来确保书中内容的准确性，但难免会存在疏漏。欢迎您将发现的问题反馈给我们，帮助我们提升图书的质量。

当您发现错误时，请登录异步社区，按书名搜索，进入本书页面，点击"提交勘误"，输入勘误信息，单击"提交"按钮即可。本书的作者和编辑会对您提交的勘误进行审核，确认并接受后，您将获赠异步社区的 100 积分。积分可用于在异步社区兑换优惠券、样书或奖品。

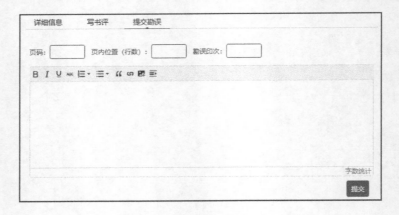

扫码关注本书

扫描下方二维码，您将会在异步社区微信服务号中看到本书信息及相关的服务提示。

与我们联系

我们的联系邮箱是 contact@epubit.com.cn。

如果您对本书有任何疑问或建议,请您发邮件给我们,并请在邮件标题中注明本书书名,以便我们更高效地做出反馈。

如果您有兴趣出版图书、录制教学视频,或者参与图书翻译、技术审校等工作,可以发邮件给我们;有意出版图书的作者也可以到异步社区在线提交投稿(直接访问 http://www.epubit.com/selfpublish/submissionwww.epubit.com/selfpublish/submission 即可)。

如果您是学校、培训机构或企业,想批量购买本书或异步社区出版的其他图书,也可以发邮件给我们。

如果您在网上发现有针对异步社区出品图书的各种形式的盗版行为,包括对图书全部或部分内容的非授权传播,请您将怀疑有侵权行为的链接发邮件给我们。您的这一举动是对作者权益的保护,也是我们持续为您提供有价值的内容的动力之源。

关于异步社区和异步图书

"**异步社区**"是人民邮电出版社旗下 IT 专业图书社区,致力于出版精品 IT 技术图书和相关学习产品,为作译者提供优质出版服务。异步社区创办于 2015 年 8 月,提供大量精品 IT 技术图书和电子书,以及高品质技术文章和视频课程。更多详情请访问异步社区官网 https://www.epubit.com。

"**异步图书**"是由异步社区编辑团队策划出版的精品 IT 专业图书的品牌,依托于人民邮电出版社近 30 年的计算机图书出版积累和专业编辑团队,相关图书在封面上印有异步图书的LOGO。异步图书的出版领域包括软件开发、大数据、AI、测试、前端、网络技术等。

异步社区

微信服务号

目 录

第1章 REST 简介 ········· 1
1.1 API 与 REST ········· 1
1.1.1 什么是 API ········· 1
1.1.2 什么是 REST ········· 2
1.1.3 REST 约束 ········· 2
1.1.4 对 REST 的错误理解 ········· 4
1.2 HTTP 协议 ········· 5
1.2.1 HTTP 简介 ········· 5
1.2.2 统一资源定位符 ········· 5
1.2.3 媒体类型 ········· 7
1.2.4 HTTP 消息 ········· 8
1.2.5 HTTP 方法 ········· 9
1.2.6 HTTP 消息头 ········· 10
1.2.7 状态码 ········· 12
1.3 REST 最佳实践 ········· 13
1.4 其他问题 ········· 14
1.4.1 JSON 和 XML ········· 14
1.4.2 API 版本 ········· 16
1.5 本章小结 ········· 16

第2章 .NET Core 和 ASP.NET Core ········· 17
2.1 .NET Core 简介 ········· 17
2.2 .NET Standard 简介 ········· 18
2.3 ASP.NET Core 简介 ········· 22
2.3.1 ASP.NET Core 主要特性 ········· 22
2.3.2 ASP.NET Core 2.1 新增特性 ········· 23
2.3.3 ASP.NET Core 2.2 新增特性 ········· 24
2.3.4 ASP.NET Core 3.0 的变化 ········· 25
2.3.5 将 ASP.NET Core 2.1 应用升级到 ASP.NET Core 2.2 ········· 26
2.4 设置开发环境 ········· 26
2.4.1 安装 Visual Studio ········· 26
2.4.2 安装 Visual Studio Code ········· 28
2.4.3 .NET Core CLI ········· 29
2.5 创建第一个 API 项目 ········· 30
2.5.1 使用 Visual Studio 2017 ········· 30
2.5.2 使用 Visual Studio Code ········· 36
2.6 本章小结 ········· 39

第3章 ASP.NET Core 核心特性 ········· 40
3.1 启动与宿主 ········· 40
3.1.1 应用程序的启动 ········· 40
3.1.2 Kestrel ········· 43
3.1.3 Startup 类 ········· 45
3.2 中间件 ········· 46
3.2.1 中间件简介 ········· 46
3.2.2 添加中间件 ········· 47
3.2.3 自定义中间件 ········· 51
3.3 依赖注入 ········· 52
3.3.1 依赖注入简介 ········· 52
3.3.2 ASP.NET Core 中的依赖注入 ········· 55
3.4 MVC ········· 57
3.4.1 理解 MVC 模式 ········· 57
3.4.2 路由 ········· 58
3.4.3 Controller 与 Action ········· 64
3.4.4 模型绑定 ········· 67
3.4.5 模型验证 ········· 70
3.4.6 过滤器 ········· 72
3.5 配置 ········· 78
3.5.1 访问 JSON 配置文件 ········· 78
3.5.2 访问其他配置源 ········· 79
3.5.3 自定义配置源 ········· 82

		3.5.4	重新加载配置	85
		3.5.5	强类型对象	85
	3.6	日志		87
		3.6.1	ILogger 接口	87
		3.6.2	ILoggerFactory 接口	89
		3.6.3	ILoggerProvider 接口	90
		3.6.4	分组和过滤	91
	3.7	错误处理		94
		3.7.1	异常处理	94
		3.7.2	错误码处理	96
	3.8	本章小结		96

第 4 章　资源操作　98

4.1	项目创建		98
	4.1.1	项目简介	98
	4.1.2	创建项目	99
4.2	使用内存数据		100
	4.2.1	创建内存数据源	100
	4.2.2	仓储模式	101
	4.2.3	实现仓储模式	102
4.3	创建 Controller		104
4.4	获取资源		106
	4.4.1	获取集合	106
	4.4.2	获取单个资源	106
	4.4.3	获取父/子形式的资源	108
4.5	创建资源		110
	4.5.1	创建资源简介	110
	4.5.2	创建子级资源	113
4.6	删除资源		115
	4.6.1	删除单个资源	115
	4.6.2	删除父与子	116
4.7	更新资源		117
	4.7.1	更新资源简介	117
	4.7.2	部分更新	120
4.8	内容协商		123
	4.8.1	内容协商简介	123

		4.8.2	实现内容协商	125
	4.9	本章小结		128

第 5 章　使用 Entity Framework Core　129

5.1	Entity Framework Core		129
	5.1.1	Entity Framework Core 简介	129
	5.1.2	在项目中添加 EF Core	130
5.2	使用 EF Core		131
	5.2.1	EF Core 的使用	131
	5.2.2	创建实体类	132
	5.2.3	创建 DbContext 类	134
	5.2.4	添加迁移与创建数据库	135
	5.2.5	添加测试数据	137
5.3	重构仓储类		139
	5.3.1	创建通用仓储接口	139
	5.3.2	创建其他仓储接口	141
5.4	重构 Controller 和 Action		143
	5.4.1	使用 AutoMapper	143
	5.4.2	重构 AuthorController	145
	5.4.3	重构 BookController	147
5.5	本章小结		151

第 6 章　高级查询和日志　152

6.1	分页		152
	6.1.1	实现分页	152
	6.1.2	添加分页元数据	154
6.2	过滤和搜索		158
	6.2.1	过滤	158
	6.2.2	搜索	160
6.3	排序		161
	6.3.1	实现排序	162
	6.3.2	属性映射	165
6.4	日志和异常		168
	6.4.1	记录日志	168
	6.4.2	异常处理	170
6.5	本章小结		172

第 7 章　高级主题 · 173

7.1　缓存 · 173
- 7.1.1　HTTP 缓存 · 173
- 7.1.2　响应缓存中间件 · 177
- 7.1.3　内存缓存 · 179
- 7.1.4　分布式缓存 · 180

7.2　并发 · 186
- 7.2.1　为什么需要并发控制 · 186
- 7.2.2　不同的并发处理策略 · 187
- 7.2.3　实现并发控制 · 188

7.3　版本 · 190
- 7.3.1　API 版本 · 190
- 7.3.2　实现 API 版本 · 191

7.4　HATEOAS · 198
- 7.4.1　HATEOAS 简介 · 198
- 7.4.2　实现 HATEOAS · 201

7.5　GraphQL · 207
- 7.5.1　GraphQL 简介 · 207
- 7.5.2　与 REST 相比 · 208
- 7.5.3　添加 GraphQL 服务 · 209

7.6　本章小结 · 215

第 8 章　认证和安全 · 217

8.1　认证 · 217
- 8.1.1　HTTP 认证 · 217
- 8.1.2　实现基于 Token 的认证 · 221

8.2　ASP.NET Core Identity · 227
- 8.2.1　Identity 介绍 · 227
- 8.2.2　使用 Identity · 230
- 8.2.3　授权 · 235

8.3　HTTPS · 239
- 8.3.1　HTTPS 简介 · 239
- 8.3.2　HTTPS 重定向中间件 · 241
- 8.3.3　HSTS 中间件 · 242

8.4　数据保护 · 244
- 8.4.1　数据保护 API · 244
- 8.4.2　使用数据保护 API · 245
- 8.4.3　配置数据保护 · 249
- 8.4.4　用户机密 · 251

8.5　CORS · 254
- 8.5.1　CORS 简介 · 254
- 8.5.2　实现 CORS · 256

8.6　限流 · 259

8.7　本章小结 · 262

第 9 章　测试和文档 · 263

9.1　测试 · 263
- 9.1.1　测试简介 · 263
- 9.1.2　单元测试 · 264
- 9.1.3　集成测试 · 267

9.2　文档 · 274
- 9.2.1　Swagger 简介 · 274
- 9.2.2　XML 注释 · 276

9.3　本章小结 · 279

第 10 章　部署 · 280

10.1　部署到 IIS · 280
- 10.1.1　发布应用 · 280
- 10.1.2　IIS 配置 · 282
- 10.1.3　HTTPS 配置 · 284

10.2　部署到 Docker · 286
- 10.2.1　Docker 简介 · 286
- 10.2.2　Docker 命令 · 288
- 10.2.3　Docker 实践 · 290
- 10.2.4　Docker Compose 简介 · 293
- 10.2.5　Docker Compose 实践 · 294

10.3　部署到 Azure · 298
- 10.3.1　Azure 简介 · 298
- 10.3.2　创建资源 · 298
- 10.3.3　部署到 Azure 实践 · 300
- 10.3.4　持续部署 · 302

10.4　本章小结 · 305

第 1 章 REST 简介

本章内容

REST，全称为 REpresentational State Transfer，即表述性状态传递，它是一种应用程序的架构风格，用于构造简单、可靠、高性能的 Web 应用程序。REST 提出了一系列约束，遵循这些约束的应用程序称为 RESTful API 应用。

要设计出 REST 风格的应用，开发者首先应该对 REST 及其相关概念有基本的理解。因此，本章首先介绍 API 以及 REST 的基本概念，并介绍 REST 所定义的架构约束，同时也会介绍常见的对 REST 的错误理解。

通常情况下，REST 是基于 HTTP 协议而实现的，因此本章会重点介绍 HTTP 协议，包括媒体类型、HTTP 方法、HTTP 消息头和状态码等。之后，本章还会提出一些 REST 的最佳实践，指导开发者设计出优秀的 RESTful 应用。最后本章还会介绍 RESTful API 开发中的常见问题，如 JSON 与 XML 格式，以及 API 版本问题。

1.1 API 与 REST

1.1.1 什么是 API

API 全称 Application Programming Interface，即应用程序编程接口，我们在开发应用程序时经常用到。API 作为接口，用来"连接"两个不同的系统，并使其中一方为另一方提供服务，比如在操作系统上运行的应用程序能够访问操作系统所提供的 API，并通过这些 API 来调用操作系统的各种功能。因此，API 是一个系统向外暴露或公开的一套接口，通过这些接口，外部应用程序能够访问该系统。

在 Web 应用程序中，Web API 具有同样的特性，它作为一个 Web 应用程序，向外提供了一些接口，这些接口的功能通常是对数据进行操作（如获取或修改数据等），它们能够被外部应用程序，比如桌面应用程序、手机应用甚至其他 Web 应用程序（如 ASP.NET Core MVC 视图应用、单页 Web 应用）等访问并调用。

Web API 能够实现不同应用程序之间的访问，它与平台或编程语言无关，可以使用不同的技术来构建 Web API，如 Java、.NET 等；调用方也不受 Web API 使用的平台或技术限制，比如一个使用 Java 语言开发的 Android 手机应用可以调用一个使用 C#语言开发的 ASP.NET Core Web API 应用程序。同时，API 作为接口，仅向外部应用程序提供了抽象，而不是在其内部实现。这正如高级编程语言中的接口（Interface）一样，调用方无须关心接口如何实现，仅需要调用它所提供的方法即可。此外，Web API 由于其自身的特点，不能直接被用户使用，相反地，它通常由开发人员来使用。通过调用 Web API，开发人员能够设计出丰富多样的应用。因此，设计良好、有丰富文档的 Web API 更易于被开发者接受并使用。

1.1.2 什么是 REST

REST（REpresentational State Transfer）的意思是表述性状态传递，它是 Roy Thomas Fielding 在 2000 年发表的博士论文中提出来的一种软件架构风格。作为一种 Web 服务的设计与开发方式，REST 可以降低开发的复杂性，提高系统的可伸缩性。

REST 是一种基于资源的架构风格，在 REST 中，资源（Resource）是最基本的概念。任何能够命名的对象都是一个资源，如 document、user、order 等，通常情况下，它表示 Web 服务中要操作的一个实体。一个资源具有一个统一的资源标识符（Uniform Resource Identifier，URI），如 users/1234，通过资源标识符能够标识并访问该资源。

除了单个的资源外，资源集合表示多个相同类型的资源，如 users。在系统设计时，不同的实体之间往往存在某种关联关系，如一个用户有多个订单。同样，在 REST 中，这种关联关系也能够由资源之间的层次关系体现出来，如 users/1234/orders/1。

由于 REST 以资源为中心，因此 REST 接口的端点（Endpoint）均以资源或资源集合结尾，它不像其他形式的 Web 服务一样以动词结尾，如 api/GetUserInfo 或 api/UpdateUserInfo。在 REST 中，对资源的动作或操作是通过 HTTP 方法来完成的，如下：

```
GET http://api.domain.com/users/1234
PUT http://api.domain.com/users/1234
```

上例中用到了两个 HTTP 方法，分别为 GET 与 PUT，它们的作用分别是获取和更新指定资源。当请求方发起请求，修改了资源的状态后，更新后的资源表述应返回给请求方，这也是表述性状态传递的意义。

从上面的例子可以看出，REST 与 HTTP 有一定的关系，资源在服务的提供方与请求方之间进行传递，需要借助于协议来约定，比如协议所规定的消息格式等，而 HTTP 协议则是非常成熟且被广泛使用的网络协议。事实上，HTTP 协议完全满足 REST 中所定义的约束，因此 REST 能够充分地使用 HTTP 协议以及其中的功能（如 HTTP 方法、HTTP 消息等），并设计出松耦合的 Web 服务。1.1.3 节将介绍 REST 约束，在 1.2 节中将会介绍 HTTP 协议。

1.1.3 REST 约束

REST 定义了 6 个架构约束（Constraint），遵循这些约束的 Web 服务是真正的 RESTful 服务，即 REST 风格的服务。如果一个系统违反了其中的约束，则不能称其为 RESTful，这些约束包括如下。

(1) 客户端-服务器（Client-Server）

客户端-服务器约束体现了关注点分离（Separation of Concerns）原则，使客户端与服务端各自能够独立实现并独立开发，只要它们之间的接口不改变即可；客户端与服务端可以使用不同的技术或编程语言。

(2) 统一接口（Uniform Interface）

统一接口是设计任何 RESTful 服务的基础，也是区别 REST 架构风格与其他 Web 服务风格的最主要约束。系统中的多个组件（包括服务端、客户端，以及可能存在的代理服务器等）都依赖于统一接口。统一接口约束本身又由 4 个子约束组成，分别如下。

❑ 资源的标识

前面提到过，任何能够命名的对象都是一个资源，资源能够通过统一资源标识符来区别。对于 Web 系统，统一资源标识符通常是一个 URL，即统一资源定位符（Uniform Resource Locator）。每个 URL 代表一个资源或资源集合，当访问一个 URL 时，能够获取该资源或对它执行相应的操作。

❑ 通过表述操作资源

当请求一个资源时，服务器返回该资源的一个表述。该表述表示资源当前的状态，它由表述正文和表述元数据组成，格式通常为 JSON、XML 和 HTML 等，比如以下代码是同一资源的两种不同的表述形式。

```
{
  "User": {
    "id": "123",
    "name": "Tom"
  }
}
```

或

```
<User>
    <id>1234</id>
    <name>Tom</name>
</User>
```

客户端在请求资源时，能够指定期望的表述格式，服务器在返回响应时，在响应中包含了指定表述格式的资源；访问同一个资源的不同格式无须修改资源的标识符，客户端也可以通过资源的表述（而非资源本身）对资源进行操作。

❑ 自描述消息

客户端与服务器之间传递的每一条消息都应包含足够的信息，这些信息不仅包含了资源的表述，也包含了资源表述的相关信息（如资源表述的格式与内容长度等），甚至包含了与该资源相关的其他操作信息。

- 超媒体作为应用程序状态引擎（HATEOAS）

服务器返回的资源表述中不仅要包含资源的表述，也应包含与之相关的链接，这些链接能够对资源执行其他操作，比如当获取资源时，返回的链接中包含更新该资源、删除该资源等链接。关于 HATEOAS，第 7 章会有更详细的介绍。

（3）分层系统（Layered System）

分层系统约束能够使网络中介（如代理或网关等）透明地部署到客户端与服务器之间，只要它们遵循并且使用前面提到的统一接口约束即可；而客户端和服务端则都不知道网络中介的存在。中间服务器主要用于增强安全、负载均衡和响应缓存等目的。

（4）缓存（Cache）

缓存是 Web 架构中最重构的特性之一。客户端或网络中介均能够缓存服务器返回的响应，因此当服务器返回响应时，应指明该响应的缓存特性。对响应进行缓存将有助于减少数据获取延迟以及对服务器的请求，从而提高系统的性能。

（5）无状态（Stateless）

无状态约束将指明服务器不会记录或存储客户端的状态信息，反之，这些状态信息应由客户端来保存并维护，因此客户端对服务器的请求不能依赖于已发生过的其他请求，当客户端请求服务器时，必须在请求消息中包含所有与之相关的信息（如认证信息等）。

（6）按需编码（Code-On-Demand）

按需编码约束允许服务器临时向客户端返回可执行的程序代码（如脚本等），返回这些代码主要用于为客户端提供扩展性或自定义的功能。由于客户端必须理解并能够执行服务器返回的代码，因此这一约束增加了客户端与服务器之间的耦合，同时，这一约束是可选的。

1.1.4 对 REST 的错误理解

理解 REST 及其约束，将有助于我们设计 RESTful 服务或 RESTful API。然而在现实中，人们仍然对 REST 有错误的认识，认为只要有某种特性的 API 就是 RESTful API。这些对 REST 错误的认识可能包含但不限于以下几种情况。

- 任何使用了 HTTP 方法的 API。
- 返回 JSON 的 API。
- 执行增删查改的 API。

尽管 REST 风格的 API 同样具有上述特点并能够完成上述功能，然而这并不是说具有上述特点的 API 就是 RESTful API。只有遵守了 REST 约束的 API，才能够称为 RESTful API。另外，Richardson 成熟度模型是衡量 API 成熟度的一种方式，该模型进一步描述了各种 Web API 的特征，根据该模型，只有最成熟的 API 才是 RESTful API。在 7.4 节中，将会更详细地介绍 Richardson 成熟度模型。

除了 REST 外，另一种常见的 API 风格是 RPC 风格，即远程过程调用（Remote Procedure Call）。下面是一个典型的 RPC 风格的 API。

GET api.domain.com/getUserInfo

GET api.domain.com/UpdateUserInfo

REST 风格与 RPC 风格的区别如下。

- 在关注点方面，REST 面向资源，RPC 面向功能。
- 在 API 端点方面，REST 的端点是名词、是资源或资源集合，而 RPC 的端点是动词、是方法名。
- 在执行特点方面，REST 对资源执行操作，RPC 执行服务器上的方法。
- 在返回结果方面，REST 返回请求的资源，而 RPC 则返回调用方法的执行结果。

1.2 HTTP 协议

在几乎所有的情况中，REST 是基于 HTTP 协议而实现的，因此深入了解 HTTP 协议是非常重要且必要的。对于 Web 开发人员而言，深入了解 HTTP 协议将有助于开发者开发出更好、更高质量的 Web 应用程序。此外，当应用程序出现问题时，也能够很容易地找出问题并解决问题。

1.2.1 HTTP 简介

超文本传输（Hyper Text Transfer Protocol，HTTP）协议，是互联网上应用最为广泛的一种网络协议，也是基于 TCP/IP 协议的应用层协议。其中最为常见的浏览网页的过程，就是通过 HTTP 协议来传递浏览器与服务器之间的请求与响应的，其流程图如图 1-1 所示。

图 1-1　HTTP 协议流程图

从图 1-1 中可以看出，HTTP 协议采用了请求/响应模型。当客户端（通常是浏览器）发起一个 HTTP 请求时，它首先会建立起到 HTTP 服务器指定端口（HTTP 协议默认使用 80 端口）的 TCP 连接，而 HTTP 服务器则负责在该端口监听来自客户端的请求。当 TCP 连接成功建立后，浏览器就会向 HTTP 服务器发送请求命令，如 GET /index.html HTTP/1.1。一旦收到请求，服务器会根据请求向客户端返回响应，其响应内容通常包括一个状态行（如 HTTP/1.1 200 OK）和若干个消息头，以及消息正文。消息正文则是资源、请求的文件、错误或者其他信息等。

HTTP 协议采用的是明文传输数据，这种方式并不安全，因此网景公司（Netscape）在 1994 年设计了 HTTPS 协议，即超文本传输安全协议（Hypertext Transfer Protocol Secure），也被称为 HTTP over TLS，HTTP over SSL，在第 8 章中将有关于 HTTPS 协议更详细的介绍。

1.2.2 统一资源定位符

统一资源定位符（Uniform Resource Locator），即通常所说的 URL，代表网络上一个特定的资源。URL 作为 URI 的子集，一个 URL 就是一个 URI，用于标识并定位资源。

对于 HTTP 而言，当用户在浏览器中输入了一个 URL 后，意味着他想要获取或查看一些资源。在互联网上，有无穷尽的、各种格式的资源，包括图片、HTML 页面、XML、视频、音频、可执行文件和 Word 文档等，通过 URL 才能在无数的资源中准确地定位或找到要查看的资源。每一个 URL 都代表一个不同的资源，因此，要访问 HTTP 资源，就需要使用 URL。例如，当用户想要查看某个公司的网站首页时，就需要在浏览器中输入 http://www.….com 网址，如果要查看该公司的 Logo，则需要输入 http://www.….com/images/logo.png 网址来获取代表此公司 Logo 的图片。浏览器会根据用户输入的 URL 向相应的服务器发送 HTTP 请求，而服务器会最终将对应的资源返回给客户端，并由浏览器处理后呈现。

对于一个 URL，如 http://www.….com/images/logo.png，它由以下几个部分组成。

- **http://**，这一部分是 URL 协议，URL 协议指明了如何访问一个特定的资源，如上例中的 http:// 会告诉浏览器要使用 HTTP 协议，即超文本传输协议；除了 http:// 外，较为常见的协议还有 https://（加密的 HTTP 协议）、ftp://（文件传输协议）和 mailto:（电子邮件协议）等。
- **www.….com**，这一部分是主机名，主机名会告诉浏览器要访问的资源所在的服务器名称。DNS（Domain Name System）服务器会将这个名称解析为一个具体的 IP 地址，通过这个 IP 地址可以找到资源所在的计算机。
- **/images/logo.png**，这一部分是 URL 路径（Path），它指向服务器上具体的资源。根据要获取资源的不同，其值也会不同，可以说，这一部分的变化性最大。它有可能是在服务器的一个真实存在的文件，比如这里的/images/logo.png，也有可能是由常见的 Web 框架生成的动态资源，如 http://www.….com/**account/index**。通常情况下，当访问某个网页资源时，浏览器会下载其他与此相关的资源，例如 http://www.….com 这个网页，它不仅包括文本信息，也包括图片、JavaScript 文件、CSS 以及其他资源，所有这些资源构成了我们在浏览器中看到的页面。

除了上述 3 个主要部分外，URL 还常常包括以下几个可选部分。

- **端口号**，在主机名后面，以冒号隔开，这一部分通常省略。服务器在这个端口上监听 HTTP 请求，因此在请求的 URL 中必须指定相同的端口。HTTP 协议默认使用 80 端口，如果 URL 中省略了端口号，则默认使用此端口；如果 HTTP 服务器并没有在 80 端口监听，而使用了其他端口，则需要在 URL 中指定端口号，如 http://www.….com:8080，但这种情况比较少见，通常在开发或调试 Web 应用时才会使用其他端口。
- **查询字符串**，URL 中"?"后面的参数部分，对于 http://www.….com/search?q= hello 这样一个 URL，"q=hello"即为查询字符串，其中"q"是参数名，"hello"是参数值，参数名和参数值用"="分隔。如果要传递多个参数，则使用"&"来分隔，如 name1=value1&name2=value2。查询的字符串会发送给 HTTP 服务器，并由服务器上的 Web 应用程序决定如何处理这一部分的内容。

- **锚部分**，也称**片段**（Fragment），即在"#"后面的内容，它用于指明一个资源的特定位置，例如，http://www.….com/ index.html**#contact**，该 URL 将定位到 HTML 页面中指定的元素。这一部分内容与上述其他部分都不一样，它不会由服务器处理，只会由浏览器来处理，也就是说，若更改这一部分的内容，并不会向服务器再次发起请求，浏览器就会定位到当前资源的不同位置。

由此可见，一个完整的 URL 形式如下所示。

```
<protocol>://<host>[:port]/[path][?query][#fragment]
```

1.2.3 媒体类型

当 HTTP 服务器对请求返回响应时，它不仅返回资源本身，也会在响应中指明资源的内容类型（Content Type），也称媒体类型。要指定内容类型，HTTP 依赖于 MIME 标准。MIME（Multipurpose Internet Mail Extensions），即多用途互联网邮件扩展类型，是一种表示文档的性质和格式的标准，因此，媒体类型也被称为 MIME 类型。MIME 标准最初用于电子邮件，它用来告诉客户端具体是什么类型的内容。后来，HTTP 协议也使用这一标准，并用作同样的目的。浏览器通过 MIME 类型来决定如何处理文档，因此服务器在返回响应时为资源设置正确的 MIME 类型非常重要。例如，对于音频、视频文件，只有设置了正确的 MIME 类型，才能被 HTML 语言中的<video>或<audio>所识别和播放。

当客户端请求 HTML 页面时，HTTP 服务器会返回 HTML 内容，并标识其内容类型为 text/html，前面 text 为主类型，后一部分 html 则是子类型。而当请求一个图片资源时，根据图片文件本身的格式，HTTP 服务器将返回资源的媒体类型标记为 image/jpeg 或 image/gif。因此 MIME 的组成结构非常简单，其语法为 type/subtype，它由类型与子类型两个字符串构成，中间用 "/" 分隔，并且不允许空格存在。MIME 类型对大小写不敏感，但是传统写法都是小写的，常见的 MIME 类型如表 1-1 所示。

表 1-1　　　　　　　　　　　　　　常见的 MIME 类型

类型	描述	典型示例
text	普通文本	text/plain、text/html、text/css、text/javascript
image	图片	image/gif、image/png、image/jpeg、image/bmp、image/webp
audio	音频	audio/midi、audio/mpeg、audio/webm、audio/ogg、audio/wav
video	视频	video/webm、video/ogg
application	二进制数据等	application/octet-stream、application/vnd.mspowerpoint、application/xml、application/pdf、application/json

其中比较常用的 MIME 类型及其意义如下。
- text/plain：内容为纯文本，浏览器认为是可以直接展示的。
- text/html：内容为 HTML，即超文本标记语言，所有的 HTML 内容都使用这种类型。
- image/jpeg：表示 JPEG 图片。

- image/png：表示 PNG 图片。
- application/json：表示 JSON 格式的数据。

1.2.4 HTTP 消息

前面已提到，HTTP 是一个采用请求/响应模式的协议。客户端想要获取资源，就应向服务器发出请求，如果服务器能够正确处理来自客户端的请求，并且拥有客户端所请求的资源，它就能正确地响应，同时将资源返回给客户端。反之，如果客户端发出的请求有问题或者服务器上没有所要请求的资源，那么就无法返回客户端所期望的结果。

这个请求与响应过程如同"对话"一样，服务器与客户端都必须理解对方的"语言"，这正是 HTTP 消息所要解决的问题。当客户端向服务器发送请求时，应使用 HTTP 协议规定格式的消息；而服务器也会向客户端返回规定格式的响应，这样客户端才能够理解。HTTP 消息正是服务器和客户端之间交换数据的方式，它有两种类型：请求消息和响应消息。

HTTP 请求消息和响应消息具有相似的结构，它们都包括以下 4 部分的内容。

- 起始行：即第一行，用于描述要执行的请求，或者是对应的状态，即成功或失败，这个起始行总是单行的。
- HTTP 消息头：这些消息头描述了请求或响应的相关属性、配置、对消息正文的描述等。
- 空行：指明消息头已经发送完毕。
- 消息正文：包含请求数据（如要创建的资源、HTML 表单内容等），或响应中资源的表述，这一部分可以为空。

以下是典型的 HTTP 请求和响应的格式。

客户端请求如下：

```
GET / HTTP/1.1
User-Agent: Mozilla/5.0 (Windows NT 10.0; Win64; x64) AppleWebKit/537.36 (KHTML, like Gecko) Chrome/64.0.3282.140 Safari/537.36 Edge/17.17134
Accept-Language: zh-CN
Accept: text/html,application/xhtml+xml,application/xml;q=0.9,*/*;q=0.8
Upgrade-Insecure-Requests: 1
Accept-Encoding: gzip, deflate
Host: microsoft.com
Connection: Keep-Alive
```

服务端响应如下：

```
HTTP/1.1 200 OK
Date: Mon, 27 Jul 2009 12:28:53 GMT
Server: Apache
Last-Modified: Wed, 22 Jul 2009 19:15:56 GMT
ETag: "34aa387-d-1568eb00"
Accept-Ranges: bytes
Content-Length: 51
Vary: Accept-Encoding
Content-Type: text/plain
```

其中，HTTP 请求是由客户端发出的消息，用于请求服务器执行某个操作，它的起始行包括以下 3 项。

- HTTP 方法：也称 HTTP 动词，如 GET、PUT、POST 等，它们描述要执行的动作。例如，GET 表示要获取的资源，PUT 表示向服务器提交数据（创建或修改资源），在下一节中我们将会详细讲解 HTTP 方法。
- 请求目标：通常是一个 URL，它代表所要访问的资源。
- HTTP 版本：通常是 HTTP/1.1。

而 HTTP 响应的起始行被称作状态行，包含以下 3 项。

- 协议版本：通常为 HTTP/1.1。
- 状态码（Status Code）：它表明请求是否成功，常见的状态码是 200、404、500 等。
- 状态文本（Status Text）：一个简短的文本信息，用于描述状态码。

请求的起始行与响应的状态行，在上例中分别为 GET / HTTP/1.1 和 HTTP/1.1 200 OK。

请求的最后一部分是它的正文。注意，并不是所有的请求都有正文，比如获取资源（GET）、获取资源元数据（HEAD），以及删除资源（DELETE）等请求，通常它们不需要正文，而那些要将数据从客户端发送到服务器的 HTTP 方法，它们若要创建资源或更新资源，就需要提供正文，比如 POST 和 PUT 等。

响应的最后一部分也是正文。与请求消息一样，不是所有的响应都有正文，状态码如 201 或 204 等的响应，不包含正文。响应消息的正文通常是所请求资源的表述。

1.2.5 HTTP 方法

HTTP 定义了一组请求方法，以表明要对指定资源执行的操作。每一个请求消息都必须包括一个 HTTP 方法，该方法将告诉服务器当前请求要执行哪一种操作。常见的 HTTP 方法有 GET、POST、PUT、DELETE、PATCH、HEAD 和 OPTIONS 等。

GET 方法的作用是获取指定的资源，它并不会修改资源，因此 GET 方法是安全的。所谓安全方法，是指不会修改资源的方法。此外，GET 方法也是幂等的。所谓幂等，是指多次对同一个 URL 调用同一个 HTTP 方法，其效果总是一样的。

POST 方法的作用是创建资源。POST 方法不是安全方法，因为它会修改服务器上的资源，并且也不是幂等方法，多次请求同一个 POST 操作会产生多个不同的资源。

PUT 方法的作用是更新资源，因为 PUT 会修改资源，所以它也不是安全的方法。与 POST 方法不同的是，PUT 方法是幂等的，多次更新同一个资源，其返回结果都是一样的。PUT 方法除了更新资源外，当资源不存在时，它还可以创建资源。

需要注意的是，尽管 POST 与 PUT 方法都可以创建资源，但它们所请求的 URI 是有区别的，POST 请求的 URI 是资源集合，而 PUT 则是请求单个不存在的资源，例如：

```
POST http://api.appdomain.com/users
PUT http://api.appdomain.com/users/1234
```

DELETE 方法的作用是删除资源，它不是安全的，但它是幂等的，这意味着对同一资源请求多次 DELETE 方法，效果都是一样的。当第一次对资源调用 DELETE 方法时，返回表示操作成功的 200 OK 状态码，后续再调用 DELETE 方法，由于资源已经不存在，则应返回 404 Not Found 状态码。

PATCH 方法的作用是对资源进行部分更新，它与 PUT 方法的区别是：PUT 会更新指定资源的全部内容，而 PATCH 可以根据需要仅更新资源的部分字段或属性。

HEAD 方法与 GET 方法相同，但它并不返回消息正文，在响应消息中仅包含响应状态码与消息头，该方法常用来检测资源是否存在以及获取资源的元数据。

OPTIONS 方法用于获取资源支持的操作，服务器在返回的响应中会包含 Allow 消息头，它的值为 HTTP 方法列表，例如：

```
Allow: GET, POST
```

综上所述，常见的 HTTP 方法总结如表 1-2 所示。

表 1-2　　　　　　　　　　　　　　　HTTP 方法总结

方法名称	作　　用	安　　全	幂　　等
GET	获取资源	是	是
POST	创建资源	否	否
PUT	更新指定的资源	否	是
DELETE	删除指定的资源	否	是
PATCH	对资源进行部分更新	否	否
HEAD	与 GET 方法作用完全一样，但在响应中没有消息正文	是	是
OPTION	获取指定资源所支持的操作	是	是

1.2.6　HTTP 消息头

客户端和服务器之间的请求消息与响应消息中均包含消息头，用来传递附加信息。一个消息头由消息头名称和它的值组成，中间用冒号"："隔开，比如 Content-Type: text/plain。

每个消息头都有特定的意义，比如上例的消息头用来指明请求或响应消息中正文的内容类型。HTTP 请求与响应中均可包含多个消息头。

常见的请求消息头如表 1-3 所示。

表 1-3　　　　　　　　　　　　　　　常见的请求消息头

消息头	说　　明	示　　例
Accept	可接受的响应内容类型（Content-Types）	Accept: text/plain
Accept-Charset	可接受的字符集	Accept-Charset: utf-8
Accept-Encoding	可接受的响应内容编码方式	Accept-Encoding: gzip, deflate
Accept-Language	可接受的响应内容语言列表	Accept-Language: en-US
Authorization	用于表示 HTTP 协议中需要认证资源的认证信息	Authorization: Basic OSdjJGRpbjpvcGVuIANlc2SdDE=
Cache-Control	用来指定当前请求中是否使用缓存	Cache-Control: no-cache

1.2 HTTP 协议

续表

消息头	说　明	示　例
Connection	客户端（浏览器）想要优先使用的连接类型	Connection: keep-alive
Cookie	向服务器提供 Cookie	Cookie: name=value; name2=value2
Content-Length	请求正文的长度	Content-Length: 348
Content-Type	请求正文的 MIME 类型（用于 POST 和 PUT 请求中）	Content-Type: application/json
Date	发送该消息的日期和时间	Date: Dec, 26 Dec 2015 17:30:00 GMT
Host	服务器的主机名以及使用的端口号	Host: www.itbilu.com:80
If-Match	仅当客户端提供的值与服务器上对应的值相匹配时，才进行对应的操作	If-Match: "9jd00cdj34pss9ejqiw39d82f20d0ikd"
If-Modified-Since	允许当请求资源未被修改时，返回 304 Not Modified 状态码	If-Modified-Since: Dec, 26 Dec 2015 17:30:00 GMT
If-None-Match	当服务器的任何资源和客户端提供的值不匹配时，服务器端才会返回所请求的资源	If-None-Match: "9jd00cdj34pss9ejqiw39d82f20d0ikd"
If-Unmodified-Since	仅当资源自某个特定时间以来未被修改时，才发送响应	If-Unmodified-Since: Dec, 26 Dec 2015 17:30:00 GMT
Origin	用于发起一个跨域资源共享的请求	Origin: http://www.domain.com
Proxy-Authorization	用于向代理进行认证的认证信息	Proxy-Authorization: Basic IOoDZRgDOi0vcGVuIHNINidJi2=
User-Agent	浏览器的身份标识字符串	User-Agent: Mozilla/……

常见的响应消息头如表 1-4 所示。

表 1-4　　　　　　　　　　常见的响应消息头

消息头	说　明	示　例
Allow	用于指明资源支持的有效操作	Allow: GET, HEAD
Cache-Control	指明该响应使用的缓存机制	Cache-Control: max-age=3600
Connection	针对该连接所预期的选项	Connection: close
Content-Encoding	响应正文所使用的编码类型	Content-Encoding: gzip
Content-Language	响应正文所使用的语言	Content-Language: zh-cn
Content-Length	响应正文的长度	Content-Length: 348
Content-Type	响应正文的 MIME 类型	Content-Type: text/html; charset=utf-8
Date	消息被发送时的日期和时间	Date: Tue, 15 Nov 1994 08:12:31 GMT
ETag	表示资源的当前状态的一个标识符	ETag: "737060cd8c284d8af7ad3082f209582d"
Expires	指定一个时间，超过该时间则认为此响应已经过期	Expires: Thu, 01 Dec 1994 16:00:00 GMT
Last-Modified	所请求资源的最后修改日期	Last-Modified: Dec, 26 Dec 2015 17:30:00 GMT
Location	指向另一个 URI，用于在进行重定向、成功创建新资源时使用	Location: https://localhost:5001/api/authors/1234
Proxy-Authenticate	要求在访问代理时提供身份认证信息	Proxy-Authenticate: Basic
Server	服务器的名称	Server: nginx/1.6.3
Set-Cookie	设置 HTTP Cookie	Set-Cookie: UserID=itbilu; Max-Age=3600; Version=1
WWW-Authenticate	表示请求应使用的认证方式	WWW-Authenticate: Basic

除了标准的 HTTP 消息头外，一些 Web 应用程序还会添加自定义消息头，用于返回一些描述或备注类的信息。自定义消息头的名称一般以"X-"开头，以此来指明它并不是一个标准的 HTTP 消息头，例如 X-AspNet-Version 用于指明当前服务器运行的 ASP.NET 的版本。

1.2.7 状态码

HTTP 响应状态代码由 3 个数字组成，用于指明 HTTP 请求的结果。在状态码后会有一个状态文本，它以文字形式简单描述状态的信息，如 200 OK、404 Not Found 和 500 Internal Server Error 等。根据其表述意义，状态码可分为以下 5 类。

- 1xx：信息，服务器收到请求，需要请求方继续执行操作。
- 2xx：成功，服务器成功执行客户端所请求的操作。
- 3xx：重定向，需要进一步的操作以完成请求。
- 4xx：客户端错误，请求包含语法错误或请求内容不正确。
- 5xx：服务端错误，服务器在处理请求的过程中发生了错误。

状态码以其首位数字表示它所属的类别，而后两位则表示在该类别中具体的信息，表 1-5 为常见的 HTTP 状态码。

表 1-5　　　　　　　　　　　常见的 HTTP 状态码

状态码	状态码名称	描述
200	OK	请求操作成功执行，并且响应正文中包含预期的资源
201	Created	资源创建成功，响应正文为空
202	Accepted	已接受请求，并成功开始异步执行，但还未处理完成
204	No Content	请求的操作成功执行，响应正文为空
301	Moved Permanently	请求的资源已被永久移动，响应消息头中应包括资源的新 URI，浏览器会自动重定向到新 URI
303	See Other	对当前请求的响应可以在另一个 URI 上被找到，该 URI 在当前响应的 Location 消息头中
304	Not Modified	所请求的资源未修改，客户端可以从缓存中得到该资源；服务器返回此状态码时，消息正文不应包含任何内容（与 204 No Content 一样）
307	Temporary Redirect	服务端不处理客户端的请求，客户端应向另一个 URI 请求，该 URI 在当前响应的 Location 消息头中
400	Bad Request	客户端请求存在错误，如语法错误或请求参数有误，服务器无法理解
401	Unauthorized	当前请求要访问受保护资源，但却未向服务器提供正确的认证信息，或并未提供任何认证信息
403	Forbidden	当请求受保护资源时，尽管客户端提供了正确的认证信息，但由于权限不够，服务器禁止访问该资源
404	Not Found	请求的资源不存在
405	Method Not Allowed	请求的资源不支持客户端指定的 HTTP 请求方法，该响应的消息头中必须包含 Allow 项，用以表示当前资源能够接受的请求方法列表
406	Not Acceptable	服务器不支持请求中指定的资源表述格式（由 Accept 消息头指定）
409	Conflict	由于和被请求资源的当前状态之间存在冲突，请求无法完成，冲突通常发生于对 PUT 方法请求的处理

续表

状态码	状态码名称	描述
412	Precondition Failed	客户端请求头中指定了一个或多个先决条件，服务器验证这些先决条件失败
415	Unsupported Media Type	请求中使用了服务器不支持的资源表述格式（由 Content-Type 消息头指定）
500	Internal Server Error	服务器内部错误，无法完成请求
503	Service Unavailable	由于临时的服务器维护或者过载，服务器当前无法处理请求

1.3 REST 最佳实践

REST 作为一种架构风格，它不是标准，因此并没有一套确定的、公认的规则。尽管 REST 包含了 6 个用于指导设计出 RESTful 系统的约束，但在具体实现时，在很多细节上仍然会有多种多样的方式。不同的实现方式使系统具有不同的表现或不同的使用方式，因此在实现时，应遵循一些基本原则，也即最佳实践。

首先，在实现 RESTful 系统时，应正确地使用 HTTP 方法、HTTP 消息头和 HTTP 状态码。在上一节我们已经看到，HTTP 协议对 HTTP 方法、消息头、响应码等都有详尽且明确的定义，当设计 RESTful API 时，应遵循其定义。比如，对于 HTTP 方法，应使用 GET 方法获取资源，使用 POST 方法创建资源。如果没有遵循这些方法的定义，则可能会出现使用 POST 方法获取、删除资源等情况，这是因为当客户端发送一个 POST 请求时，服务器上相应的方法不是创建资源，反而是获取或删除资源。

同样，客户端与服务端在进行请求与响应时，应正确地使用 HTTP 消息头。比如，当客户端要想指定资源的预期表述格式时，应使用 Accept 消息头，而非其他方式，这也正是该消息头的意义所在。

当服务器向客户端返回响应时，也应正确地使用 HTTP 状态码。比如，当操作成功却不需要返回响应正文时，应使用返回 204 No Content（删除或更新资源）或 201 Created（创建资源）。又如，当服务器不支持客户端指定的资源表述格式时，应返回 406 Not Acceptable 状态码。

由此可以看出，理解 HTTP 协议并正确地使用它对于设计出规范的 RESTful API 非常重要。除了这些原则以外，在设计资源的 URI 时也应注意下列原则。

- 使用名词的复数表示一个资源集合，如 api.domain.com/**users**。
- 使用斜线"/"用来表示资源之间的层次关系，如 api.domain.com/**users/1234/orders**。
- 对资源的增、删、查、改等操作名称不应包含在 URL 中，反之应正确使用 HTTP 方法。比如，GET /deleteuser/1234（错误），DELETE users/1234（正确）。
- 如果一个操作无法对应到资源的某个操作上，此时可以适当地在 URI 中包含动词，但仍然应该基于一个资源的标识符，如下所示。

```
PUT /users/1234/set-admin
DELETE /users/1234/set-admin
```

- 查询字符串可以用来对资源进行筛选、搜索或分页查询等操作，如下所示。

```
GET /users?role=admin
GET /users?searchQuery=abc
GET /users?pageSize=25&pageNumber=2
```

- URI 应使用小写字母。
- URI 中可以使用中划线"-"来增加其可读性，如下例中使用"-"来代替空格。
http://api.domain.com/blogs/this-is-my-first-post
- URI 中不应使用下划线。在浏览器或高级编辑器中，URI 通常会带有下划线，以表示它是可点击的，这个下划线将会使 URI 中的下划线不可见，可以使用中划线"-"替代下划线。
- URL 末尾不应包含斜线"/"，尽管 URL 末尾包含了"/"并不影响其功能，然而末尾的"/"没有任何意义甚至还有可能会造成歧义，因此服务器返回给客户端的 URL 末尾不应包含"/"。

1.4 其他问题

1.4.1 JSON 和 XML

在 RESTful API 中，JSON 和 XML 是最常用到的两种资源表述格式，它们都可以用来传递数据，且都具有简洁、自描述等特点。

JavaScript 对象表示法（JavaScript Object Notation，JSON）是一种轻量级的数据交换格式。它采用完全独立于编程语言的文本格式来存储、表示数据，简洁和清晰的层次结构使它成为理想的数据交换格式，不仅易于人阅读和编写，也易于机器解析和生成。JSON 的 MIME 类型为 aplication/json。

JSON 的语法非常简单，它的数据使用名称/值对来表示，名称/值对包括字段名称和它的值，中间用冒号隔开。其中字段名称应使用双引号表示，字段的值如果是字符串，也应使用双引号表示，如"firstName" : "John"。

JSON 数据项的值的类型可以是下列类型。

- 数字（整数或浮点数）
- 字符串（在双引号中）
- 逻辑值（true 或 false）
- 数组（在方括号中）
- 对象（在花括号中）
- null

JSON 对象在大括号 {} 中书写，对象可以包含多个名称/值对。

```
{
  "id": "1234",
  "name": "Tom"
}
```

多个相同的数据项构成了 JSON 数组，该数组使用方括号[]表示。

```
{
  "users": [
    {
      "id": "1234",
      "name": "Tom"
    },
    {
      "id": "1235",
      "name": "Smith"
    }
  ]
}
```

XML 是可扩展标记语言（eXtensible Markup Language），它与 HTML 语言很相似，包含标签、属性等元素，主要用于传输和存储数据。与 HTML 不同的是，XML 具有非常严格的层次结构，且一个标签必须同时具有起始标签与结束标签，XML 中允许创建自定义标签。

XML 文档必须包含根元素，该元素是文档中其他元素的父元素。文档中的所有元素形成了一棵文档树，这棵树从根部开始，并扩展到树的最底端。

```
<?xml version="1.0" encoding="UTF-8"?>
<note>
  <to>Tove</to>
  <from>Jani</from>
  <heading>Reminder</heading>
  <body>Don't forget me this weekend!</body>
</note>
```

在 XML 中，每个标签除了必须有起始标签与结束标签外，标签与标签间还必须要正确嵌套，比如以下示例。

```
<root>
  <child>
    <subchild>.....</subchild>
  </child>
</root>
```

另外，标签名区分大小写，大小写不同的标签会被认为是不同的标签。标签允许包含一个或多个属性，每个属性的值必须使用引号。

```
<user id="1234">
    <name>Tom</name>
```

```
</user>
```

JSON 与 XML 均有各自的特点。相比 XML，JSON 要更简洁，且更容易解析。JSON 是面向数据的一种格式，因此可以很容易地转换为高级编程语言中的对象，JSON 现在已经被广泛地使用在各种数据处理与交互场合下。然而 JSON 并不支持注释，且扩展性也不如 XML。XML 是面向文档的一种格式，它支持注释，允许创建自定义标签和属性。这些标签不仅清楚良好地描述了数据，而且还增加了文档的可扩展性，但同时这也增加了 XML 文档的大小。另外，在表示复杂的层次结构类型的数据时，XML 要比 JSON 更适合。

1.4.2 API 版本

当 API 发生了变化，比如资源表述内容有新增项（字段或属性）或系统添加了新资源类型时，应使用不同的版本来区别对 API 的更改，为 RESTful API 添加版本有以下 4 种方式。

- 使用 URI 路径，如 api/**v1**/users。
- 使用查询字符串，如 api/users?**version=v1**。
- 使用自定义消息头，如 Accept-version: v1。
- 使用 Accept 消息头，如 Accept: application/json;v=2.0。

第 7 章将会详细介绍如何为 API 添加版本功能。

1.5 本章小结

整体来看，本章所有内容都属于理论。通过本章的介绍，我们认识了 REST、REST 约束和 HTTP 协议等重要概念，理解并掌握这些基本知识对于开发 REST 风格的 Web 应用程序是非常重要的。同时，本章也讨论了人们对 REST 可能存在的一些错误认识、REST 的最佳实践以及 RESTful 应用中常用到的 JSON 与 XML 格式等，这些将帮助我们进一步认识 REST 并设计出更规范、更灵活的 RESTful API 应用。

第 2 章将会介绍.NET Core 和 ASP.NET Core，ASP.NET Core 是微软推出的新一代 Web 应用开发框架，后续章节将介绍如何基于该平台来创建 RESTful API 应用。

第 2 章 .NET Core 和 ASP.NET Core

本章内容

微软于 2016 年推出 .NET Core 和 ASP.NET Core。作为一个全新的开发平台，.NET Core 的主要特点是跨平台，基于 .NET Core 的应用程序能够运行在不同的操作系统平台中。ASP.NET Core 是基于 .NET Core 平台的 Web 开发框架，具有模块化、开源、灵活、易部署等特点。本章在重点介绍它们的同时，还会介绍 .NET Standard，它是 .NET 平台遵循的一套接口规范，人们很容易将它与 .NET Core、.NET Framework 混淆，本章将介绍它们之间的区别。

理解了上述概念后，本章将会介绍开发环境的准备工作，以及使用不同的开发工具创建第一个 API 应用，并借此应用来熟悉一个标准 ASP.NET Core 项目的构成。

2.1 .NET Core 简介

.NET Core 是一个通用的开发平台，由微软和 GitHub 上的 .NET 社区共同维护，它最重要的特点之一就是跨平台，支持 Windows、macOS 和 Linux 等操作系统。同时，.NET Core 也是一个开源平台，它使用最宽松的 MIT 和 Apache 2 开源协议，允许任何人任何组织和企业任意处置，包括使用、复制、修改、合并、发布和再授权等。

.NET Core 包含以下几部分内容。

- CoreCLR：即 .NET Core CLR，它是 .NET Core 的运行时（Runtime），包含垃圾回收器、JIT 编译器、原生数据类型、本机交互操作及底层类等，CoreCLR 使用改进的、跨平台开源编译器 RyuJIT 作为其编译器。
- CoreFX：即 .NET Core Libraries，又称基类库（Basic Class Library，BCL），它是 .NET Core 的基础类库，实现了 .NET Standard，包含集合、文件系统、JSON、异步等 API。
- Roslyn 编译器：用于将 C#或 VB.NET 代码编译为程序集。
- .NET Core CLI 工具：用于构建 .NET Core 应用程序和类库。

除了 .NET Core 外，对于 .NET 开发人员来说，最为熟悉的 .NET 平台就是 .NET Framework。它于 2002 年发布，在过去的十数年间，经过若干重大版本的迭代，截至目前，其最新版本为 4.8。NET Framework 支持多种不同的应用模型，能够用于开发 Windows Forms 及 WPF 等窗体应用程序，还可以开发 ASP.NET 网站、Web API、WCF 服务和控制台应用程序等。

.NET Core 与.NET Framework 都是不同的.NET 平台，它们之间最主要的区别是前者跨平台，而后者仅支持 Windows 平台。此外，.NET Core 采用包化（Packages）的管理方式，应用程序只需要获取需要的组件即可，这与.NET Framework 大包式安装的做法截然不同。同时，在.NET Core 中，各个包也有独立的版本线，不再硬性要求应用程序跟随主线版本。

.NET Core 支持的开发语言有 C#、Visual Basic 和 F#语言，可以使用它们编写基于.NET Core 的应用程序和类库。.NET Core 支持的开发工具有多种，常见的有 Visual Studio、Visual Studio Code、JetBrains Rider，除此之外，开发人员也可以根据自身偏好选择其他合适的开发工具或者编辑器。

2.2 .NET Standard 简介

.NET Standard 是一套.NET 规范或标准，这套标准定义了所有.NET 平台都应实现的接口，即 API。因此，.NET Standard 不像.NET Core 一样，并不是一个平台（Platform）。

在上一节中也提到了.NET Core 与.NET Framework 两个.NET 平台，除了这两个平台，.NET 平台还包括 Xamarin。Xamarin 作为微软移动战略的一部分，是一个跨平台的移动应用开发解决方案，简化了针对多种平台的应用开发，包括 iOS 和 Android 等。.NET 目前的主要平台如图 2-1 所示。

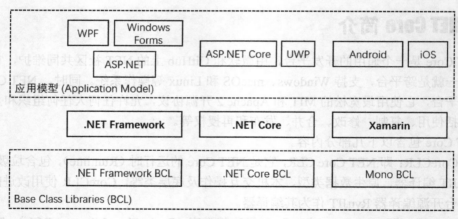

图 2-1 .NET 平台

每个平台支持不同的应用模型，并且每个平台都基于相应的基础类库（BCL）。对于这些不同的.NET 平台，存在的主要问题是代码共享或者类库共享。例如，要使它们使用同一套业务逻辑，就需要分别创建多个代码相同但目标平台却不同的类库项目，如图 2-2 所示。

而.NET Standard 的出现正是为了解决这一问题。正如其定义中提到的，它并不是一个新的.NET 平台，而是一套标准或者规范，它定义了能适用于所有.NET 平台的接口，如图 2-3 所示。

2.2 .NET Standard 简介

图 2-2 不同平台的类库

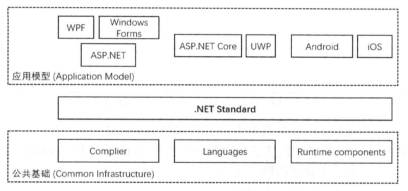

图 2-3 .NET Standard

此时，为了解决类库共享的问题，只要创建一个.NET Standard 类库，并由不同平台的.NET 应用程序引用即可。图 2-4 显示了多个平台可以共同引用相同的.NET Standard 类库。在.NET Standard 中定义的规范或接口，在每一个具体的.NET 平台中均有实现。

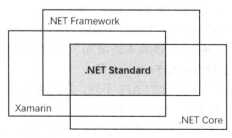

图 2-4 .NET Standard 与其他.NET 平台

19

作为一套标准，.NET Standard 有不同的版本，不同的.NET Standard 版本定义的接口数量或范围也不一样，因此每个.NET 平台在其不同的版本中也实现了不同的.NET Standard 版本。比如，.NET Core 1.0 实现了.NET Standard 1.6，而.NET Core 2.0 实现了.NET Standard 2.0，其完整的版本如图 2-5 所示。

.NET Standard	1.0	1.1	1.2	1.3	1.4	1.5	1.6	2.0
.NET Core	1.0	1.0	1.0	1.0	1.0	1.0	1.0	2.0
.NET Framework [1]	4.5	4.5	4.5.1	4.6	4.6.1	4.6.1	4.6.1	4.6.1
Mono	4.6	4.6	4.6	4.6	4.6	4.6	4.6	5.4
Xamarin.iOS	10.0	10.0	10.0	10.0	10.0	10.0	10.0	10.14
Xamarin.Mac	3.0	3.0	3.0	3.0	3.0	3.0	3.0	3.8
Xamarin.Android	7.0	7.0	7.0	7.0	7.0	7.0	7.0	8.0
Universal Windows Platform	10.0	10.0	10.0	10.0	10.0	10.0.16299	10.0.16299	10.0.16299
Windows	8.0	8.0	8.1					
Windows Phone	8.1	8.1	8.1					
Windows Phone Silverlight	8.0							
Unity	2018.1	2018.1	2018.1	2018.1	2018.1	2018.1	2018.1	2018.1

图 2-5 .NET Standard 版本（资料来源：微软官网）

图 2-5 列出的.NET Standard 最高版本为 2.0，.NET Standard 2.0 是对.NET Standard 1.6 的重大升级，在.NET Standard 1.6 中包括了大约 13000 多个 API，而.NET Standard 2.0 将 API 数量增加到 32000 多个，其中主要包括以下几个方面。

- ❑ IO：Files、Compression、MMF。
- ❑ XML：Xlinq、XML Document、Xpath、Schema、XSL。
- ❑ Serialization：BinaryFormatter、DataContract、XML。
- ❑ Threading：Threads、Thread Pool、Tasks。
- ❑ Data：DataTable、DataSet、Provider model。
- ❑ Networking：Http、Sockets、Websockets、Mail。
- ❑ Core：Primitives、Collections、Linq、Reflection、Interop。

.NET Standard 最新的版本为 2.1，该版本新增加 3000 多个 API，它们主要包括 Span<T>、ValueTask、ValueTask<T>和 DbProviderFactories 等。

由于不同的.NET Standard 版本包含的 API 不同，因此在创建.NET Standard 类库中，应合适地选择其版本。一般来说，更高版本包括更多的 API，但更低版本兼容的平台更多。在 Visual Studio 中为一个.NET Standard 类库项目选择不同的版本很容易，只要在项目的属性中选择不同的目标框架即可，如图 2-6 所示。

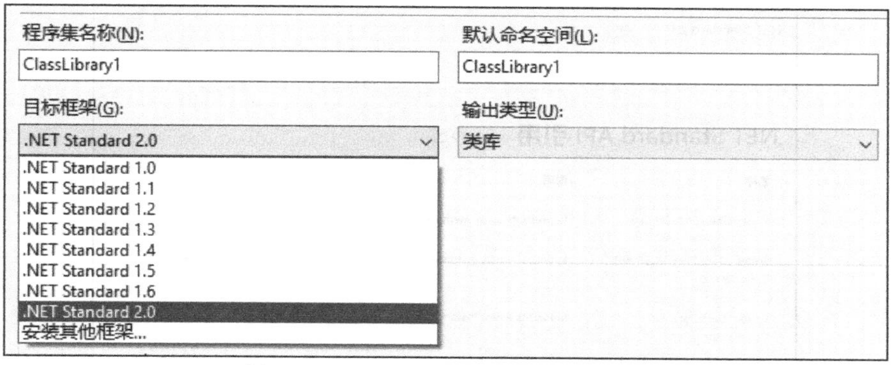

2.2 .NET Standard 简介

图 2-6 .NET Standard 类库项目的目标框架

修改目标框架的另一种方法是编辑项目文件（*.csproj），在其中的<TargetFramework>节点中指定不同的.NET Standard 版本，如下所示。

```
<Project Sdk="Microsoft.NET.Sdk">
  <PropertyGroup>
    <TargetFramework>netstandard2.0</TargetFramework>
  </PropertyGroup>
</Project>
```

要查询不同.NET Standard 版本所包含的 API，可以打开微软官网，在页面中选择".NET Core API 参考"选项，即可打开".NET API 浏览器"，在此页面上，选择".NET Standard"选项，同时选择一个版本，即可看到该版本中所有包含的 API，如图 2-7 所示。

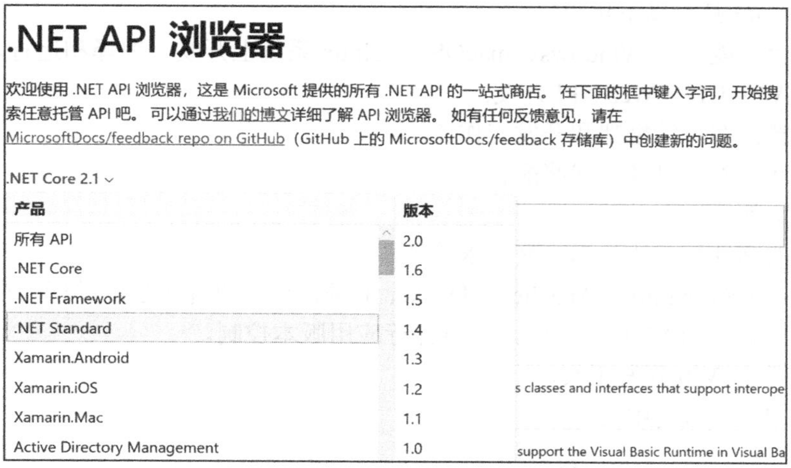

图 2-7 .NET API 浏览器

图 2-8 显示了当分别选择.NET Standard 2.0 与 1.6 时，搜索 System.Data.DataSet 的结果，可以看到，.NET Standard 1.6 中并不包括此 API。

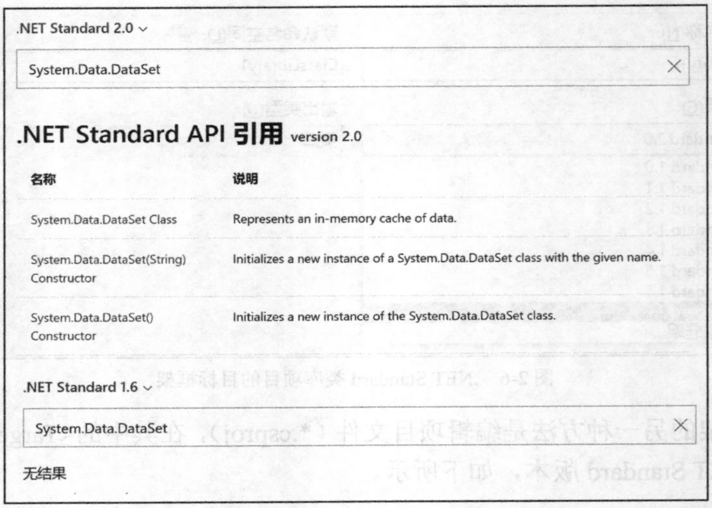

第 2 章 .NET Core 和 ASP.NET Core

图 2-8 .NET Standard 2.0 与 1.6 API 对比

2.3 ASP.NET Core 简介

ASP.NET Core 是免费、开源、高性能且跨平台的 Web 框架，用来构建 Web 应用程序。它于 2016 年 6 月首次发布，是对 ASP.NET Web 开发框架的重大升级。与它的前任 ASP.NET 不同的是，ASP.NET Core 能够运行在多个操作系统平台上，包括 Window、macOS 和 Linux 系统等，而后者只能运行在 Windows 系统上。

ASP.NET Core 具有以下优点。

- ❑ 跨平台，能够在 Windows、macOS 和 Linux 系统上开发、编译和运行。
- ❑ 统一 Web UI 与 Web API 开发。
- ❑ 集成新式客户端框架和开发工作流。
- ❑ 基于环境配置以及云就绪配置。
- ❑ 内置依赖项注入。
- ❑ 轻型的高性能模块化 HTTP 请求管道。
- ❑ 能够在 IIS、Nginx、Apache 和 Docker 上进行托管或者在当前进程内自托管。
- ❑ 当目标框架为.NET Core 时，支持并行应用版本控制。
- ❑ 简化新式 Web 开发工具。
- ❑ 开源和以社区为中心。

2.3.1 ASP.NET Core 主要特性

ASP.NET Core 的主要特性包括以下方面。

（1）跨平台与"自我宿主"

借助于.NET Core 与 Kestrel，ASP.NET Core 能够在不同的操作系统（如 Windows、macOS

和 Linux）上生成并运行。Kestrel 是 ASP.NET Core 中内置的跨平台服务器，具有高性能、速度快等特点。ASP.NET Core 应用程序的一个重要优点是它本质上是一个控制台程序，因此能够实现"自我宿主"。

（2）统一 Web UI 与 Web API 开发

在 ASP.NET 中，Web UI 和 Web API 是两个分开的不同的子框架，前者用于创建基于 HTML 页面的 Web 应用程序，后者则用于创建 Web API 应用程序，如 RESTful API。ASP.NET Core 将这两者合并，简化了 Web 应用与 Web API 的开发模式。

（3）内置依赖项注入

ASP.NET Core 提供了依赖注入容器，且在框架内部大量地使用了依赖注入，有助于创建低耦合的应用程序。

（4）轻型的高性能模块化 HTTP 请求管道

在 ASP.NET Core 中，多个中间件构成了 HTTP 请求管道，用于处理请求与响应。每个中间件都能够对请求进行一些处理，并继续传递到下一个中间件或直接中断请求而返回响应。这种管道机制极大地提高了 HTTP 请求处理的灵活性。

（5）基于环境配置及云就绪配置

ASP.NET Core 支持运行环境的配置，针对不同的环境可以使用不同的配置，从而表现出不同的行为。这些环境包括了开发（Development）、预演（Staging）及生产（Production）。ASP.NET Core 中提供了全新的配置模型，支持从多种配置源获取配置，如配置文件、环境变量和命令行参数等。

（6）支持容器

容器目前已经是非常流行的技术，如 Docker 和 Kubernetes 等。ASP.NET Core 支持这些主流的技术，将 ASP.NET Core 应用程序部署到容器中非常容易。

ASP.NET Core 目前最新的版本为 2.2，它仍然处于一个不断迭代的过程中，每一次版本的升级都会增加一些新特性，接下来将介绍 ASP.NET Core 2.1 和 2.2 中新增加的特性，以及在将来要发布的 3.0 版本中的变化。

2.3.2　ASP.NET Core 2.1 新增特性

微软于 2018 年 5 月发布了 ASP.NET Core 2.1，该版本的新特性主要包括以下方面。

（1）SignalR

SignalR 是用于执行实时操作的 Web 框架，使用它可以创建类似于在线实时聊天的 Web 应用程序。ASP.NET Core 2.1 重写了原来 SignalR 框架，并做了一些改进与优化。

（2）HTTPS

ASP.NET Core 2.1 默认启用了 HTTPS，使用 HTTPS 能够保护 Web 应用程序的安全。目前，越来越多的浏览器会将非 HTTPS 类的网站标记为不安全。在创建项目时，ASP.NET Core 2.1 默认开启了 HTTPS，无论是在开发还是在生产环境中，HTTPS 都非常容易配置和使用。

(3) Razor 类库

在 ASP.NET Core 2.1 中，使用新的 Razor SDK 能够在类库中创建 Razor 页面文件，因此可以创建基于 Razor UI 的类库并在多个项目中共享，甚至发布成一个 NuGet 包。

(4) [ApiController]特性和 ActionResult<T>类

ASP.NET Core 2.1 新增了[ApiController]特性及 ActionResult<T>类，使用它们能够让 API 更清晰、描述性更强。[ApiController]特性会对数据进行模型验证，并在验证失败时自动返回 400 Bad Request 状态码。ActionResult<T>类能够更方便地在 Action 中返回具体类型或者状态码等结果。

(5) Identity UI 类库

ASP.NET Core 2.1 提供了一个默认的 Identity UI 库，通常 NuGet 可以直接将其添加到项目中，在 Startup 类库中配置即可使用。

(6) Microsoft.AspNetCore.App

Microsoft.AspNetCore.App 是 ASP.NET Core 2.1 中引入的新元包（meta-package），所有 ASP.NET Core 2.1 程序在创建时都会默认使用这个元包，而不再使用之前的 Microsoft.AspNetCore.All。两者的区别是新元包中移除了原来包中对一些包的引用，如 Microsoft.EntityFrameworkCore.Sqlite 和 Microsoft.Extensions.Caching.Redis 等。

2.3.3 ASP.NET Core 2.2 新增特性

微软于 2018 年 12 月发布了 ASP.NET Core 2.2，该版本的新特性主要包括以下方面。

(1) IIS 进程内托管

在 ASP.NET Core 2.2 中，ASP.NET Core Module（它是一个 IIS 原生模块）能够在 IIS 工作进程（w3wp.exe）与 IIS HTTP 服务器之间处理请求，如图 2-9 所示。此外，它还可以对应用程序进行初始化、加载 CoreCLR，并处理 IIS 原生请求的生命周期。

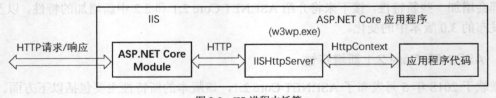

图 2-9 IIS 进程内托管

(2) HTTP/2 支持

ASP.NET Core 2.2 添加了对 HTTP/2 的支持。HTTP/2 是 HTTP 协议的主要修订版本，主要功能包括支持标头压缩，以及请求和响应的多路复用等。当在 Window Server 2016/Windows10 或更高版本的操作系统中部署 ASP.NET Core 2.2 应用程序时，Kestrel 及 IIS 服务器将支持 HTTP/2。HTTP/2 连接必须使用应用程序层协议协商（ALPN）和 TLS 1.2 或更高版本。

(3) OpenAPI 分析器和约定

OpenAPI（也称 Swagger）是一个与语言无关的规范，用于描述 RESTful API。OpenAPI 生

态系统中有一些工具，可用于发现、测试和生成使用该规范的客户端代码。ASP.NET Core 2.2 改进了创建 OpenAPI 文档的工具和运行时的体验。

（4）Kestrel 配置

在早期版本的 ASP.NET Core 中，Kestrel 通过调用 UseKestrel 方法来配置。 在 ASP.NET Core 2.2 中，IWebHostBuilder 接口新增了 ConfigureKestrel 方法来配置 Kestrel 服务器。

（5）运行状况检查

通过新的运行状况检查服务可以更轻松地在需要运行状况检查的环境（如 Kubernetes）中使用 ASP.NET Core。运行状况检查包括中间件、IHealthCheck 接口及其相关服务，它主要用来报告应用程序中组件的运行状态。

（6）SignalR Java 客户端

ASP.NET Core 2.2 引入了适用于 SignalR 的 Java 客户端，此客户端支持通过 Java 代码连接到 ASP.NET Core SignalR 服务器（包括 Android 应用）。

（7）CORS 改进

在早期版本的 ASP.NET Core 中，CORS 中间件允许发送 Accept、Accept-Language、Content-Language 和 Origin 消息头（不考虑在 CorsPolicy.Headers 中配置的值）。在 ASP.NET Core 2.2 中，仅当在 Access-Control-Request-Headers 中发送的消息头与 WithHeaders 中声明的标头完全匹配时，才能进行 CORS 中间件策略匹配。

2.3.4　ASP.NET Core 3.0 的变化

由于 ASP.NET Core 3.0 还并未发布，这里仅说明其部分变化，具体的更新内容以发布时的更新文档为准。

从 ASP.NET Core 3.0 起，ASP.NET Core 应用程序将仅支持 .NET Core 平台，不再支持 .NET Framework 平台，这主要是因为 .NET Framework 的平台限制以及其更新策略，同时这也将使 ASP.NET Core 与 .NET Core 更紧密。另外，在 ASP.NET Core 2.1 中新增加的 Microsoft.AspNetCore.App 包（也称 ASP.NET Core 共享框架）将仅包含完全由微软开发、支持且与 ASP.NET Core 紧密相关的 NuGet 包。一些原来包含在该包中的组件，如 Json.NET（Newtonsoft.Json）和 Entity Framework Core（Microsoft.EntityFrameworkCore.*）等都不会再包含在 Microsoft.AspNetCore.App 中，因此在 3.0 版本应用程序中如果要使用这些组件，就需要单独添加其 NuGet 包。同时，在项目文件中，对 Microsoft.AspNetCore.App 的引用，将由 <PackageReference> 改为 <FrameworkReference>，具体如下。

```
<ItemGroup>
   <FrameworkReference Include="Microsoft.AspNetCore.App" />
</ItemGroup>
```

一个 <FrameworkReference> 项不需要指定版本号，它的版本由应用程序的目标框架（TargetFramework）指定。除了上述变化外，ASP.NET Core 3.0 也删除了一些过时的 API。

2.3.5 将 ASP.NET Core 2.1 应用升级到 ASP.NET Core 2.2

要将现有的 ASP.NET Core 2.1 应用程序升级到 2.2，首先需要确保 Visual Studio 的版本为 15.9 或更高，并且确保已经安装了 .NET Core SDK 2.2 或更高版本。满足上述条件后，只要修改应用程序中的几个位置，就能够将应用程序从 2.1 升级到 2.2，这些位置主要如下。

（1）项目的目标框架

将项目的目标框架从 2.1 修改为 2.2 版本，可以在项目属性窗口中修改，也可以编辑项目文件（*.csproj），具体如下。

```
<PropertyGroup>
  <TargetFramework>netcoreapp2.2</TargetFramework>
</PropertyGroup>
```

如果要使用 IIS 进程内托管，还应在<PropertyGroup>节点内添加如下内容。

```
<AspNetCoreHostingModel>InProcess</AspNetCoreHostingModel>
```

（2）NuGet 包的版本

将项目中以"Microsoft.AspNetCore"开头的 NuGet 包的版本修改为 2.2.0，如下所示。

```
<ItemGroup>
  <PackageReference Include="Microsoft.AspNetCore.Mvc" Version="2.2.0" />
  <PackageReference Include="Microsoft.AspNetCore.StaticFiles" Version="2.2.0" />
</ItemGroup>
```

（3）MVC 兼容版本

在 Startup 类的 ConfigureServices 方法中，修改 MVC 的兼容版本为 2.2，具体如下。

```
services.AddMvc()
    .SetCompatibilityVersion(CompatibilityVersion.Version_2_2);
```

（4）使用 ConfigureKestrel 方法

在 Program.cs 文件中构建 WebHost 时，如果使用了 UseKestrel 方法，可以将其替换为 ConfigureKestrel 方法。

2.4 设置开发环境

在开发 ASP.NET Core Web API 应用程序时，首先应设置其开发环境，即安装相应的开发工具及 SDK。

2.4.1 安装 Visual Studio

打开微软官网，并单击 Visual Studio IDE 下面的"下载 Windows 版"按钮，如图 2-10 所示。

2.4 设置开发环境

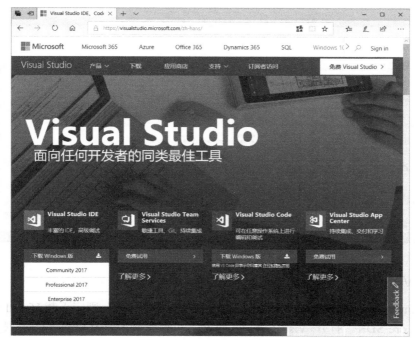

图 2-10 Visual Studio 主页图

在图 2-10 中单击"Community 2017"选项，即可下载免费的 Visual Studio 2017 社区版。Visual Studio 2017 包含以下 3 个不同的版本。

- 社区版：完全免费，适合学生和个人开发者使用。
- 专业版：适合专业开发人员或者小团队使用。
- 企业版：适合中、大型企业使用。

以上 3 个版本的功能对比请见 Visual Studio 官网。另外，这 3 个版本的 Visual Studio 可独立存在，即可以在同一台计算机上同时安装两个以上不同的版本。

提示：

除了下载 Visual Studio 2017 外，也可以下载 Visual Studio 2019 预览版。

运行下载下来的 Visual Studio 安装程序，其界面如图 2-11 所示。

在"工作负载"选项卡下勾选"ASP.NET 和 Web 开发"选项，这个工作负载（Workload）中包括 Visual Studio 核心编辑器、ASP.NET Core 及.NET Core 2.1 开发工具。除了勾选"ASP.NET 和 Web 开发"选项外，也勾选最后的".NET Core 跨平台开发"选项。当选择好安装目录后，单击"安装"按钮即可。

Visual Studio 安装程序中包含的.NET Core SDK 并不是最新的版本，因此安装完 Visual Studio 后，还应该安装.NET Core 最新的 SDK，2.4.2 节将介绍如何安装。

第 2 章 .NET Core 和 ASP.NET Core

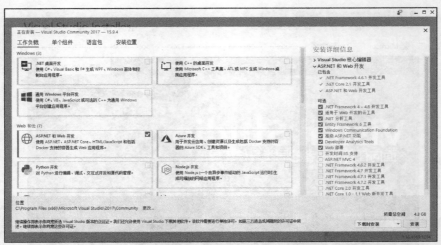

图 2-11 Visual Studio 2017 安装程序

2.4.2 安装 Visual Studio Code

如果在 Linux 或 macOS 系统上开发 ASP.NET Core 应用程序，则应下载 Visual Studio Code，并下载.NET Core SDK。打开 Visual Studio 官网，可以看到 Visual Studio Code 支持 macOS、Window 和 Linux 系统 3 个平台，如图 2-12 所示，选择相应平台的版本下载即可。

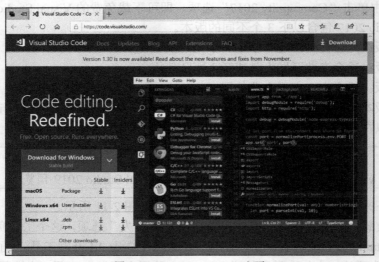

图 2-12 Visual Studio Code 主页

下载 Visual Studio Code 完成后，双击安装程序可直接安装。安装完成后，还需安装.NET Core 最新的软件开发工具包（Software Development Kit，SDK）。

打开微软官网，单击页面中的"Download"按钮，在下载页面，如图 2-13 所示，单击"Download .NET Core SDK"链接。

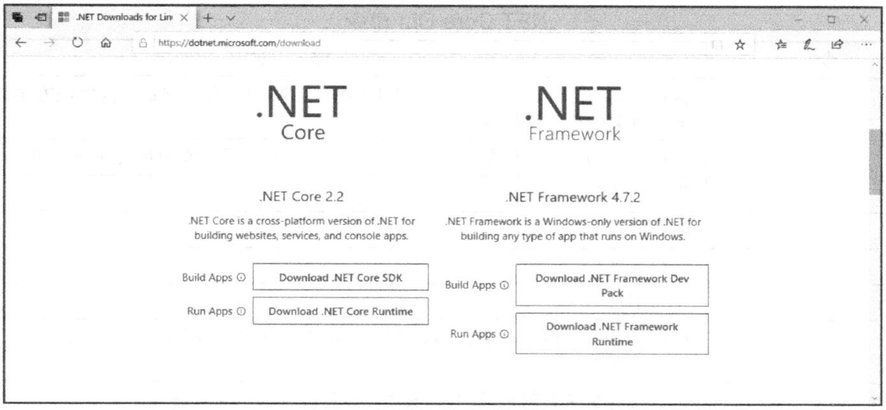

图 2-13 .NET Core SDK 下载页面

等下载完成后，运行安装程序就可以将.NET Core 2.2 SDK 安装到本地环境中了。在图 2-13 的下载页面中，除了可以下载.NET Core SDK 以外，还能够下载.NET Core Runtime，即.NET Core 运行时。与 SDK 的区别是，.NET Core 运行时仅包含.NET Core 应用程序运行时所需要的资源，因此若要运行.NET Core 应用程序，就必须得先安装它；而.NET Core SDK 则不仅包含了.NET Core 运行时，也包含了开发程序时所依赖的库文件及 SDK 工具等，因此.NET Core SDK 可用于开发并运行.NET Core 应用程序。

由于 Visual Studio Code 也支持 Windows 平台，因此在 Windows 平台中，可以使用 Visual Studio Code 开发 Web 应用程序。而对于使用 macOS 操作系统的开发人员来说，除了 Visual Studio Code 以外，还可以使用 Visual Studio for Mac，可到 Microsoft 官网中下载并安装。

2.4.3 .NET Core CLI

.NET Core CLI（Command-Line Interface），也就是.NET Core 命令行界面，它是一个开发.NET Core 应用程序的跨平台工具链。安装.NET Core SDK 后，就可以使用.NET Core CLI。在命令提示符对话框中，可以使用 dotnet –version 命令查看本机安装的.NET Core 的版本，或者使用 dotnet –info 命令查看本机.NET Core 的安装情况。

.NET Core CLI 目前支持创建控制台、ASP.NET Core 两种类型的应用程序。使用 dotnet new 命令能够创建一个.NET Core 应用。比如：

```
dotnet new console -o HelloConsole
dotnet new api -o HelloApi
dotnet new classlib -o HelloClassLibrary
```

在上面的命令中第一个参数为创建应用程序时的项目模板名称，使用不同的项目模板将创建不同类型的.NET Core 应用程序；第二个参数"-o"指明要创建的位置。使用 dotnet new -h 命令可以查看该命令的帮助。

除了 dotnet new 命令可以用于创建项目外，dotnet 还包含其他命令，如表 2-1 所示。

第 2 章 .NET Core 和 ASP.NET Core

表 2-1 　　　　　　　　　　　　　　.NET Core CLI 命令

命　　令	描　　述
dotnet sln	执行与解决方案相关的操作，如列出解决方案中所有的项目、向解决方案添加项目、从解决方案中移除项目等
dotnet add	为项目添加引用，如添加对指定的 NuGet 包的引用，添加对其他项目的引用
dotnet remove	为项目移除引用
dotnet build	编译项目
dotnet run	运行项目
dotnet publish	发布项目
dotnet ef	执行与 Entity Framework Core 相关的操作，如添加或移除迁移（Migration）、将迁移应用到数据库等
dotnet dev-certs https	执行与自签名 HTTPS 证书的操作，如生成证书、清除证书等
dotnet test	运行项目中的单元测试

所有的命令都可以通过参数 "-h" 或参数 "--help" 来查看其帮助信息。

2.5　创建第一个 API 项目

要创建一个 ASP.NET Core Web API 应用程序，可以使用 Visual Studio，也可以使用 Visual Studio Code 和 JetBrains Rider 等跨平台开发工具。

2.5.1　使用 Visual Studio 2017

启动 Visual Studio 2017 项目后，选择"文件"→"新建"→"项目"，在弹出"新建项目"对话框中选择左侧的"Visual C#"节点选项，并在其下继续选择".NET Core"节点，在右侧选择"ASP.NET Core Web 应用程序"选项，为新项目输入一个名称 HelloAPI，如图 2-14 所示。

图 2-14　"新建项目"对话框

单击"确定"按钮后会弹出图 2-15 所示的对话框。

2.5 创建第一个 API 项目

图 2-15 "新建 ASP.NET Core Web 应用程序"对话框

Visual Studio 默认提供了若干个 ASP.NET Core 项目模板，选择不同的模板会创建用于不同目的的应用程序或类库。这里我们选择"API"模板，使用该模板可以创建基于 RESTful HTTP 服务的 Web API 应用程序，然后单击"确定"按钮。

在图 2-15 所示的对话框中还提供了两个选项，即"启用 Docker 支持"和"为 HTTPS 配置"。

- ❑ "启用 Docker 支持"选项将会在所创建项目中添加 Docker 容器所需要的文件，这对于将应用程序部署到 Docker 容器中很便利；
- ❑ "为 HTTPS 配置"选项将使应用程序默认支持 HTTPS，这个选项自 ASP.NET Core 2.1 后默认勾选。

除了这两个选项外，在窗口的右侧还可以为项目提供身份验证的功能，它的默认值为"不进行身份验证"。

图 2-16 展示了创建项目成功后的项目结构图。

图 2-16 HelloAPI 项目结构图

在项目中,包含了如下若干个文件。

- launchSettings.json:应用程序运行配置文件,包含了程序运行的相关配置,如 URL 和端口信息等。
- wwwroot:文件夹,用于存储静态文件,如图片、CSS 和 JavaScript 等文件。
- 依赖项:当前应用程序所依赖的 NuGet 包和 SDK,其中 Microsoft.ASP.NETCore.App 含了 ASP.NET Core 应用程序要引用的 API,而 Microsoft.NETCore.App 含了 .NET Core 中的所有 API。
- Controllers:文件夹,用于存储所有的 Controller 类文件,这些文件通常以 Controller.cs 结尾。
- appsettings.json:配置文件,用于存储在应用程序运行时要用到的一些配置项。
- Program.cs:程序入口类,ASP.NET Core 应用程序从这个类中的 Main 函数运行,这与控制台程序完全一样。
- Startup.cs:应用程序启动时的配置类,用于配置 ASP.NET Core 应用程序中的服务、中间件、MVC 和异常处理等。

打开 Controller 文件夹下的 ValuesController,其内容如下所示。

```
[Route("api/[controller]")]
[ApiController]
public class ValuesController : ControllerBase
{
    // GET api/values
    [HttpGet]
    public ActionResult<IEnumerable<string>> Get()
    {
        return new string[] { "value1", "value2" };
    }

    // GET api/values/5
    [HttpGet("{id}")]
    public ActionResult<string> Get(int id)
    {
        return "value";
    }

    // POST api/values
    [HttpPost]
    public void Post([FromBody] string value)
    {
    }

    // PUT api/values/5
    [HttpPut("{id}")]
```

```
    public void Put(int id, [FromBody] string value)
    {
    }

    // DELETE api/values/5
    [HttpDelete("{id}")]
    public void Delete(int id)
    {
    }
}
```

在这个 Controller 中包含了多个方法，它们均以 Http 开头的特性所标识，用于指明该方法是一个 Action，以及它可以接受的 HTTP 请求方法。关于 Controller 与 Action 以及 ASP.NET Core 中的 MVC 模式，我们将在第 3 章中详细说明。将其中的 Get(int id)方法改成如下代码。

```
[HttpGet("{id}")]
public ActionResult<string> Get(int id)
{
    return $"请求时 id 的值为{id}";
}
```

此时，程序可以直接运行。单击工具栏中的启动按钮，如图 2-17 所示，当前应用程序将会以 IIS Express 为其宿主运行。

图 2-17　Visual Studio 工具栏中的启动按钮

展开启动按钮旁边的下拉菜单，如图 2-18 所示。

图 2-18　ASP.NET Core 应用程序启动菜单

可以看到，在运行选项中，除了默认的 IIS Express 外，还有 HelloAPI，也即应用程序自身的名字，这两个运行选项称为配置文件（Profile）。不同的配件文件会使 Visual Studio 在启动应用程序时采用不同的配置。在这两个配置文件中，选择 IIS Express 会使用 IIS Express 运行应用程序，它和直接以 IIS 作为应用程序的宿主很相似；而后者，以应用程序名称命名的配置文件,则会使用 dotnet run 来运行程序。

打开项目中 Properties 文件夹下的 launchSetting.json 文件,上述两个配置文件的信息都在这个 JSON 文件中,其内容如下所示。

```json
{
  "iisSettings": {
    "windowsAuthentication": false,
    "anonymousAuthentication": true,
    "iisExpress": {
      "applicationUrl": "http://localhost:60359",
      "sslPort": 44323
    }
  },
  "$schema": "http://json.schemastore.org/launchsettings.json",
  "profiles": {
    "IIS Express": {
      "commandName": "IISExpress",
      "launchBrowser": true,
      "launchUrl": "api/values",
      "environmentVariables": {
        "ASPNETCORE_ENVIRONMENT": "Production"
      }
    },
    "HelloAPI": {
      "commandName": "Project",
      "launchBrowser": true,
      "launchUrl": "api/values",
      "environmentVariables": {
        "ASPNETCORE_ENVIRONMENT": "Production"
      },
      "applicationUrl": "https://localhost:5001;http://localhost:5000"
    }
  }
}
```

它包含两个主要的节点 iisSettings 和 profiles,前者主要用于配置 IIS 中的认证信息以及 IIS Express 运行时使用的 URL 和端口信息;后者则包含了所有的运行配置文件,即 IIS Express 和 HelloAPI,在每个节点下,包括了若干配置项,如命令名称(commandName)、运行时是否启动浏览器(launchBrowser)、运行后在浏览器中要打开的 URL(launchUrl)和环境变量(environmentVariables)等。

所有这些配置项,也可以在项目属性中的"调试"选项卡中配置,如图 2-19 所示。

2.5 创建第一个 API 项目

图 2-19 项目属性中的"调试"选项卡

无论使用哪个配置文件，当首次启用应用程序时，都会弹出类似图 2-20 的提示。

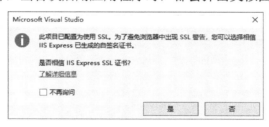

图 2-20 信任 IIS Express 证书的警告

这是因为应用程序启用了 HTTPS，此时就需要 SSL 证书。在开发时，通常使用自签名证书，在上述对话框中选择"是"，会信任 IIS Express SSL 证书并在当前计算机中安装证书。关于 HTTPS 与 SSL 证书，将在第 8 章中详细介绍。

默认情况下，当程序运行后，会以当前操作系统中默认的浏览器打开 https://localhost:<端口>/api/values，如图 2-21 所示，在页面上显示了由服务器返回的字符串数组。

图 2-21 运行程序后的结果

在地址栏中输入 https://localhost:44323/api/values/7 地址，按回车键后得到图 2-22 所示的结果。

图 2-22　调用 Get(int id)接口返回的结果

除了使用浏览器查看结果外，更为常见的方式是使用 Postman 等软件来请求 API，这是因为，浏览器只支持发起 GET 请求，而 Postman 以及同类软件则可以方便地使用所有常见的 HTTP 方法，如 GET、POST、PUT、DELETE 和 PATCH 等。

Postman 是一款功能强大的 HTTP 调试工具，在开发和调试 Web API 应用时非常有用，它提供针对不同平台的版本以及针对不同浏览器的插件，可以到 Postman 官网中下载并安装。图 2-23 显示了在 Postman 中以 GET 方法请求 api/values 时的结果。

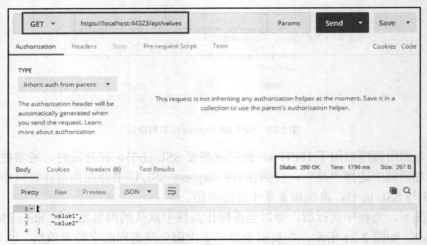

图 2-23　使用 Postman 请求

2.5.2　使用 Visual Studio Code

Visual Studio Code 安装完成后，还应该为 VS Code 安装 C#扩展。打开 VS Code 环境，选择左侧的扩展选项，输入"C#"，从结果中选择"C#"，如图 2-24 所示。安装成功后，单击"重新加载"按钮。

2.5 创建第一个 API 项目

图 2-24　C#扩展

此时，从主菜单中选择"文件"→"打开文件夹"命令，弹出要在其中放置 ASP.NET Core 项目的文件夹对话框，然后单击"选择文件夹"按钮，再从主菜单中选择"查看"→"终端"命令以弹出"终端"对话框，显示终端窗口，如图 2-25 所示。

图 2-25　"终端"对话框

在终端中输入.NET Core CLI 命令，如下所示。

```
dotnet new api -o HelloApi
```

命令执行情况如图 2-26 所示。

图 2-26　使用.NET Core CLI 创建 Web API 项目

经过一段时间后项目创建成功了。此时，在左侧的资源管理器中能够看到项目的结构，如图 2-27 所示。

图 2-27 项目结构图

单击打开其中一个 C#文件，在 Visual Studio Code 中首次打开 C#文件时，会在编辑器中加载 OmniSharp。OmniSharp 是一个开源项目集合，它能够为常见的编辑器（如 VS Code、Vim 和 Sublime Text 等）增加开发.NET 程序的功能。

此时，在"输出"对话框中能够看到下载与安装的进度，等所有的依赖与包安装完成后，结果如图 2-28 所示。

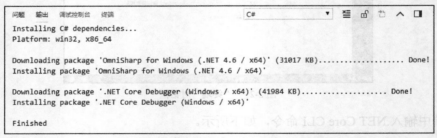

图 2-28 安装 OmniSharp 及.NET Core 调试器

并且在 VS Code 窗口的右下角弹出"询问"对话框，提示添加缺少的文件，以生成和调试应用，如图 2-29 所示，此时单击"Yes"按钮。

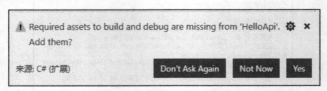

图 2-29 添加缺少文件的提示

之后，VS Code 会在项目所在的目录下创建一个名为.vscode 的文件夹，其中包含

launch.json 和 tasks.json 两个配置文件。

此时，选择主菜单中"调试"→"启动调试"命令就可以运行并调试程序，也可以直接按快捷键 F5 运行并调试程序。

2.6 本章小结

本章对.NET Core、.NET Standard 和 ASP.NET Core 进行了简要介绍，并介绍了开发环境的准备，以及如何动手创建一个 ASP.NET Core Web API 应用程序。

.NET Core 是跨平台、开源的开发平台，由.NET Core 运行时、.NET Core 基础类库、Roslyn 编译器、.NET Core CLI 工具等部分组成。.NET Standard，也称.NET 标准，与.NET Core、.NET Framework 等平台不一样，它是一套接口标准，不同的.NET 平台均实现了.NET Standard。ASP.NET Core 是基于.NET Core 平台的开发框架，其跨平台、模块化、高性能、灵活、易配置、易部署等特点使其具备了一个优秀 Web 开发框架所有的特点。第 3 章我们将继续深入介绍 ASP.NET Core 的核心特性。

第 3 章　ASP.NET Core 核心特性

本章内容

ASP.NET Core 作为微软推出的新一代的 Web 开发框架，具有很多优点。使用它能够快速开发出灵活、高质量的 Web 应用程序，这得益于它系统化、模块化和极为灵活的设计。本章会介绍 ASP.NET Core 的主要特性，包括启动、中间件、依赖注入、MVC、配置、日志以及错误处理等。掌握这些内容后，开发人员将会对 ASP.NET Core 有更深入的理解。

3.1　启动与宿主

3.1.1　应用程序的启动

当 ASP.NET Core 应用程序启动时，它首先会配置并运行其宿主（Host），宿主主要用来启动、初始化应用程序，并管理其生命周期。

Program 类是 ASP.NET Core 应用程序的入口，它包括一个名为 Main 的静态方法，当程序运行时，将从这个方法开始执行。这与控制台应用程序（Console Application）完全相同。因此，ASP.NET Core 应用程序本质上就是控制台应用程序。以下是 Program.cs 的内容。

```
public class Program
{
    public static IWebHostBuilder CreateWebHostBuilder(string[] args) =>
        WebHost.CreateDefaultBuilder(args)
            .UseStartup<Startup>();

    public static void Main(string[] args)
    {
        CreateWebHostBuilder(args).Build().Run();
    }
}
```

在 Main 方法中可以看到，整个程序首先是由 CreateWebHostBuilder 方法创建一个 IWebHostBuilder 对象，并调用它的 Build 方法得到 IWebHost 对象，然后调用该对象的 Run 方法运行起来的。在 CreateWebHostBuilder 方法内部，调用 WebHost 类的静态方法

CreateDefaultBuilder，会返回 IWebHostBuilder 类型的对象，该对象具有一些默认设定的值，之后又调用了 UseStartup 方法进一步来配置应用程序的启动。

由 CreateDefaultBuilder 方法创建 IWebHostBuilder 对象时所包含的主要默认选项如下。

- 配置 Kestrel 服务器作为默认的 Web 服务器来负责处理 Web 请求与响应。
- 使用当前目录作为应用程序的内容目录（ContentRoot），该目录决定了 ASP.NET Core 查找内容文件（如 MVC 视图等）的位置。
- 从以 ASPNETCORE_ 开头的环境变量（如 ASPNETCORE_ENVIRONMENT）中以及命令行参数中加载配置项。
- 从 appsettings.josn、appsettings.{Environment}.json、用户机密（仅开发环境）、环境变量和命令行参数等位置加载应用配置。
- 配置日志功能，默认添加控制台输出与调试输出。
- 如果应用程序被托管在 IIS 中，启动 IIS 集成，它会配置应用程序的主机地址和端口，并允许捕获启动错误等。

因此，CreateDefaultBuilder 方法的内容大致如下。

```csharp
public static IWebHostBuilder CreateDefaultBuilder(string[] args)
{
    var builder = new WebHostBuilder();
    if (string.IsNullOrEmpty(builder.GetSetting(WebHostDefaults.ContentRootKey)))
    {
        builder.UseContentRoot(Directory.GetCurrentDirectory());
    }

    if (args != null)
    {
        builder.UseConfiguration(new ConfigurationBuilder().AddCommandLine(args).Build());
    }

    builder.ConfigureAppConfiguration((hostingContext, config) =>
    {
        var env = hostingContext.HostingEnvironment;
        config.AddJsonFile("appsettings.json", optional: true, reloadOnChange: true)
            .AddJsonFile($"appsettings.{env.EnvironmentName}.json", optional: true, reloadOnChange: true);
        if (env.IsDevelopment())
        {
            var appAssembly = Assembly.Load(new AssemblyName(env.ApplicationName));
            if (appAssembly != null)
            {
                config.AddUserSecrets(appAssembly, optional: true);
            }
        }
```

```
            config.AddEnvironmentVariables();
            if (args != null)
            {
                config.AddCommandLine(args);
            }
        })
        .ConfigureLogging((hostingContext, logging) =>
        {
            logging.AddConfiguration(hostingContext.Configuration.GetSection("Logging"));
            logging.AddConsole();
            logging.AddDebug();
            logging.AddEventSourceLogger();
        }).
        UseDefaultServiceProvider((context, options) =>
        {
            options.ValidateScopes = context.HostingEnvironment.IsDevelopment();
        });

        ConfigureWebDefaults(builder);
        return builder;
    }
```

> **提示:**
> 若要查看 WebHost 的完整代码，需要打开 https://github.com/aspnet/AspNetCore，并在它下面查找 WebHost.cs 文件即可。

CreateDefaultBuilder 方法中所包含的默认配置能够通过 IWebHostBuilder 接口提供的扩展方法进行修改或增加，如 ConfigureAppConfiguration、ConfigureKestrel、ConfigureLogging、UseContentRoot 和 UseUrls 等。

ConfigureAppConfiguration 方法能够为应用程序添加配置，如果应用程序用到了除 appsettings.json 和 appsettings.{Enviroment}.json 之外的其他配置文件，则可以继续调用该方法将配置文件添加进来。

```
WebHost.CreateDefaultBuilder(args)
    .ConfigureAppConfiguration((hostingContext, config) =>
    {
        config.AddXmlFile("appsettings.xml", optional: true, reloadOnChange: true);
    })
```

ConfigureKestrel 方法则能够用来配置 Kestrel 服务器，在下面的例子中，通过 KestrelServerOptions 对象（即 options 变量）的属性与方法能够控制 Kestrel 服务器的行为，如在响应中不包含 Server 消息头、设置服务器侦听地址与端口、启用 HTTPS 等。

```
WebHost.CreateDefaultBuilder(args)
```

```
        .ConfigureKestrel((hostingContext, options) =>
        {
            options.AddServerHeader = false;
            options.Listen(IPAddress.Loopback, 6000);
            options.Listen(IPAddress.Loopback, 6001, listenOptions =>
            {
                listenOptions.UseHttps("testCert.pfx", "testPassword");
            });
        })
```

除了这些以 Configure 开头的方法外,IWebHostBuilder 的其他方法也可以更改 WebHost 的配置,如 UseContentRoot 可以修改应用程序的内容目录,使 UseEnvironment 方法能够修改应用程序的运行环境、UseSetting 方法能够修改指定的配置项,UseUrls 方法可以修改服务器侦听的 IP 地址、主机地址以及使用的端口号。

```
WebHost.CreateDefaultBuilder(args)
    .UseEnvironment(EnvironmentName.Development)
    .UseContentRoot(@"C:\public")
    .UseSetting("https_port","8080")
    .UseUrls("http://*:5000;http://localhost:5001;https://hostname:5002")
```

ASP.NET Core 内置了对程序运行环境的支持,通过设置不同的环境,能够使应用程序在运行时获取相应的配置,从而具有不同的行为和逻辑。ASP.NET Core 内部提供了如下 3 个环境名称。

- **Development**:开发。
- **Staging**:预演。
- **Production**:生产。

在程序启动时,它会读取 ASPNETCORE_ENVIRONMENT 环境变量的值,如果它的值没有设置,那么程序会默认使用 Production 值。除了读环境变量的值外,还可以使用 IWebHostBuilder 的 UseEnvironment 方法来指定,如上例。

由 IWebHostBuilder 创建的 WebHost 主要用来作 ASP.NET Core 应用程序的宿主,除了 WebHost 外,在 ASP.NET Core 2.1 中,新增加了通用主机(Generic Host),它主要用于托管非 Web 应用程序(如运行后台任务的应用),目前它并不支持对 Web 应用程序的托管,不过,未来在更高的版本中,通用主机将会实现这一功能,并替代 WebHost。然而,在目前的版本中,WebHost 仍然是托管 Web 应用所必需的。

当使用 IWebHostBuilder 的方法配置好宿主后,调用其 Build 方法,将会生成一个 IWebHost 实例,它有两个重要的方法,分别是 Run 和 Start,它们都会启动当前宿主;不同的是,前者以阻塞的方式运行宿主,后者则不是。

3.1.2 Kestrel

Kestrel 是轻量级、托管的、开源且跨平台的 Web 服务器。它作为 ASP.NET Core 的组成部分，能够使 ASP.NET Core 应用程序运行在任何平台（如 Windows 和 Linux 操作系统等）上。在 .NET Core 之前的 ASP.NET 应用程序以 IIS 作为其服务器，并且与 IIS 有紧密的耦合关系，但 ASP.NET Core 则完全与 IIS 解耦，而 ASP.NET Core 之所以能够跨平台，也正是借助于 Kestrel 这个跨平台服务器。

当 Kestrel 作为 ASP.NET Core 的服务器时，它会在 ASP.NET Core 的进程内运行，并负责监听 HTTP 请求以及对每一次的请求返回 HTTP 响应，如图 3-1 所示。

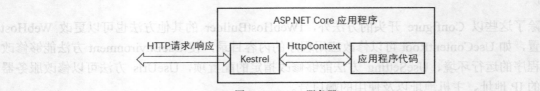

图 3-1　Kestrel 服务器

除了让 Kestrel 服务器直接处理 HTTP 请求与响应外，还可以使用主流的 Web 服务器（如 IIS 和 Apache 等）放在 Kestrel 之前作为反向代理服务器（Reverse Proxy Server），从而使传来的 HTTP 请求经过并由反向代理服务器再传给 Kestrel 服务器，如图 3-2 所示。

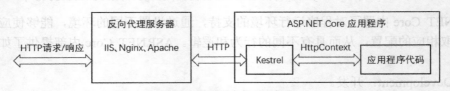

图 3-2　使用反向代理服务器

在实际生产环境部署应用程序时，这是常见且推荐的方式。因为借助于反向代理服务器，增加了应用程序的安全性，也提供了负载均衡、过滤请求和 URL 重定向等功能。

除了使用 Kestrel 作为服务器外，还可以使用 HTTPSys，这两个都是 ASP.NET Core 内建的服务器。然而，HTTPSys 只能运行在 Windows 平台上，但它却有 Kestrel 所不具有的一些特性，如 Windows 认证和端口共享等。

为了使用 IIS 作为反向代理服务器，我们使用 IWebHostBuilder 的 UseIISIntegration 扩展方法，这会使应用程序能够在 IIS 或 IIS Express 中运行。

另外，在图 3-2 中可以看到，当 Kestrel 收到 HTTP 请求后，它会将其转化为 HttpContext，关于这一点，在 3.2.2 节中将会有更详细的讨论。

当使用 dotnet run 命令在控制台中运行程序时，应用程序的 URL 将会默认是 http://localhost:5000 和 https://localhost:5001；而当在 Visual Studio 中运行 ASP.NET Core 应用程序时，默认情况下，它会以 IIS Express 作为程序的宿主，此时访问程序的 URL 会是 http://localhost:<随机端口>，以及 https: //localhost:<随机端口>。如果要修改这个地址或端口，那么可以使用 IWebHostBuilder 接口的 UseUrls 方法，或者运行时使用命令行参数 --urls，也可以在配置文件中添加配置项键名为 urls，此外，还可以通过设置 ASPNETCORE_URLS 环境变量来改变。

在上一节中，我们已经看到了如何使用 IWebHostBuilder 接口的 ConfigureKestrel 方法来配置 Kestrel 服务器。

3.1.3 Startup 类

IWebHostBuilder 接口有多个扩展方法，其中有一个很重要的是 UseStartup 方法，它主要向应用程序提供用于配置启动的类，而指定的这个类应具有以下两个方法。

- ConfigureServices：用于向 ASP.NET Core 的依赖注入容器添加服务。
- Configure：用于添加中间件，配置请求管道。

这两个方法都会在运行时被调用，且在应用程序的整个生命周期内，只执行一次。其中 ConfigureServices 方法是可选的，而 Configure 方法则是必选的。在程序启动时，它会执行 ConfigureServices 方法（如果有），将指定的服务放入应用程序的依赖注入容器中，然后再执行 Configure 方法，向请求管道中添加中间件。以下是一个典型的 Startup 类：

```
public class Startup
{
    public void ConfigureServices(IServiceCollection services)
    {
        …
        services.AddMvc();
        services.AddScoped<INoteRepository, NoteRepository>();
        …
    }

    public void Configure(IApplicationBuilder app, IHostingEnvironment env, INoteRepository noteRepository)
    {
        if (env.IsDevelopment())
        {
            app.UseDeveloperExceptionPage();
        }
        else
        {
            app.UseHsts();
        }
        …
        app.UseMvc();
        …
    }
}
```

ConfigureServices 方法有一个 IServiceCollection 类型的参数，使用它能够将应用程序级别的服务注册到 ASP.NET Core 默认的依赖注入容器中。Configure 方法默认包含一个 IApplicationBuilder 类型的参数,通过它可以添加一个或多个中间件,所有添加的中间件将会对传入的 HTTP 请求进行处理,并将处理后的结果返回为发起请求的客户端。

当在 ConfigureServices 方法中向依赖注入容器添加了服务后,在后面的 Configure 方法中就可以通过参数将需要的服务注入进来,如上面的 Configure 方法中 INoteRepository 类型的参数。

在配置启动时,除了使用 IWebHostBuilder 的 UseStartup 方法引用 Startup 类外,还可以直接使用 IWebHostBuilder 的 ConfigureService 和 Configure 两个扩展方法以内联的方式分别实现 Startup 类中对应的两个方法,如下所示。

```
public static IWebHostBuilder CreateWebHostBuilder(string[] args) =>
    WebHost.CreateDefaultBuilder(args)
        .ConfigureServices(service =>
        {
            service.AddMvc();
            service.AddScoped<INoteRepository, NoteRepository>();
        })
        .Configure(app =>
        {
            var scope = app.ApplicationServices.CreateScope();
            var noteRepository = scope.ServiceProvider.GetRequiredService<INoteRepository>();
            app.Run(async (context) =>
            {
                await context.Response.WriteAsync("Hello World!");
            });
        });
```

相比使用 Startup 类,这种方式的不足之处在于,在 Configure 扩展方法中,无法自由地为其从容器中注入所需要的参数,因此还需要从依赖注入容器中手工获取所需要的服务。另外,多次调用 ConfigureServices 方法将会逐一添加每个方法,将其中的服务添加到容器中,而多次调用 Configure 方法则仅最后一次的调用有效。

3.2 中间件

3.2.1 中间件简介

ASP.NET Core 引入了中间件(Middleware)的概念。所谓中间件,就是处理 HTTP 请求和响应的组件,它本质上是一段用来处理请求与响应的代码。多个中间件之间的链式关系使之形成了管道(Pipeline)或请求管道。管道意味着请求将从一端进入,并按照顺序由每一个中间件处理,最后从另一端出来。每一个传入的 HTTP 请求,都会进入管道,其中每一个中间件可以对传入的请求进行一些操作并传入下一个中间件或直接返回;而对于响应也会遍历进来时所经过的中间件,顺序与进来时的正好相反,如图 3-3 所示。

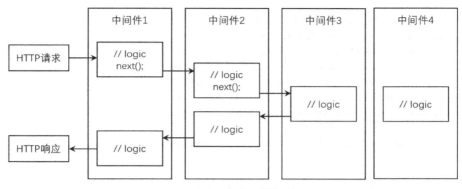

图 3-3 中间件

ASP.NET Core 中内置了多个中间件,它们主要包含 MVC、认证、错误、静态文件、HTTPS 重定向和跨域资源共享(Cross-Origin Resource Sharing,CORS)等,ASP.NET Core 也允许向管道添加自定义中间件。

3.2.2 添加中间件

在上一节中,我们提到了 Startup 类的 Configure 方法,该方法就是添加中间件的地方。在 Configure 方法中,通过调用 IApplicationBuilder 接口中以 Use 开头的扩展方法,即可添加系统内置的中间件,如下所示:

```
public void Configure(IApplicationBuilder app)
{
    app.UseExceptionHandler("/Home/Error");
    app.UseStaticFiles();
    app.UseAuthentication();
    app.UseMvc();
}
```

上述代码中每一个以 Use 开头的方法都会逐一并顺序地向管道添加相应的中间件。这里需要特别注意,中间件的添加顺序将决定 HTTP 请求以及 HTTP 响应遍历它们的顺序。因此,对于上面的代码,传入的请求首先会经过异常处理中间件,再到静态文件中间件,接着是认证中间件,最后则是 MVC 中间件。每一个中间件都可以终止请求管道,例如,如果认证失败,则不再继续向后执行。

这些以 Use 开头的方法都是扩展方法,它们封装了一些细节。而在每一个扩展方法的内部实现中,每个中间件都是通过调用 IApplicationBuilder 接口的 Use 和 Run 方法添加到请求管道中的。

下面的例子是使用 Run 方法来添加一个中间件,该中间件会输出与本次请求相关的信息。

```
public void Configure(IApplicationBuilder app, IHostingEnvironment env)
```

```
{
    app.Run(async (context) =>
    {
        StringBuilder sb = new StringBuilder();
        sb.AppendLine("---- REQUEST ----");
        sb.AppendLine($"Host: {context.Request.Host}");
        sb.AppendLine($"Method: {context.Request.Method}");
        sb.AppendLine($"Path: {context.Request.Path}");
        sb.AppendLine($"Protocol: {context.Request.Protocol}");
        foreach (var item in context.Request.Headers)
        {
            sb.AppendLine($"  {item.Key}: {item.Value}");
        }
        await context.Response.WriteAsync(sb.ToString());
    });
```

当请求 https://localhost:5001 时,则会输出类似如下内容:

```
---- REQUEST ----
Host: localhost:5001
Method: GET
Path: /
Protocol: HTTP/1.1
  Cache-Control: no-cache
  Connection: keep-alive
  Accept: */*
  Accept-Encoding: gzip, deflate
  Host: localhost:5001
  User-Agent: PostmanRuntime/7.4.0
```

Run 方法接受一个 RequestDelegate 类型的参数,它是一个委托,用来处理传入的 HTTP 请求,它的定义如下:

```
public delegate Task RequestDelegate(HttpContext context);
```

由于它接受一个 HttpContext 类型的参数,并返回 Task 类型,因此可以使用如下 Lambda 表达式向 Run 方法传递参数。

```
app.Run(async context => { ... });
```

之后,通过 HttpContext 对象的 Request 属性可以得到表示当前 HTTP 请求的对象,并最终使用其 Response 属性的 WriteAsync 方法输出结果,从而结束本次请求。

与 Run 方法不同的是,Use 方法在处理完请求后还会将请求传入下一个中间件,并由它继续处理。它接受的参数类型为 Func<HttpContext, Func<Task>, Task>,因此可以使用如下

3.2 中间件

Lambda 表达式向 Use 方法传递参数。

```
app.Use(async (context,next) => {});
```

其中，next 表示下一个中件间，它是一个异步方法，应该在当前中间件中调用它。

```
public void Configure(IApplicationBuilder app, IHostingEnvironment env)
{
    app.Use(async (context, next) =>
    {
        Console.WriteLine("中间件 A：开始");
        await next();
        Console.WriteLine("中间件 A：结束");
    });
}
```

在调用下一个中间件的前后位置时，可以添加处理当前请求的代码。当执行上述代码时，控制台窗口会顺序地输出相应的日志。然而，由于上面的例子中只添加了一个中间件，并没有后续的中间件处理 HTTP 请求并返回 HTTP 响应内容，因此请求结束后返回的响应状态码为 404 Not Found。如果一个请求所有中间件都没处理，则将返回 404 Not Found 状态码。要解决这一问题，可以继续添加中间件，也可以不调用下一个中间件，而在当前中间件中直接输出响应，以结束请求管道。

```
public void Configure(IApplicationBuilder app, IHostingEnvironment env)
{
    app.Use(async (context, next) =>
    {
        var timer = System.Diagnostics.Stopwatch.StartNew();
        Console.WriteLine("中间件 A：开始，{0}", timer.ElapsedMilliseconds);
        await next();
        Console.WriteLine("中间件 A：结束，{0}", timer.ElapsedMilliseconds);
    });

    app.Run(async (context) =>
    {
        Console.WriteLine("中间件 B");
        await Task.Delay(500);
        await context.Response.WriteAsync("Hello, world");
    });
}
```

上述代码的输出结果如下：

```
中间件 A：开始，0
中间件 B
中间件 A：结束，534
```

除了 Run 和 Use 方法外，IApplicationBuilder 接口还提供了 Map、MapWhen 及 UseWhen 方法，它们都可以指定条件，并在条件满足时创建新的分支管道，同时在新的分支上添加并执行中间件，定义如下：

```
public static IApplicationBuilder Map(this IApplicationBuilder app, PathString pathMatch, Action<IApplicationBuilder> configuration);
public static IApplicationBuilder MapWhen(this IApplicationBuilder app, Func<HttpContext, bool> predicate, Action<IApplicationBuilder> configuration);
public static IApplicationBuilder UseWhen(this IApplicationBuilder app, Func<HttpContext, bool> predicate, Action<IApplicationBuilder> configuration);
```

其中，Map 会根据是否匹配指定的请求路径来决定是否在一个新的分支上继续执行后续的中间件，并且在新分支上执行完后，不再回到原来的管道上，MapWhen 则可以满足更复杂的条件，它接收 Func<HttpContext, bool>类型的参数，并以该参数作为判断条件，因此，它会对 HttpContext 对象进行更细致的判断（如是否包含指定的请求消息头等），然后决定是否进入新的分支继续执行指定的中间件。而 UseWhen 与 MapWhen 尽管接受的参数完全一致，但它不像 Map 和 MapWhen 一样，由它创建的分支在执行完后会继续回到原来的管道上。下面的例子说明了 Map 方法的功能。

```
public void Configure(IApplicationBuilder app)
{
    app.Use(async (context, next) =>
    {
        Console.WriteLine("中间件 A: 开始");
        await next();
        Console.WriteLine("中间件 A: 结束");
    });

    app.Map(
        new PathString("/maptest"),
        a => a.Use(async (context, next) =>
        {
            Console.WriteLine("中间件 B: 开始");
            await next();
            Console.WriteLine("中间件 B: 结束");
        }));

    app.Run(async context =>
    {
        Console.WriteLine("中间件 C");
        await context.Response.WriteAsync("Hello world");
    });
}
```

当请求 https://localhost:5001/maptest 时，控制台中将会输出以下结果。

```
中间件 A：开始
中间件 B：开始
中间件 B：结束
中间件 A：结束
```

上述请求的响应码是 404 Not Found，这是因为在新分支的中间件 B 中调用了并不存在的中间件，并且最后添加的要输出"中间件 C"的中间件也没有执行。而如果将上例中 Map 方法改为 UseWhen 方法：

```
app.UseWhen(
    context => context.Request.Path.Value == "/maptest",
    a => a.Use(async (context, next) =>
    {
        Console.WriteLine("中间件 B：开始");
        await next();
        Console.WriteLine("中间件 B：结束");
}));
```

同样请求 https://localhost:5001/maptest，则所有添加的中间件都会执行，并且其响应码为 200 OK，控制台的输出结果如下所示。

```
中间件 A：开始
中间件 B：开始
中间件 C
中间件 B：结束
中间件 A：结束
```

3.2.3 自定义中间件

创建自定义中间件非常简单，需要至少一个特定的构造函数和一个名为 Invoke 的方法。对于构造函数，应包括一个 RequestDelegate 类型的参数，该参数表示在管道中的下一个中间件；而对于 Invoke 方法，应包括一个 HttpContext 类型的参数，并返回 Task 类型。

创建自定义中间件可以很灵活地控制 HTTP 请求的处理流程，比如要让应用程序仅接受 GET 和 HEAD 方法，就可以创建如下的中间件：

```
public class HttpMethodCheckMiddleware
{
    private readonly RequestDelegate _next;

    public HttpMethodCheckMiddleware(RequestDelegate requestDelegate, IHostingEnvironment environment)
    {
        this._next = requestDelegate;
    }

    public Task Invoke(HttpContext context)
```

```
        {
            var requestMethod = context.Request.Method.ToUpper();
            if (requestMethod == HttpMethods.Get
                || requestMethod == HttpMethods.Head)
            {
                return _next(context);
            }
            else
            {
                context.Response.StatusCode = 400;
                context.Response.Headers.Add("X-AllowHTTPVerb", new[] { "GET,HEAD" });
                context.Response.WriteAsync("只支持 GET、HEAD 方法");
                return Task.CompletedTask;
            }
        }
}
```

在中间件的构造函数中，可以得到下一个中间件，并且还可以注入需要的服务，如上例中的 IhostingEnvironment 参数。在 Invoke 方法中，对 HTTP 请求方法进行判断，如果符合条件，则继续执行下一个中间件；否则返回 400 Bad Request 错误，并在响应中添加了自定义消息头，用于说明错误原因。

接下来，在 Configure 方法中添加中间件：

```
app.UseMiddleware<HttpMethodCheckMiddleware>();
```

添加时应注意其顺序，比如，上面中间件应位于 MVC 中间件之前。为了更方便地使用自定义中间件，还可以为它创建一个扩展方法。

```
public static class CustomMiddlewareExtensions
{
    public static IApplicationBuilder UseHttpMethodCheckMiddleware(this Iapplication
Builder builder)
    {
        return builder.UseMiddleware<HttpMethodCheckMiddleware>();
    }
}
```

使用时，只要调用该扩展方法即可：

```
app.UseHttpMethodCheckMiddleware();
```

3.3 依赖注入

3.3.1 依赖注入简介

通常情况下，应用程序是由多个组件构成的，而组件与组件之间往往存在依赖关系。这种

3.3 依赖注入

依赖关系是指两个不同组件之间的引用关系,当其中一方不存在时,另一方就不能正常工作,甚至不能独立存在。例如,要在界面上显示一些结果,就需要调用类似如下的获取数据的组件:

```
public class DataService
{
    public List<Book> GetAllBooks()
    {
        //
        return data;
    }
}
```

对于上述场景,通常的做法是,在需要显示数据的地方(也就是依赖这个类的位置)将 DataService 实例化,然后调用 GetAllBooks 方法获取数据,并最终显示结果。然而,这种依赖方式会增加调用方和被调用方之间的耦合,这种耦合又会增加应用程序的维护成本及灵活性,同时它也增加了单元测试的难度。

要解决这一问题,就需要用到依赖倒置原则(Dependency Inversion Principle),这个原则指明,高层不应直接依赖低层,两者均依赖抽象(或接口),如图 3-4 所示。

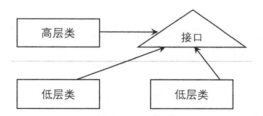

图 3-4 依赖倒置原则

因此,对于依赖 DataService 服务的地方,如果将它对 DataService 的依赖,替换为对接口(如 IDataService)的依赖,则高层(即要使用 DataService 服务的地方)不再直接依赖低层,而是依赖于接口。此时,高层只需要关心接口,而不再需要关心具体的实现,并且,高层可以根据自身的需要来设计接口,并由低层实现该接口,因此形成了"依赖倒置"。

基于此,定义一个名为 IDataService 的接口,并使 DataService 实现此接口:

```
public interface IDataService
{
    List<Book> GetAllBooks();
}

public class DataService : IDataService
{
    public List<Book> GetAllBooks()
    {
        //
```

```
        // 获取数据
        return data;
    }
}
```

对于要调用 DataService 的地方，可以这样修改：

```
public class DisplayDataService
{
    private readonly IDataService _dataService;
    public DisplayDataService(IDataService dataService)
    {
        this._dataService = dataService;
    }

    public void ShowData()
    {
        var data = _dataService.GetAllBooks();
        // 显示数据
    }
}
```

接下来，只需要在实例化 DisplayDataService 类时，在它的构造函数中传入一个 IDataService 接口的具体实现即可，如下所示。

```
IDataService dataService = new DataService();
DisplayDataService displayService = new DisplayDataService(dataService);
```

同样，当要进行单元测试时，只要创建一个实现 IDataSerivce 接口的模拟类，就可以在单元测试中使用与实际环境不同的依赖项。可见使用"依赖倒置"原则解决了上述程序中高耦合及难以测试等问题。

在上面的例子中，通过构造函数向 DataDisplayService 注入了它所需要的依赖，这种注入依赖的方式称为构造函数注入，它也是最常见的方式。通过构造函数获得所需要的依赖后，就可以将它保存为类级别的全局变量，也就可以在整个类中使用。构造函数注入也遵循了显式依赖原则（Explicit Dependencies Principle）。

除了构造函数注入外，还有另外两种注入方式：属性注入和方法注入。属性注入是通过设置类的属性来获取所需要的依赖，它不像构造函数注入一样，只有显式地提供所有的依赖，才能创建指定的类；反之，只要在已经实例化的对象上设置相应的属性即可。但是，这样也会存在问题，由于为依赖项属性设置的值并非是强制的，因此很容易忘记设置，由此引发不必要的异常。

方法注入是通过在方法的参数中传入所需要的依赖，如果类中的某一个方法需要依赖其他组件，则可以增加相应的参数。同时，这个方法也应该为 public 类型。

当应用程序中有多处要用到依赖注入时，就需要一个专门的类来负责管理创建所需要的类并创建它所有可能要用到的依赖,这个类就是依赖注入容器(Dependency Injection Container),也可以称之为控制反转容器(Inversion of Control Container,IoC 容器)。

我们可以把依赖注入容器看作一个用于创建对象的工厂,它负责向外提供被请求要创建的对象,当创建这个对象时,如果它又依赖了其他对象或服务,那么容器会负责在其内部查找需要的依赖,并创建这些依赖,直至所有的依赖项都创建完成后,最终返回被请求的对象。除了创建对象和它们的依赖之外,容器也负责管理所创建对象的生命周期。常见的依赖注入容器有 Autofac 和 SimpleInjector 等。

3.3.2 ASP.NET Core 中的依赖注入

ASP.NET Core 框架内部集成了自身的依赖注入容器。相比第三方依赖注入容器,它自带的依赖注入容器并不具备第三方容器所具有的高级功能,但它仍然是功能强大、简单,而且容易使用,此外,它的效率要更高。

在 ASP.NET Core 中,所有被放入依赖注入容器的类型或组件称为服务。容器中的服务有两种类型:第一种是框架服务,它们是 ASP.NET Core 框架的组成部分,如 IApplicationBuilder、IHostingEnvironment 和 ILoggerFactory 等;另一种是应用服务,所有由用户放到容器中的服务都属于这一类。

为了能够在程序中使用服务,首先需要向容器添加服务,然后通过构造函数以注入的方式注入所需要的类中。若要添加服务,则需要使用 Startup 类的 ConfigureServices 方法,该方法有一个 IServiceCollection 类型的参数,它位于 Microsoft.Extensions.DependencyInjection 命名空间下,如下所示。

```
public void ConfigureServices(IServiceCollection services)
{
    services.Add(new ServiceDescriptor(typeof(IBook), typeof(Book), ServiceLifetime.Scoped));
}
```

在上例中,使用了 IServiceCollection 的 Add 方法添加了一个 ServiceDescriptor 对象,事实上,IServiceCollection 就是一个 ServiceDescriptor 类型的集合,它继承自 Icollection <ServiceDescriptor>类。ServiceDescriptor 类描述一个服务和它的实现,以及其生命周期,正如上例中的构造函数所表明的,前两个参数分别是接口及其实现的类型,而第 3 个参数则是指明它的生命周期。

在 ASP.NET Core 内置的依赖注入容器中,服务的生命周期有如下 3 种类型。

- ❏ Singleton:容器会创建并共享服务的单例,且一直会存在于应用程序的整个生命周期内。
- ❏ Transient:每次服务被请求时,总会创建新实例。
- ❏ Scoped:在每一次请求时会创建服务的新实例,并在这个请求内一直共享这个实例。

当每次在容器中添加服务时,都需要指明其生命周期类型。当服务的生命周期结束时,它就会被销毁。

ServiceDescriptor 除了上面的构造函数以外,还有以下两种形式:

```
public ServiceDescriptor(Type serviceType, object instance);
public ServiceDescriptor(Type serviceType, Func<IServiceProvider, object> factory, ServiceLifetime lifetime);
```

其中,第一种形式可以直接指定一个实例化的对象,使用这种方式,服务的生命周期将是 Singleton,而第二种形式则是以工厂的方式来创建实例,以满足更复杂的创建要求。

除了直接调用 Add 方法外,IServiceCollection 还提供了分别对应以上 3 种类型生命周期的扩展方法: AddSingleton()、AddTransient() 和 AddScoped()。

因此,上面添加服务可以修改为这种方式:

```
services.AddScoped(typeof(IBook), typeof(Book));
```

或者可以修改为更简单的这种方式:

```
services.AddScoped<IBook, Book>();
```

对于一些常用的服务,如 MVC、Entity Framework Core 的 DbContext 等,IServiceCollection 也提供了相应的扩展方法,能够将对应的服务更方便地添加到容器中,如 AddMvc、AddDbContext 和 AddOptions 等。

当服务添加到容器中后,就可以在程序中使用了,例如在 Controller 中或 Startup 类的 Configure 方法中。使用的方式有以下几种: 构造函数注入、方法注入和通过 HttpContext 手工获取。此外,还可以通过 IApplicationBuilder 接口的 ApplicationServices 属性来访问服务,此属性的类型为 IServiceProvider。另外,需要注意的是,ASP.NET Core 内置的容器默认支持构造函数注入,它不支持属性注入。

在 3.2.3 节介绍的自定义中间件中,我们已经看到了构造函数注入的使用。构造函数注入更为常见的情况是在 MVC 的 Controller 中。

```
public class HomeController : Controller
{
    private readonly IDataService _dataService;

    public HomeController(IDataService dataService)
    {
        _dataService = dataService;
    }

    [HttpGet]
    public IActionResult Index([FromServices] IDataService dataService2)
    {
        IDataService dataService = HttpContext.RequestServices. GetService <IDataService>();
```

```
        …
        return View();
    }
}
```

在上述代码中，除了使用构造函数注入外，在 Index 方法中，也使用了方法注入，通过 [FromServices]特性告诉当前 Action 该参数应从容器中获取。

构造函数注入与方法注入都能够正确地将所需要的依赖注入进来，那么它们各自用在什么场合呢？如果一个服务仅在一个方法内使用，应使用方法注入；反之，如果一个类的多个方法都会用到某个服务，则应该使用构造函数注入。

最后，还可以通过 HttpContext 对象的 RequestServices 属性来获取服务，示例如下。

```
public class HttpMethodCheckMiddleware
{
    private readonly RequestDelegate _next;

    public HttpMethodCheckMiddleware(RequestDelegate requestDelegate, IHostingEnvironment environment)
    {
        this._next = requestDelegate;
    }

    public Task Invoke(HttpContext context)
    {
        IDataService dataService = context.RequestServices.GetService<IDataService>();
        …
    }
}
```

RequestServices 属性的类型同样是 IServiceProvider，它包括 GetService()、GetRequiredService()以及它们各自的泛型重载。GetService()和 GetRequiredService()的区别是当容器中不存在指定类型的服务时，前者会返回 null，而后者则会抛出 InvalidOperationException 异常。

3.4 MVC

3.4.1 理解 MVC 模式

MVC 是模型（Model）、视图（View）、控制器（Controller）的缩写，它是 Web 应用程序中一种常用的架构模式。这种模式将应用程序大体上分为 3 层，即 Model 层、View 层和 Controller 层。它最主要的优点是实现了关注点分离（Separation of Concerns），将原本耦合在一起的 3 部分分离为独立的部分，这对开发、调试及测试应用程序都有极大的好处，如图 3-5 所示。

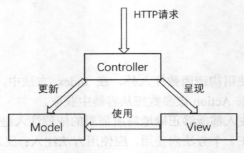

图 3-5　MVC 模式

在 MVC 的 3 部分中，Controller 的作用非常重要，它介于 Model 与 View 之间，起到了入口点的作用。当应用程序收到 HTTP 请求时，ASP.NET Core MVC 会将请求路由到相应的 Controller，Controller 将操作 Model 并完成对数据的修改。不仅如此，Controller 还会将获取到的数据传给对应的 View，并最终展示给用户。对于 ASP.NET Core MVC 视图应用，View 会使用 Razor 和 TagHelper 等组件向用户最终呈现一个 HTML 页面，而对于 Web API 应用程序，则会返回一个资源，通常是 JSON 格式。

ASP.NET Core MVC 是构建在 ASP.NET Core 之上的 MVC 框架。若要在应用程序中使用 MVC，则需要添加 MVC 中间件：

```
public void ConfigureServices(IServiceCollection services)
{
    services.AddMvc();
}

public void Configure(IApplicationBuilder app, IHostingEnvironment env)
{
    app.UseMvc();
}
```

在 ASP.NET Core MVC 框架中，除了 Controller、Model 和 Action 外，它还包括路由、模型绑定、模型验证和过滤器等功能。

3.4.2　路由

对于 Web 应用程序，路由是一个非常重要且基本的功能，它的主要功能是根据预先配置的路由信息对客户端传来的请求进行路由映射，映射完成后，再将请求传给对应的路由处理器处理。具体来说，在 ASP.NET Core MVC 中，路由负责从请求的 URL 中获取信息，并根据这些信息来定位或映射到对应的 Controller 与 Action。

ASP.NET Core 提供了创建路由及路由处理器的接口，要创建路由，首先要先添加与路由相关的服务，然后配置路由中间件。

```
public void ConfigureServices(IServiceCollection services)
```

```
{
    services.AddRouting();
}

public void Configure(IApplicationBuilder app, IHostingEnvironment env)
{
    var trackPackageRouteHandler = new RouteHandler(context =>
    {
        var routeValues = context.GetRouteData().Values;
        return context.Response.WriteAsync(
            $"Hello! Route values: {string.Join(", ", routeValues)}");
    });

    var routeBuilder = new RouteBuilder(app, trackPackageRouteHandler);

    routeBuilder.MapRoute("Track Package Route", "package/{operation}/{id:int}");

    routeBuilder.MapGet("hello/{name}", context =>
    {
        var name = context.GetRouteValue("name");
        return context.Response.WriteAsync($"Hi, {name}!");
    });

    var routes = routeBuilder.Build();
    app.UseRouter(routes);
}
```

在上述代码的 Configure 方法中，首先创建了一个 RouteHandler，即路由处理器，它会从请求的 URL 中获取路由信息，并将其输出；接着，创建了一个 RouteBuilder，并使用它的 MapRoute 方法来添加路由信息，这些信息包括路由名称以及要匹配的 URL 模板，在上面的示例中，URL 模板的值为 package/{operation}/{id:int}。除了调用 MapRoute 外，后面还可以使用 MapGet 方法添加仅匹配 GET 方法的请求，最后调用 IApplicationBuilder 的 UseRouter 扩展方法来添加路由中间件。

表 3-1 列出了程序运行后每个请求的 URL 会得到的响应结果。

表 3-1 　　　　　　　　　　　请求与响应结果

URL	结　　果
/package/create/3	Hello! Route values: [operation, create], [id, 3]
/package/track/-3	Hello! Route values: [operation, track], [id, -3]
/package/track/	不会匹配到任何路由，返回 404 Not Found
GET /hello/Joe	Hi, Joe!
POST /hello/Joe	不会匹配到任何路由，返回 404 Not Found
GET /hello/Joe/Smith	不会匹配到任何路由，返回 404 Not Found

以上是在 ASP.NET Core 中底层路由的创建方式。然而，通常情况下并不需要这么做，这种方式比较复杂，更主要的原因则是当使用 MVC 后，就只需将对应的 URL 路由到 Controller 与 Action，这简化了路由规则，并且 MVC 中间件也封装了相关的逻辑，使基于 MVC 的路由更易于配置。

对于 ASP.NET Core MVC，定义路由的方法有以下两种。

- 基于约定的路由：基于约定的路由会根据一些约定来创建路由，它要在应用程序的 Startup 类中来定义，事实上，上面的示例就是基于约定的路由。
- 特性路由：使用 C#特性对 Controller 和 Action 指定其路由信息。

要使用基本约定的路由，首先定义一个或若干个路由约定，同时，只要保证所有定义的路由约定能够尽可能地满足不同形式的映射即可。前文曾提到，这些约定需要在 Startup 类中指明，具体来说，应在配置 MVC 中间件时来设置路由约定。

```
public void Configure(IApplicationBuilder app, IHostingEnvironment env)
{
    …
    app.UseMvc(routes =>
    {
        routes.MapRoute(
            template: "{controller}/{action}");
    });
}
```

在上述代码中，使用字符串设置了一个路由约定。所谓的路由约定，本质上是一个 URL 模板信息。其中，在大括号{}中的部分是路由参数，每一个参数都有一个名称，它们充当了占位符的作用，参数与参数之间以"/"分隔。对于路由参数名，controller 与 action 是 ASP.NET Core MVC 特定的，它们分别用于匹配到 Controller 与 Action。注意，任何一个 MVC 应用程序应该至少定义一个路由。

当创建了上面的路由，以下的 URL 都会满足这个约定。

- http://localhost:5001/home/index
- http://localhost:5001/account/register

它们分别会映射到 HomeController 的 Index 方法以及 AccountController 的 Register 方法。

在通常情况下，对于 MVC 应用程序，会设置如下的路由约定。

```
routes.MapRoute(
    "default", "{controller=Home}/{action=Index}/{id?}");
```

在这个约定里，为 controller 与 action 设置了默认值，分别为 Home 和 Index，因此以下 URL 都满足这个约定。

- http://localhost:5001：会映射到 HomeController 的 Index 方法。
- http://localhost:5001/blog：会映射到 BlogController 的 Index 方法。

除了在 URL 模板中来指定默认值以外，还可以使用 MapRoute 方法的其他重载形式来指定默认值，因此上述代码也可写成如下这种形式：

```
routes.MapRoute(
    template: "{controller}/{action}/{id?}"),
    defaults: new { controller = "Home", action = "Index" }
```

对于模板中的最后一个参数 id，则会向 action 所映射方法的同名参数传值，因此对于如下 HomeController。

```
public class HomeController : Controller
{
    public IActionResult Index()
    {
        return Ok("Hello");
    }

    public IActionResult Welcome(int id)
    {
        return Ok("Hello, Your Id: " + id);
    }
}
```

当请求 URL 为 https://localhost:5001/Home/Welcome/1 时，URL 中的 1 将会传给 Welcome 方法的 id 参数；而在模板中，参数 id 后面有一个问号的标记，说明这个参数是可选的，因此，在 URL 中有无此项都可以。当 URL 中不包括相应参数的值时，那么在执行 Action 时，对应的参数将会使用该参数类型的默认值。注意，一个 URL 模板中只能有一个可选参数，并且只能放在最后。

在指定参数的同时，也可以为参数添加一些约束或限制。例如，如果希望上面的参数 id 的值为一个整型的数字，则应该这样定义路由：

```
routes.MapRoute(
    template: "{controller}/{action}/{id:int}");
```

{id:int}指明了 URL 中的这个参数必须为一个整型数字，否则 URL 不会映射到这个路由。除了 int 类型，还可以指定下列类型：bool、datetime、decimal、long、float 和 guid 等。除了类型方面的限制外，使用 length(min,max)、maxlength(value) 和 minlength(value) 可以限制参数值的长度，使用 range(min,max) 可以限制参数值的范围；此外，还可以指定正则表达式，如{para:regex(^\d{15}|\d{18}$)}。

一个应用程序可以定义多个路由，当它收到客户端的请求后，将会对每个定义的路由信息进行匹配，直到找到对应的路由。

另一种实现路由的方法是使用特性路由，即 RouteAttribute。它能够为每个 Controller，甚至每个 Action 显式地设置路由信息，只要在 Controller 类或 Action 方法上添加[Route]特性即可，因此它要更为灵活。

```
public class HomeController: Controller
{
```

```
[Route("")]
[Route("Home/Index")]
[Route("AnotherOne")]
public IActionResult Index()
{
    return Ok("Hello from Index method of Home Controller");
}
```

上例中，使用[Route]特性为 HomeController 的 Index 方法添加了 3 个路由，因此能使如下 URL 都能映射到这个 Action 上。

- http://locahost:5001
- http://localhost:5001/Home/Index
- http://localhost:5001/AnotherOne

除了在 Action 上使用[Route]特性，也可以在 Controller 上添加，当一个 Contoller 中包括多个 Action 时，这会非常方便，因为在为 Action 配置路由特性时，就不需再指明其 Controller 了，如下例所示。

```
[Route("Home")]
public class HomeController : Controller
{
    [Route("")]
    [Route("Index")]
    public IActionResult Index()
    {
        …
    }

    [Route("Welcome")]
    public IActionResult Welcome()
    {
        …
    }
}
```

目前为止，我们在特性路由中都指定了固定的值，当重构代码时，例如 Controller 的类名或者 Action 的方法名改变了，它们相应的路由特性里的值也需要改变，否则，Controller 类名或 Action 方法名与其相应的路由名称不一致，可能会引起混淆。对于这一问题，解决办法是使用[controller]与[action]来分别代替固定的值，它们分别表示当前的 Controller 与 Action，可参考如下代码。

```
[Route("[controller]")]
public class HomeController : Controller
{
    [Route("")]
```

```
    [Route("[action]")]
    public IActionResult Index()
    {
        …
    }

    [Route("[action]")]
    public IActionResult Welcome()
    {
        …
    }
}
```

需要注意的是，尽管这样能够使 Controller 与 Action 的名称更为灵活，但对于 Web API 应用程序而言，URL 作为接口应该尽量避免变动，因此仍建议写成固定值。

如果要为 Action 方法传递参数，与基于约定的路由一样，只要在[Route]特性中指定即可，具体如下。

```
[Route("[action]/{name?}")]
public IActionResult Welcome(string name)
{
    …
}
```

为 Action 设置路由时，除了使用[Route]特性外，更常见的是使用 HTTP 特性，特别是在开发 Web API 应用程序时，这些特性如表 3-2 所示。

表 3-2　　　　　　　　　　　HTTP 特性

HTTP 特性	HTTP 方法	URI 示例
[HttpGet]	GET	api/blogs（获取列表） api/blogs/1（获取指定 ID）
[HttpPost]	POST	api/blogs
[HttpPut]	PUT	api/blogs/1
[HttpPatch]	PATCH	api/blogs/1
HttpDelete	DELETE	api/blogs/1

由于每一个特性对应一个 HTTP 方法，因此如果要获取一个资源，可以这样使用：

```
[Route("api/[controller]")]
public class BlogsController : Controller
{
    [HttpGet("{id}")]
    public IActionResult Get(string id)
    {
        …
    }
}
```

[HttpGet]特性不仅指定了参数,并且它使它当前 Action 仅支持 GET 请求。另外,对于 Web API 应用程序,建议所有的 Controller 路由模板字符串以 api 开始,这样做的目的是明确指明它是一个 API。

最后,需要说明的是,基本约定的路由与特性路由方式可以同时存在,但是如果已经为一个 Action 指定了特性路由,那么基本约定的路由在该 Action 上就不会起作用了。

3.4.3 Controller 与 Action

在 ASP.NET Core MVC 中,一个 Controller 包括一个或多个 Action,而 Action 则是 Controller 中的一些 public 类型的函数,它们可以接受参数、执行相关逻辑,最终返回一个结果,该结果会作为 HTTP 响应返回给发起 HTTP 请求的客户端。对于 MVC 视图应用而言,Action 返回的结果通常是一个 View,即页面;而对于 Web API 应用程序来说,则返回相应的资源或者 HTTP 状态码。

根据约定,Controller 通常应放在应用程序根目录下的 Controllers 目录中,并且它继承自位于 Microsoft.AspNetCore.Mvc 命名空间下的 Controller 类,而这个 Controller 类又继承自 ControllerBase 抽象类。此外,在类的命名上,应以 Controller 结尾,如下所示:

```
using Microsoft.AspNetCore.Mvc;

public class HomeController : Controller
{
    …
}
```

如果一个类并不满足上述约定,那么只要为它添加[Controller]特性,ASP.NET Core MVC 仍然能够将它作为 Controller 处理;反之,如果为一个 Controller 添加[NonController]特性,那么,MVC 应用程序就会忽略该 Controller。

```
[Controller]
[Route("api/[controller]")]
public class Blogs
{
}

[NonController]
public class BooksController
{
}
```

在上例中,由于 Blogs 类带有[Controller]特性。因此,尽管它没有继承 Controller 类,也没有遵循 Controller 命名约定,但它仍然是一个 Controller。不过,这样做也存在一个问题,如果一个类没有继承自 Controller 类,它就无法使用 Controller 类中的一些方法,这些方法用于在 Action 中方便地返回结果,如 Ok()和 NotFound()等。在本节的后半部分,将会详细说明 Action 的返回结果。

当 Controller 需要依赖其他服务时,通常的做法是使用构造函数注入所需要的服务,当程序运行时，ASP.NET Core 会在创建 Controller 时自动从其依赖注入容器中获取所有依赖的服务，这种做法也遵循了"显式依赖"原则。需要注意的是，所注入的服务必须存在于容器中，否则将会发生异常。

Action 是定义在 Controller 中的 public 方法，根据实际需要，可以接受参数，也可以不使用参数，它们可以返回任何类型的值，但通常是 IActionResult 类型或 ActionResult<T>类型。此外，通常情况下，每一个 Action 都具有一个 HTTP 特性。而如果要使一个 Action 不起作用，只要为它添加[NotAction]特性即可。

```
[Route("api/[controller]")]
public class BlogsController : Controller
{
    // GET api/blogs
    public IActionResult Get()
    {
    }

    // GET api/blogs/top
    [HttpGet("top/{n}")]
    public IActionResult GetTopN(int n)
    {
    }

    [NonAction]
    public IActionResult DeleteBlog(int id)
    {
    }
}
```

前面提到过，每个 Action 都应返回 IActionResult 类型或 ActionResult<T>类型的值作为 HTTP 请求的结果。在 ASP.NET Core MVC 中，Action 的返回结果有几种比较常见的类别，包括状态码、包含对象的状态码、重定向和内容。

状态码结果是最简单的一类，它们仅返回一个 HTTP 状态码给客户端，这一类的结果如表 3-3 所示。

表 3-3　　　　　　　　　　　　　　状态码结果

状态码结果对象	对应的状态码	描述	ControllerBase 中的方法
OkResult	200	操作成功	Ok()
BadRequestResult	400	错误的请求	BadRequest()
NoContentResult	204	操作成功，但未返回任何内容	NoContent()
NotFound	404	请求的资源找不到	NotFound()
UnauthorizedResult	401	未授权	Unauthorized()
UnsupportedMediaTypeResult	415	无法处理请求附带的媒体格式	无

在 ControllerBase 类中，对于经常用到的状态码结果都提供了一个相应的方法用以直接返

回相应的对象。要在 Action 中返回上述状态码,则只需调用对应的方法。

```
[HttpDelete()]
public IActionResult DeleteBlog(int id)
{
    // 先检查指定的资源是否存在
    if (!exist)
    {
        return NotFound();
    }

    // 删除成功
    return Ok();
}
```

如果要返回上述状态码之外的结果,则可以使用 StatusCode 方法,并为该方法指明具体的状态码。

```
return StatusCode(403);
```

直接使用状态码数字有可能会出错,更简单且直观的方法是,使用 Microsoft.AspNetCore.Http 命名空间下的 StatusCodes 静态类,该类定义了所有可能的状态码常量,如图 3-6 所示。

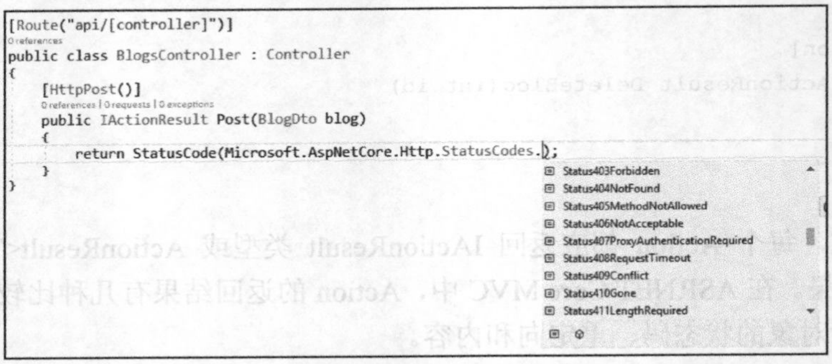

图 3-6 StatusCodes 类的状态码列表

第二类结果是包含对象的状态码,这一类结果继承自 ObjectResult,包括 OkObjectResult、CreatedResult 和 NotFoundObjectResult 等,如下所示。

```
public IActionResult DoSomething()
{
    var result = new OkObjectResult(new { message = "操作成功", currentDate = DateTime.Now });
    return result;
}
```

第三类结果是重定向结果,包括 RedirectResult、LocalRedirectResult、RedirectToActionResult 和 RedirectToRouteResult 等,使用方式如下。

```
// 重定向到指定的 URL
```

```
return Redirect("http://www.microsoft.com/");
// 重定向到当前应用程序中的另一个 URL
return LocalRedirect("/account/login");
// 重定向到指定的 Action
return RedirectToAction("login");
// 重定向到指定的路由
return RedirectToRoute("default", new { action = "login", controller = "account" });
```

第四类结果是内容结果,包括 ViewResult、PartialViewResult、JsonResult 和 ContentResult 等,其中 ViewResult 和 PartialViewResult 在 MVC 视图应用中非常常见,用于返回相应的页面;JsonResult 用于返回 JSON 字符串,ContentResult 用于返回一个字符串。

```
return Json(new { message = "This is a JSON result.", date = DateTime.Now });
return Content("Here's the ContentResult message.");
```

除了返回 IActionResult 外,当在 Action 要返回数据时,还可以使用 ActionResult<T>类,ActionResult<T>是 ASP.NET Core 2.1 版中新增加的类型,它既可以表示一个 ActionResult 对象(ActionResult 类实现了 IActionResult 接口),也可以表示一个具体类型(由泛型参数 T 指定)。

```
[HttpGet("{id}")]
public ActionResult<Employee> Get(long id)
{
    if(id <= 0)
    {
        return BadRequest();
    }

    var employee = GetEmployee(id);

    if(employee == null)
    {
        return NotFound();
    }

    return employee;
}
```

ActionResult<T>的优点在于更为灵活地为 Action 设置返回值,同时,当使用 OpenAPI(即 Swagger)为 API 生成文档时,Action 不需要使用[Produces]特性显式地指明其返回类型,因为其中的泛型参数 T 已经为 OpenAPI 指明了要返回的数据类型。

3.4.4 模型绑定

在 ASP.NET Core MVC 中,当一个 HTTP 请求通过其路由定位到 Controller 中的某一个 Action 上时,HTTP 请求中的一部分信息会作为 Action 中的参数。正如在 3.4.3 节中所看到的,在 URL 中的 id 或 name 会传递给 Action 方法中的同名参数。将 HTTP 请求中的数据映射到

Action 中参数的过程称为模型绑定（Model Binding）。

```
[Route("api/[controller]")]
public class BlogsController : Controller
{
    [HttpGet("[action]/{keyword}")]
    public IActionResult Search(string keyword, int top)
    {
        …
    }
}
```

在上面的例子中，当请求的 URL 为 https://localhost:5001/api/blogs/search/web?top=10 时，其中的 web 和 10 会分别传递给 Search 方法的两个参数 keyword 和 top。MVC 在进行模型绑定时，会通过参数名在多个可能的数据源中进行匹配。第一个参数 keyword 是在路由中指定的，它的值会直接从 URL 中相应的部分解析得到；而第二个参数 top 并未在路由中定义，此时，ASP.NET Core MVC 会尝试从查询字符串中获取。

除了从路由以及查询字符串中获取数据以外，ASP.NET Core MVC 还会尝试从表单（Form）中获取数据来绑定到 Action 中的参数。因此，它主要使用以下 3 种数据源来为 Action 的参数提供数据，并且按照顺序来从以下每一种方式中获取。

- Form 值：HTTP POST 请求时表单中的数据。
- 路由值：通过路由系统解析得到。
- 查询字符串：从 URL 中的查询字符串中获取。

模型绑定不仅可以处理类似 int、string 等基本的数据类型，它还可以解析复杂的数据类型。例如，以下代码是要创建一个类型的资源。

```
public class BlogDto
{
    public string Title { get; set; }
    public string Content { get; set; }
    // …
}
```

需要在 Controller 中添加一个标识为[HttpPost]特性的 Action：

```
[HttpPost()]
public IActionResult Post(BlogDto blog)
{
    // …
}
```

当请求的 URL 为 http://localhost:5001/api/blogs?title=Hello&content=A%20new%20blog 时，模型绑定将查询字符串中的 title 与 content 的值分别传给 BlogDto 对象的 Title 与 Content 属性。

3.4 MVC

可以看出，ASP.NET Core MVC 的模型绑定功能不仅强大而且灵活。像特性路由一样，ASP.NET Core MVC 也提供了用于模型绑定的特性，使用如下特性能够为 Action 的参数显式指定不同的绑定源。

- [FromHeader]特性：从 HTTP 请求的 Header 中获取参数的值。
- [FromQuery]特性：从查询字符串中获取参数的值。
- [FromServices]特性：从依赖注入容器中获取参数的值。
- [FromRoute]特性：从路由中获取参数的值。
- [FromForm]特性：从表单中获取该参数的值。
- [FromBody]特性：从 HTTP 请求的消息正文中获取参数的值。

另外，还有以下两个特性用于指明参数是否必须使用绑定。

- BindRequiredAttribute：如果没有值绑定到此参数，或绑定不成功，这个特性将添加一个 ModelState 错误。
- BindNeverAttribute：在进行模型绑定时，忽略此参数。

假如在 Controller 中有如下 Action：

```
[HttpPost()]
public IActionResult Post([FromBody]BlogDto blog, [FromHeader]string clientId)
{
    // …
}
```

由于 blog 参数带有[FromBody]特性，clientId 带有[FromHeader]特性，因此要正确地访问这个 Action，需要满足这两个条件，否则解析失败，对应的参数将为空。

```
POST /api/blogs HTTP/1.1
Host: localhost:5001
ClientId: client1
Content-Type: application/json
Cache-Control: no-cache

{
    "Title":"Hello",
    "Content":"This is the content"
}
```

在上面的请求中，Header 中添加了一个新项，名为 ClientId，并且在消息正文中包含了要创建的 BlogDto 对象的 JSON 格式，这些值都在 Action 中能够正确绑定到对应的参数上。

ASP.NET Core 2.1 版中添加了[ApiController]特性，它位于 Microsoft.AspNetCore.Mvc 命名空间下，[ApiController]特性会为 Action 推断参数的来源，因此在很多情况下，不需要显式地为参数指定上述特性。当参数是一个复杂的数据类型（如一个类）时，它会尝试绑定到请求消息的正文上，当提交了一个表单，它会尝试从表单中查找与参数同名项，如果参数在路由模板中，它会从请求 URL 中获取，对于其他情况，它会尝试从查询字符串中获取。

3.4.5 模型验证

模型验证是指数据被使用之前的验证过程，它发生在模型绑定之后。在 ASP.NET Core MVC 中，要实现对数据的验证，最方便的方式是使用数据注解（Data annotation），它使用特性为数据添加额外的信息。数据注解通常用于验证，只要为类的属性添加需要的数据注解验证特性即可，这些特性均位于 System.ComponentModel.DataAnnotations 命名空间下。

```
public class BlogDto
{
    [Required]
    public int Id { get; set; }
    [Required, MinLength(10)]
    public string Title { get; set; }
    [MaxLength(1000)]
    public string Content { get; set; }
    [Url]
    public string Url { get; set; }
    [Range(1, 5)]
    public int Level { get; set; }
    // …
}
```

上述代码中使用了验证特性，这些特性都是比较容易理解的，即从字面上就能看出其验证的功能。在 Controller 内的 Action 中，要检查某一个对象是否满足指定的条件，只要调用 ModelState.IsValid 属性，其中 ModelState 是 ControllerBase 类的属性。

```
public IActionResult Post([FromBody] BlogDto item)
{
    if (ModelState.IsValid)
    {
        // …
        return Ok();
    }
    else
    {
        return BadRequest(ModelState);
    }
}
```

如果在请求时，并没有满足验证特性所指明的条件，例如，发起如下请求：

```
POST /api/blogs HTTP/1.1
Content-Type: application/json

{
    "Title":"Hello",
```

3.4 MVC

```
    "Content":"This is the content"
}
```

其请求结果将返回 400 Bad Request 状态码，这是由于在程序中指定了当 ModelState.IsValid 为 false 时，返回 BadRequestResult，并且将 ModelState 本身作为参数返回来。因此，响应的消息正文包括了由验证特性定义的错误消息。

```
{
    "Level": [
        "The field Level must be between 1 and 5."
    ],
    "Title": [
        "The field Title must be a string or array type with a minimum length of '10'."
    ]
}
```

如果要修改这些错误消息的内容，只要在指定特性时，指定具体的错误消息即可。

```
[Required(ErrorMessage = "标题属性不能为空")]
[MinLength(20, ErrorMessage = "标题不能少于 20 个字符")]
public string Title { get; set; }
```

> **提示：**
> 多个验证属性可以写在一起，用逗号分开，也可以分开写，如上例。

当为一个 Controller 应用[ApiController]特性时，对于 Controller 中用于处理 POST 或 PUT 请求的 Action，会自动添加模型验证的功能，并且在没有通过验证时返回 BadRequest(ModelState)，其功能相当于在 Action 内添加了如下代码。

```
if (!ModelState.IsValid)
{
    return BadRequest(ModelState);
}
```

通常情况下，这些验证特性已经能够满足常见的验证需求。然而，在特殊情况下，就需要使用复杂的、自定义的验证规则，ASP.NET Core MVC 提供了两种创建自定义验证的方法，一种是创建新的特性，并使它继承自 ValidationAttribute 类；另一种是使待验证的 Model 实现 IValidatableObject 接口。

例如，如果要求 Model 中某个字符串属性不能包含空格，则可以定义如下验证特性。

```
public class NoSpaceAttribute : ValidationAttribute
{
    protected override ValidationResult IsValid(object value, ValidationContext validationContext)
    {
```

```
            if (value != null && value.ToString().Contains(" "))
            {
                return new ValidationResult("字符串不能包含空格");
            }
            else
            {
                return ValidationResult.Success;
            }
        }
    }
```

定义好这个特性后，它就可以像其他验证特性一样正常使用了，只要将它放在需要验证的属性上即可。而如果要使用第二种方法，就需要更改 Model 的内容，使其实现 IValidatableObject 接口，并在其中实现此接口唯一的方法 Validate。

```
public class BlogDto : IValidatableObject
{
    // …
    public IEnumerable<ValidationResult> Validate(ValidationContext validationContext
)
    {
        if (!IsContainSpace(Title))
        {
            yield return new ValidationResult("标题不能包含空格", new[] {nameof(Title)});
        }
        // …
    }
    private bool IsContainSpace(string value)
    {
        if (value != null && value.ToString().Contains(" "))
        {
            return true;
        }
        else
        {
            return false;
        }
    }
    // …
}
```

在 Validate 方法中，可以对所有需要自定义验证的属性进行验证，并使用 yield 关键字返回一个或多个 ValidationResult 对象，其中包括错误消息以及涉及此错误的属性名称列表。

3.4.6 过滤器

过滤器与中间件很相似，在 ASP.NET Core MVC 中，它们能够在某些功能前后执行，由此而形成一个管道。例如，在 Action 方法开始执行前与执行后运行，因此它能够极大地减少代码重复，如果一些代码要在每个 Action 之前执行，那么只要使用一个 Action 过滤器即可，而无须添加重复的代码。

ASP.NET Core MVC 提供了以下 5 种类型的过滤器。

- Authorization 过滤器：最先执行，用于判断用户是否授权，如果未授权，则直接结束当前请求，这种类型的过滤器实现了 IAsyncAuthorizationFilter 或 IAuthorizationFilter 接口。
- Resource 过滤器：在 Authorization 过滤器后执行，并在执行其他过滤器（除 Authorization 过滤器外）之前和之后执行，由于它在 Action 之前执行，因而可以用来对请求判断，根据条件来决定是否继续执行 Action，这种类型过滤器实现了 IAsyncResourceFilter 或 IResourceFilter 接口。
- Action 过滤器：在 Action 执行的前后执行，与 Resource 过滤器不一样，它在模型绑定后执行，这种类型的过滤器实现了 IAsyncActionFilter 或 IActionFilter 接口。
- Exception 过滤器：用于捕获异常，这种类型的过滤器实现了 IAsyncExceptionFilter 或 IExceptionFilter 接口。
- Result 过滤器：在 IActionResult 执行的前后执行，使用它能够控制 Action 的执行结果，比如格式化结果等。需要注意的是，它只有在 Action 方法成功执行完成后才会运行，这种类型过滤器实现了 IAsyncResultFilter 或 IResultFilter 接口。

以上 5 种类型过滤器的工作顺序如图 3-7 所示。

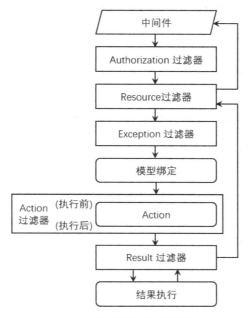

图 3-7　过滤器及其执行顺序

当要创建过滤器时，应该实现 IXXXFilter 或 IAsyncXXXFilter，这两个接口的区别是前者同步、后者异步。ASP.NET Core MVC 会首先检查异步实现，如果没有实现异步方式，则继续检查同步实现，因此在创建过滤器时，不需要同步接口和异步接口都实现。以 IAsyncActionFilter 和 IActionFilter 为例，这两个接口的定义分别如下所示。

```
public interface IAsyncActionFilter : IFilterMetadata
{
    Task OnActionExecutionAsync(ActionExecutingContext context, ActionExecutionDelegate next);
}
public interface IActionFilter : IFilterMetadata
{
    void OnActionExecuted(ActionExecutedContext context);
    void OnActionExecuting(ActionExecutingContext context);
}
```

在 IActionFilter 接口中包括两个方法，分别表示 Action 执行前与执行后要执行的方法。而在 IAsyncActionFilter 接口中，仅有一个 OnActionExecutionAsync 方法，该方法的第二个参数 ActionExecutionDelegate 表示要执行的 Action，它是一个委托类型，因此在这个方法的内部可以直接调用 next()，并在 next() 前后执行相应的代码。下面的代码展示了一个自定义过滤器同时实现了异步与同步的 Action 过滤器接口。

```
public class CustomActionFilter : IActionFilter,IAsyncActionFilter
{
    public void OnActionExecuting(ActionExecutingContext context)
    {
        // Action 执行之前
    }

    public void OnActionExecuted(ActionExecutedContext context)
    {
        //Action 执行之后
    }

    public async Task OnActionExecutionAsync(ActionExecutingContext context, ActionExecutionDelegate next)
    {
        // Action 执行之前
        await next();
        // Action 执行之后
    }
}
```

下面是一个具有实际功能的 Action 过滤器，它会对将要传给 Action 的参数进行判断。如果不满足条件，则直接返回，不再继续执行后面的 Action，并在 HTTP 响应中添加一个新 Header 项 X-ParameterValidation，用于说明是否通过参数验证。

```csharp
public class ActionParameterValidationFilter : IAsyncActionFilter
{
    public async Task OnActionExecutionAsync(ActionExecutingContext context, ActionExecutionDelegate next)
    {
        var descriptor = context.ActionDescriptor as ControllerActionDescriptor;

        foreach (var parameter in descriptor.Parameters)
        {
            if (parameter.ParameterType == typeof(string))
            {
                var argument = context.ActionArguments[parameter.Name];
                if (argument.ToString().Contains(" "))
                {
                    context.HttpContext.Response.Headers["X-ParameterValidation"] = "Fail";
                    context.Result = new BadRequestObjectResult($"不能包含空格：{parameter.Name}");
                    break;
                }
            }
        }

        if (context.Result == null)
        {
            var resultContext = await next();
            context.HttpContext.Response.Headers["X-ParameterValidation"] = "Success";
        }
    }
}
```

ActionParameterValidationFilter 实现了 IAsyncActionFilter 接口，在 OnActionExecutionAsync 方法中，通过访问 ActionExecutingContext 对象的 ActionDescriptor 属性，得到将要执行 Action 的描述信息，包括 Action 名称以及它所在的 Controller 的名称、HTTP 方法约束、路由信息和参数等。在得到所有参数列表后，对每个参数进行遍历，如果它是字符串类型，并且它的值中包含空格，则在响应的消息头中添加新项 X-ParameterValidation，并为 ActionExecutingContext 对象的 Result 属性赋值，该属性的类型是 IActionResult，上述代码将 BadRequestObjectResult 对象赋给了此属性。在过滤器中，只要为 ActionExecutingContext 对象的 Result 属性赋一个非空值，就会中断过滤器的处理管道，这样会使当前 Action 以及后续的 Action 过滤器都不再继续执行。如果没有包含空格的参数，则执行 Action，并在执行完成后添加自定义消息头。

为了能够使用这个新创建的 Action 过滤器，首先应在 ASP.NET Core MVC 的 Filter 集合中添加它，代码如下：

```
public void ConfigureServices(IServiceCollection services)
{
    services.AddMvc(options =>
        options.Filters.Add<ActionParameterValidationFilter>());
}
```

此时，访问每个 Action 都将会对参数进行验证。对于请求 https://localhost:5001/api/blogs/w%20eb?top=3，其结果将是 400 Bad Request，并且在响应 Header 中包含 X-ParameterValidation，如图 3-8 所示。

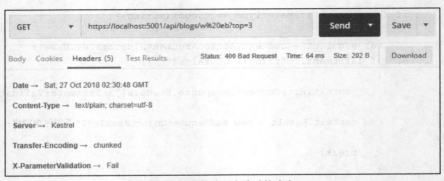

图 3-8　参数验证失败时的响应

在 Startup 中注册过滤器会使它影响到应用程序中的每个 Action，因此这种做法是全局性的。如果要仅为一个或者少数几个 Action 添加过滤器，就不能使用这种方式，而要使用特性。ASP.NET Core MVC 对每一种类型的过滤器都定义了相应的特性，如 ActionFilterAttribute，它不仅实现了 IActionFilter 和 IAsyncActionFilter 两个接口，并且继承自 Attribute 类。因此，只要使之前创建的自定义过滤器继承自这个特性类即可，如下所示。

```
public sealed class ActionParameterValidationFilterAttribute : ActionFilterAttribute
{
    public override void OnActionExecuted(ActionExecutedContext context)
    {
        ...
    }
}
```

此时，只要在需要的 Action 上面添加该特性即可，如下所示。

```
[ActionParameterValidationFilter]
[HttpGet("{keyword}")]
public IActionResult Get(string keyword, int top)
{
    ...
```

}

在自定义过滤器中，有时需要引用其他服务，比如在其中需要引用数据服务来获取数据，并根据实际情况进行相应的控制。此时，仍然可以使用构造函数注入的方式，将所依赖的服务注入过滤器中，具体如下。

```
public class ActionParameterValidationFilter : IAsyncActionFilter
{
    public ActionParameterValidationFilter(IDataService dataService)
    {
        DataService = dataService;
    }

    public IDataService DataService { get; }
    …
}
```

如果过滤器以全局有效的方式添加（即在 Startup 类的 ConfigureServices 方法中，通过调用 AddMvc 方法添加），则它会在 ConfigureServices 方法中被添加到容器中。而如果以特性的方式使用包含依赖项的过滤器时，则会出错，这是因为在自定义特性的构造函数中所定义的接口类型的参数并不是有效的特性参数。此时就需要使用[ServiceFilter]特性或[TypeFilter]特性，这两个特性都能够解决过滤器特性中引用其他依赖的问题。在使用时，应设置它们的 Type 属性为自定义过滤器的类型。

```
[ServiceFilter(typeof(ActionParameterValidationFilterAttribute))]
[HttpGet("{keyword}")]
public IActionResult Get(string keyword, int top)
{

}
```

[ServiceFilter]特性与[TypeFilter]特性的区别是前者会从容器中获取过滤器实例，而后者不从容器中获取过滤器实例，它使用 Microsoft.Extensions.DependencyInjection.ObjectFactory 对指定的过滤器类型进行实例化。因此如果使用[ServiceFilter]特性，还应在 Startup 类的 ConfigureServices 方法中将该过滤器添加到容器中。

```
public void ConfigureServices(IServiceCollection services)
{
    …
    services.AddScoped<IDataService, DataService>();
    services.AddScoped<ActionParameterValidationFilterAttribute>();
}
```

3.5 配置

在应用程序中,访问配置是很普遍的,ASP.NET Core 提供了相当强大且灵活的配置机制,它采用常见的键值对来表示配置项,并且支持多种形式的配置源,包括文件(支持 JSON、XML 和 INI 格式)、命令行参数、环境变量、.NET 内存对象和 Azure Key Vault 等。其中,JSON 与 XML 数据在通常情况下是层级结构形式,ASP.NET Core 配置系统也完全支持这种层级结构数据,也支持创建自定义配置源。

要访问配置,需要使用 ConfigurationBuilder 类,它位于 Microsoft.Extensions.Configuration 命名空间下,它实现了 IConfigurationBuilder 接口,该接口包括两个重要的方法。

```
public interface IConfigurationBuilder
{
    …
    IConfigurationBuilder Add(IConfigurationSource source);
    IConfigurationRoot Build();
}
```

其中,使用 Add 方法能够添加不同形式的配置源,使用 Build 方法会把所有添加的配置源中的配置信息构建(或生成)为程序可访问的配置项。

3.5.1 访问 JSON 配置文件

在项目中创建一个 JSON 格式的配置文件,并命名为 UISetting.json,其代码如下所示。

```
{
  "FontFamily": "Arial",
  "FontSize": 16,
  "Editor": {
    "Background": "#F4F4F4",
    "Foreground": "Black"
  }
}
```

为了访问这个文件中的配置项,在 Program.cs 文件中添加如下代码。

```
public static void Main(string[] args)
{
    var builder = new ConfigurationBuilder()
        .SetBasePath(Directory.GetCurrentDirectory())
        .AddJsonFile("UISetting.json");

    var config = builder.Build();
    foreach (var item in config.AsEnumerable())
    {
        Console.WriteLine($"Key: {item.Key}, Value: {item.Value}");
```

```
        }

        // 通过指定 Key 来访问其配置项值
        Console.WriteLine("FontFamily: " + config["FontFamily"]);
        Console.WriteLine("FontSize: " + config.GetValue<int>("FontSize"));
        Console.WriteLine("Editor Foreground: " + config["Editor:Foreground"]);

        Console.Read();
    }
```

在上述代码中，我们创建了 ConfigurationBuilder 对象，并使用 AddJsonFile 扩展方法将当前目录下的 UISetting.json 配置文件添加进来，最后调用 Build 方法，即可获取到其中所有的配置项。此外，当添加文件类型的配置源时，应首先使用 SetBasePath 方法为文件配置源提供工作目录。

要在程序中访问其中的配置项，只要为 IConfiguration 接口指定相应的键名即可，如 config["FontFamily"]。同时，还可以使用 GetValue<T>方法，它可以在获取到配置项的值后将其转换为指定的类型，如 config.GetValue<int>("FontSize")。程序运行后，会输出如下结果。

```
Key: FontSize, Value: 16
Key: FontFamily, Value: Arial
Key: Editor, Value:
Key: Editor:Foreground, Value: Black
Key: Editor:Background, Value: #F4F4F4
FontFamily: Arial
FontSize: 16
Editor Foreground: Black
```

值得注意的是，在上面的配置文件中，有一个 Editor 节，在它下面又有两个子项：Background 和 Foreground。从输出结果中可以看出，它们的键名分别是 Editor:Foreground 和 Editor:Background，因此对于这种层次结构的配置项，可以使用 ":"（冒号）来分隔其各级节点名称然后访问它。

对于层级结构，还可以使用 IConfiguration 接口的 GetSection 来访问，如下所示。

```
var editorSection = config.GetSection("Editor");
Console.WriteLine("Editor Background: " + editorSection["Background"]);
```

输出结果如下：

```
Editor Background: #F4F4F4
```

3.5.2 访问其他配置源

除了访问 JSON 文件外，还可以访问 XML 文件、INI 文件、集合对象和系统环境变量等。首先，在项目中创建 config.xml 和 config.ini 两个文件，config.xml 的内容如下所示。

第 3 章　ASP.NET Core 核心特性

```xml
<?xml version="1.0" encoding="utf-8" ?>
<config>
  <AppInfo>
    <Name>ConfigTestApp</Name>
    <Version>1.0</Version>
  </AppInfo>
</config>
```

config.ini 的内容如下所示。

```
[Info]
Name=ConfigTestApp
Version=1.0
Description="这里是 INI 文件中的描述"
```

在 Program.cs 文件中添加如下代码。

```csharp
public static void Main(string[] args)
{
    var mySettings = new Dictionary<string, string> { };
    mySettings.Add("Title", "这是标题");
    mySettings.Add("Content", "这是内容");
    mySettings.Add("Info:Description", "这里的集合中的描述");

    var builder = new ConfigurationBuilder()
            .SetBasePath(Directory.GetCurrentDirectory())
            .AddXmlFile("config.xml")
            .AddIniFile("config.ini")
            .AddInMemoryCollection(mySettings)
            .AddEnvironmentVariables();

    var config = builder.Build();
    foreach (var item in config.AsEnumerable())
    {
        Console.WriteLine($"Key: {item.Key}, Value: {item.Value}");
    }

    Console.WriteLine("content: " + config["content"]);
    Console.Read();
}
```

上述代码的输出结果如下所示。

```
Key: Title, Value: 这是标题
Key: Info, Value:
Key: Info:Version, Value: 1.0
Key: Info:Name, Value: ConfigTestApp
Key: Info:Description, Value: 这里的集合中的描述
```

```
Key: Content, Value: 这是内容
Key: AppInfo, Value:
Key: AppInfo:Version, Value: 1.0
Key: AppInfo:Name, Value: ConfigTestApp
…   // 这一部分是系统的环境变量，已省略
content: 这是内容
```

使用 AddXmlFile 和 AddIniFile 方法分别添加 XML 和 INI 类型的文件；使用 AddInMemoryCollection 方法则添加 KeyValuePair<string,string>类型的集合，它的键和值的类型都是字符串类型；使用 AddEnvironmentVariables 方法添加当前系统的所有环境变量。

当指定了多个配置源时，系统会按照顺序加载每个源中的配置项；如果配置源中存在相同键名的配置项，则后面的会将前面的值覆盖。在上述代码中，由于 AddInMemoryCollection 的顺序在 AddIniFile 之后，因此在集合 mySettings 中添加的 Info:Description 会将 config.ini 文件中 Info 节点下的 Description 值覆盖。另外，需要注意以下几点。

❑ 配置项键名不区分大小写，如上述代码中的 config["content"]。
❑ 同一种类型的配置源可以添加多个，如添加多个 JSON 格式的配置文件。
❑ 当通过环境变量向应用添加配置项时，如果操作系统平台不支持用冒号表示配置项的层次关系，则可以使用双下划线代替冒号，如 Editor__Background。

默认情况下，应用程序通过 WebHost.CreateDefaultBuilder()方法会创建包含预配置的 IWebHost，在该方法内，应用程序会按照顺序添加以下配置源。

❑ 配置文件（appsettings.json 与 appsettings.{Environment}.json，其中{Environment}是应用程序当前运行的环境）。
❑ Azure 密钥保管库（Azure Key Valut）。
❑ 用户机密（仅会在开发环境中加载）。
❑ 系统环境变量。
❑ 命令行参数。

如果希望改变上述添加配置源的方式，则可以创建 ConfigurationBuilder 实例并调用 IWebHostBuilder 接口的 UseConfiguration 方法。

```
var configBuilder = new ConfigurationBuilder()
    .SetBasePath(Directory.GetCurrentDirectory())
    .AddEnvironmentVariables()
    .AddInMemoryCollection()
    .AddCommandLine(args);

WebHost.CreateDefaultBuilder(args)
    .UseConfiguration(configBuilder.Build())
    .UseStartup<Startup>()
    .Build().Run();
```

除了使用 UseConfiguration 方法以外，还可以使用 IWebHostBuilder 接口的 ConfigureApp

Configuration 方法。通过该方法，可以获取到当前的运行环境，并加载与环境相关的配置文件。

```
WebHost.CreateDefaultBuilder(args)
    .ConfigureAppConfiguration((builderContext, config) =>
    {
        var env = builderContext.HostingEnvironment;
        config.SetBasePath(env.ContentRootPath);
        config.AddJsonFile("appsettings.json", optional: false, reloadOnChange: true)
;
        config.AddJsonFile($"appsettings.{env.EnvironmentName}.json", optional: true,
 reloadOnChange: true);
        config.AddEnvironmentVariables();
        config.AddCommandLine(args);
    })
    .UseStartup<Startup>()
    .Build().Run();
```

建议将命令行参数配置源作为最后添加的配置源，这样会使命令行参数中的配置项具有最高优先级，它会覆盖之前可能出现过的同名配置项。以下是使用命令行参数向应用程序添加配置项的方式。

```
dotnet run CommandLineKey1=value1 --CommandLineKey2=value2 /CommandLineKey3=value3
```

命令行参数支持不带前置符号，或使用 "--" 和 "/" 作为参数的前置符号，每个参数由参数名、等号和参数值组成。

3.5.3 自定义配置源

使用自定义配置源可以读取特定格式配置文件中的内容，也可以灵活地从配置文件中读取所需要的内容，最终向配置系统提供配置项。要创建自定义配置源，需要用到两个接口，即 IConfigurationSource 和 IConfigurationProvider，定义分别如下。

```
public interface IConfigurationSource
{
    IConfigurationProvider Build(IConfigurationBuilder builder);
}

public interface IConfigurationBuilder
{
    IDictionary<string, object> Properties { get; }
    IList<IConfigurationSource> Sources { get; }
    IConfigurationBuilder Add(IConfigurationSource source);
    IConfigurationRoot Build();
}
```

IConfigurationSource 接口仅包含一个成员——Build 方法，它返回 IConfigurationProvider 类型的对象，而 IConfigurationProvider 接口包括多个成员。其中，Load 方法负责从

3.5 配置

IConfigurationSource 中加载所有的配置信息,并最终以键值对的形式添加到配置系统中,从而使应用程序可以访问。

由于 ASP.NET Core 提供的配置源中并不支持对 web.config 或 app.config 等这种传统类型的配置文件的访问,因此要访问这一类的配置文件,就需要通过创建自定义配置源来访问。当要创建的配置源也是基于文件时,可以使用 FileConfigurationSource 和 FileConfigurationProvider 类,这两个类分别实现了刚才提到的两个接口,这样就不需要直接去实现上述接口了。

创建 AppSettingsConfigurationSource 类,并使它继承 FileConfigurationSource 类。

```
public class AppSettingsConfigurationSource : FileConfigurationSource
{
    public AppSettingsConfigurationSource(string path)
    {
        Path = path;
        ReloadOnChange = true;
        Optional = true;
        FileProvider = null;
    }

    public override IConfigurationProvider Build(IConfigurationBuilder builder)
    {
        FileProvider = FileProvider ?? builder.GetFileProvider();
        return new AppSettingsConfigurationProvider(this);
    }
}
```

该类包括了一个带参数的构造函数,用于传入要访问的文件路径,同时它也重写了基类 FileConfigurationSource 的 Build 抽象方法,Build 方法返回 AppSettingsConfigurationProvider 类型的对象。

接着,创建 AppSettingsConfigurationProvider 类,使它继承 FileConfigurationProvider 类。

```
public class AppSettingsConfigurationProvider : FileConfigurationProvider
{
    public AppSettingsConfigurationProvider(AppSettingsConfigurationSource source)
      : base(source)
    { }

    public override void Load(Stream stream)
    {
        try
        {
            Data = ReadAppSettings(stream);
        }
        catch
        {
            throw new Exception("读取配置信息失败,可能是文件内容不正确");
```

```csharp
        }
    }

    private IDictionary<string, string> ReadAppSettings(Stream stream)
    {
        var data = new SortedDictionary<string, string>(StringComparer.OrdinalIgnoreCase);

        var doc = new XmlDocument();
        doc.Load(stream);

        var appSettings = doc.SelectNodes("/configuration/appSettings/add");
        foreach (XmlNode child in appSettings)
        {
            data[child.Attributes["key"].Value] = child.Attributes["value"].Value;
        }

        return data;
    }
}
```

在 AppSettingsConfigurationProvider 类中，我们重写了基类 FileConfigurationProvider 的抽象方法 Load(Stream stream)。在这个方法中，从 ReadAppSettings 方法读取到的值赋给了 Data 属性，它的类型是 IDictionary<string, string>，而 ReadAppSettings 方法所返回的值是从配置文件的 configuration/appSettings 节点下将所有的 add 节点的信息遍历而得到的。最终，Data 属性中包含的所有配置项会添加到当前应用程序中的配置系统中。

最后，为了方便使用这个自定义配置源，可以为 IConfigurationBuilder 类创建一个扩展方法。

```csharp
public static class AppSettingConfigurationExtensions
{
    public static IConfigurationBuilder AddAppSettings(this IconfigurationBuilder builder, string path)
    {
        return builder.Add(new AppSettingsConfigurationSource(path));
    }
}
```

接下来，可以这样使用：

```csharp
var builder = new ConfigurationBuilder()
    .SetBasePath(Directory.GetCurrentDirectory())
    .AddAppSettings("web.config");
```

这样就可以读取到当前目录下 web.config 文件中的所有 add 节点的配置项了。

3.5.4 重新加载配置

ASP.NET Core 配置系统是只读的，也就是说，只能从配置源中读取配置，而无法将配置数据再写回到这些配置源中。但是，对于像 JSON、XML 和 INI 等基于文件的配置，由于文件的内容可以通过其他方式修改，此时为了保证所读取到的配置数据是最新的，就需要重新从文件中读取数据，要实现这一目的，可以调用 IConfiguration 或 IConfigurationRoot 的 Reload 方法，即 config.Reload()。

或者在添加配置源时指定 reloadOnChange 属性：

```
var builder = new ConfigurationBuilder()
    .SetBasePath(Directory.GetCurrentDirectory())
    .AddJsonFile("UISetting.json", optional: true, reloadOnChange: true);
```

3.5.5 强类型对象

有时，我们希望将多个配置项映射为具有同名属性的.NET 对象，这是因为访问对象及其属性要比直接访问配置方便。例如，对于前面创建的 UISetting.json 文件，可以创建一个包含同样信息的类来表示其中的配置信息。

```
public class UISetting
{
    public string FontFamily { get; set; }
    public int FontSize { get; set; }

    public EditorSetting Editor { get; set; }
    public class EditorSetting
    {
        public string Background { get; set; }
        public string Foreground { get; set; }
    }
}
```

为了能够将读取到的配置信息映射到这个类的对象上，需要使用 Options 模式，在 Starup 类的 ConfigureServices 方法内添加。

```
public class Startup
{
    public Startup()
    {
        Configuration = new ConfigurationBuilder()
            .SetBasePath(Directory.GetCurrentDirectory())
            .AddJsonFile("UISetting.json")
            .Build();
    }

    public IConfiguration Configuration { get; }
```

```
public void ConfigureServices(IServiceCollection services)
{
    ...
    services.Configure<UISetting>(Configuration);
    ...
}
```

这样不仅将配置信息映射到 UISetting 类，而且也会将 IOptions<UISetting>对象放入当前应用程序的依赖注入容器中。因此，可以在 Controller 中注入该对象，并通过它的 Value 属性获取 IOptions<T>所包含的对象内容。

```
[Route("api/[controller]")]
public class ValuesController : ControllerBase
{
    private readonly UISetting _uiSetting;
    public ValuesController(IOptions<UISetting> options)
    {
        _uiSetting = options.Value;
    }
}
```

最后，需要说明的是，要映射的类必须具有一个默认的构造函数，即公共且无参数的构造函数，否则将无法编译通过。此外，它的属性也应该是 public 类型且为可读写的，否则这些属性将无法获取正确的配置数据。通常情况下，符合这样条件的类被称为 POCO（Plain Old CLR Object）类。

IConfiguration 接口提供了 Bind 方法同样可以实现相同的目的，以下代码与上例的功能相同。

```
public void ConfigureServices(IServiceCollection services)
{
    var settings = new UISetting();
    Configuration.Bind(settings);
    services.AddSingleton(settings);
}
```

当在 Controller 中要访问 UISetting 对象时，只要在其构造函数中注入 UISetting 对象即可。

要将配置添加到容器，还可以使用 IServiceCollection.Configure 方法的另一个重载形式。这种重载形式接受一个 Action<TOptions>类型的参数，通过这个委托，能够以代码的方式来设置配置类的属性值，代码如下。

```
services.Configure<UISetting>("uisetting", uiSetting =>
{
    uiSetting.FontSize = 12;
```

```
    …
});
```

除了 Configure<TOptions>方法外，我们还可以用 PostConfigure<TOptions>方法对 TOptions 进行后续的修改操作。比如，当通过配置文件加载配置后，通过 PostConfigure<TOptions>修改已添加到容器中的配置类的属性，此方法会在所有的 Configure<TOptions>方法后执行。

3.6 日志

对于任何类型的应用程序，无论是 Web 应用，还是桌面应用程序，日志（Logging）都非常重要。尽管日志并不会为应用程序增加实质性的功能，然而当开发人员要跟踪程序的运行状态、调试程序以及记录错误信息时，这些操作都离不开它。

日志包括两种类型，即系统日志和用户记录日志。系统日志是系统在运行时向外输出的记录信息；而用户记录日志是由开发人员在程序中适当的位置调用与日志功能相关的 API 输出的日志。一般情况下，记录日志时也可以指定其重要级别，如调试、信息、警告和错误等。

ASP.NET Core 框架内部集成了日志功能，它主要由以下一些重要的接口组成。
- Ilogger：包括实际执行记录日志操作的方法。
- IloggerProvider：用于创建 ILogger 对象。
- IloggerFactory：通过 ILoggerProvider 对象创建 ILogger 对象。

它们都位于 Microsoft.Extensions.Logging 命名空间下。接下来，将一一介绍这些接口的使用。

3.6.1 ILogger 接口

要记录日志，需要使用 ILogger 接口，它的定义如下。

```
public interface ILogger
{
    IDisposable BeginScope<TState>(TState state);
    bool IsEnabled(LogLevel logLevel);
    void Log<TState>(LogLevel logLevel, EventId eventId, TState state, Exception exception, Func<TState, Exception, string> formatter);
}
```

其中 Log 方法用于记录日志，它包括 5 个参数，使用方法如下。

```
logger.Log(LogLevel.Information, 0, typeof(object), null, (type,exception)=> "Hello world");
```

Log 方法的第一个参数指明了这条信息的级别，日志级别即其重要程度。ASP.NET Core 日志系统定义了 6 个级别，具体如下。
- Trace：级别最低，通常仅用于开发阶段调试问题。这些信息可能包含敏感的应用程序数据，因此不应该用于生产环境，默认情况应禁用，即不输出。

- **Debug**：用于记录调试信息，这种类型的日志有助于开发人员调试应用程序。
- **Information**：用于记录应用程序的执行流程信息，这些信息具有一定的意义，比较常用。
- **Warning**：用于记录应用程序出现的轻微错误或其他不会导致程序停止的警告信息。
- **Error**：用于记录错误信息，这一类的错误将影响程序正常执行。
- **Critical**：严重级别最高，用于记录引起应用程序崩溃、灾难性故障等信息，如数据丢失、磁盘空间不够等。

除了指定日志级别以外，还需要指定 EventId、一个返回值类型为字符串的委托，该委托的意义在于根据指定的状态以及异常返回要输出的日志信息。从上面的代码中可以看出，直接使用 Log 方法来记录日志会非常麻烦。为此 ILogger 接口提供了若干个扩展方法，用来更方便地记录指定级别的日志，它们包括 LogTrace、LogDebug、LogInformation、LogWarning、LogError 和 LogCritical，这几个方法分别对应上面所提到的各个级别。因此，上面的代码可以改写为：

```
logger.LogInformation("Hello, wolrd");
```

当 ASP.NET Core 应用程序运行时，日志组件会被添加到其依赖注入容器中，因此只要在合适的位置将 ILogger 对象注入进来，即可使用它来记录日志。

```
using Microsoft.AspNetCore;
using Microsoft.AspNetCore.Builder;
using Microsoft.AspNetCore.Hosting;
using Microsoft.AspNetCore.Http;
using Microsoft.Extensions.Logging;

namespace LoggingTest
{
    public class Program
    {
        public static void Main(string[] args)
        {
            CreateWebHostBuilder(args).Build().Run();
        }

        public static IWebHostBuilder CreateWebHostBuilder(string[] args) =>
            WebHost.CreateDefaultBuilder(args)
                .UseStartup<Startup>();
    }

    public class Startup
    {
        public void Configure(IApplicationBuilder app, IHostingEnvironment env, ILogger<Startup> logger)
        {
            app.Run(async (context) =>
```

```
            {
                logger.LogInformation("这是一条测试日志");
                await context.Response.WriteAsync("Hello, world");
            });
        }
    }
}
```

在 Startup 类的 Configure 方法中，通过方法注入将 ILogger<Startup>作为该方法的参数注入进来。运行程序后，结果如图 3-9 所示。

图 3-9 日志输出结果

ILogger 接口有一个派生接口 ILogger<out TCategoryName>，其中泛型类型 TCategoryName 表示日志类别名称，它可以是任何类型，通常情况下，它的值应为当前所在类，如上面的 Startup 类。当注入 ILogger 时，必须为其指定泛型类型。

3.6.2 ILoggerFactory 接口

到目前为止，所有的例子中输出的日志都是在控制台中。这是因为在创建 WebHost 时，调用了 CreateDefaultBuilder 方法所决定的，关于这一点，在 3.1.1 节中应用程序的启动曾提到过，在 CreateDefaultBuilder 方法内部，有如下关于日志的配置。

```
public static IWebHostBuilder CreateDefaultBuilder(string[] args)
{
    var builder = new WebHostBuilder();
    …
    builder.ConfigureLogging((hostingContext, logging) =>
    {
        logging.AddConfiguration(hostingContext.Configuration.GetSection("Logging"));
        logging.AddConsole();
        logging.AddDebug();
        logging.AddEventSourceLogger();
    })
    …
```

}

在这里使用 ILoggingBuilder 接口的扩展方法 AddConsole、AddDebug 和 AddEventSourcce Logger 分别添加 3 个日志提供程序（Provider），即控制台、调试和 EventSource。日志提供程序用于显示并存储日志，不同的日志提供程序提供了不同的输出位置和形式。当为应用程序添加了多个日志提供程序后，日志会输出到多个不同的位置，ASP.NET Core 默认提供了以下 6 种日志提供程序。

- Console：向控制台窗口输出日志。
- Debug：向开发环境（IDE）的调试窗口输出日志，它会调用 System.Diagnostics.Debug 类的 WriteLine 方法向外输出。
- EventSource：向事件跟踪器输出日志。
- EventLog：向 Window Event Log 输出日志，仅支持 Windows 操作系统。
- TraceSource：通过调用 AddTraceSource 方法添加 Trace Listener Provider，向 Trace Listener 输出日志，仅支持 Windows 操作系统。
- Azure App Service：仅在 Azure 中使用，当应用程序部署到 Azure Web 服务中后，Azure App Service 日志提供程序自动会添加进来。

除此以外，还可以添加第三方日志提供程序，如 NLog 和 elmah.io 等；同样，ASP.NET Core 也支持创建自定义日志提供程序。

CreateDefaultBuilder 方法默认添加了 3 个日志提供程序，如果不需要默认所添加的这些日志提供程序，可以调用 ILoggerProvider 接口的 ClearProviders 方法，然后再添加所需要的日志提供程序。

与 ILoggingBuilder 一样，ILoggerFactory 在添加 ASP.NET Core 内置的日志提供程序时，也可以使用 AddConsole 和 AddDebug 等扩展方法来添加日志提供程序。

3.6.3 ILoggerProvider 接口

ILoggerFactory 接口用于创建 ILogger 类型的对象，它的定义如下。

```
public interface ILoggerFactory : IDisposable
{
    void AddProvider(ILoggerProvider provider);
    ILogger CreateLogger(string categoryName);
}
```

使用 CreateLogger 方法即可创建一个 ILogger 对象，该方法的参数 categoryName 为类日志的类别名称，它主要用来为日志指定分类名称，如下所示。

```
public class Startup
{
    public Startup(ILoggerFactory factory)
    {
        var logger = factory.CreateLogger("Startup 构造函数");
```

```
            logger.LogInformation("这是一条测试日志");
    }
    …
}
```

上面的代码将会输出如下内容：

```
info: Startup 构造函数[0]
      这是一条测试日志
```

在日志的输出结果中，日志类别后有一个用中括号括起来的数字，该数字为事件标识符（Event Id），它的值是一个数字，默认值为 0。合理地使用这个数字能够帮助开发者对日志进一步分类，比如，某种操作的 Id 是 1000，另一类操作的 Id 是 1002。注意，Event Id 的显示格式由 Provider 定义，上述显示形式是由 ConsoleProvider（即控制台日志提供程序）定义的；在其他 Provider 中则不然，例如，DebugProvider 不显示 Event Id。

要设置 Event Id，我们只要使用 LogInformation 方法的另一个重载形式即可，如下所示。

```
logger.LogInformation(34, "这是一条测试日志");
```

对于 ILoggerFactory 接口，ASP.NET Core 提供了一个实现它的类：LoggerFactory 类。LoggerFactory 类和 ILogger 接口一样，同样位于 Microsoft.Extensions.Logging 命名空间下，ASP.NET Core 会在应用程序运行时，向内建的依赖注入容器内注册 ILoggerFactory 服务以及它的实现 LoggerFactory 类，因此可以在程序的任何位置注入 ILoggerFactory 类。

3.6.4 分组和过滤

对于一组逻辑上相关的操作，将其日志信息分为一组是很有意义的，这需要使用 Scope 来实现。ILogger 接口有一个方法即 BeginScope<TState>(TState state)用于创建 Scope，其中 TState 指明要创建 Scope 的标识符，它可以为任何类型的数据，一般情况下，使用字符串来指明。BeginScope<TState>方法的返回值类型为 IDisposable，因此可以使用 using 语句块来创建 Scope，代码如下所示。

```
using (logger.BeginScope("获取数据"))
{
    logger.LogInformation("准备获取数据");
    …
    if (data == null)
    {
        logger.LogError("数据不存在");
    }
}
```

要在 Scope 中输出日志，除了需要创建 Scope 外，还要在 ILoggerProvider 对象中启用这一功能。在添加日志提供程序时可以指定该 ILoggerProvider 的一些选项，例如，对于 ControlProvider，只要设置 ConsoleLoggerOptions 的 IncludeScopes 属性为 true，即可为其启用

Scope 功能，它的默认值为 false。

```
public class Program
{
    public static IWebHostBuilder CreateWebHostBuilder(string[] args) =>
        WebHost.CreateDefaultBuilder(args)
            .ConfigureLogging(builder =>
            {
                builder.ClearProviders();
                builder.AddConsole(loggerOptions => loggerOptions.IncludeScopes = true);
            })
            .UseStartup<Startup>();

    public static void Main(string[] args)
    {
        CreateWebHostBuilder(args).Build().Run();
    }
}
```

在上面的例子中使用 IWebHostBuilder 接口的扩展方法 ConfigureLogging，它接受一个 Action<ILoggingBuilder>委托类型的参数。当调用 ILoggingBuilder 接口的扩展方法 AddConsole 时，将 ConsoleLoggerOptions 对象的 IncludeScopes 属性设置为 true。最终的日志输出结果如下。

```
info: LoggingTest.Startup[0]
    => 获取数据
    准备获取数据
fail: LoggingTest.Startup[0]
    => 获取数据
    数据不存在
```

除了使用 Scope 进行日志分组外，还可以通过设置最低日志级别来进行日志过滤，当这样设置后，所有低于指定日志级别的日志都不会被处理，也不会显示。例如，如果设置最低日志级别为 LogLevel.Information，那么 Debug 和 Trace 级别的日志都不会显示。

要设置最低日志级别，同样需要在 ConfigureLogging 方法中进行配置，此时只要调用 ILoggingBuilder 接口的 SetMinimumLevel 方法即可，代码如下所示。

```
WebHost.CreateDefaultBuilder(args)
    .ConfigureLogging(builder =>
    {
        builder.ClearProviders();
        builder.AddConsole(loggerOptions => loggerOptions.IncludeScopes = true);
        builder.SetMinimumLevel(LogLevel.Information);
    })
    .UseStartup<Startup>();
```

值得注意的是，在 LogLevel 的枚举定义中，除了之前提到的那些级别以外，还有一个值是 None，该值高于其他所有值。如果指定这个值为最低级别，那么所有的日志都不会输出。

除了设置最低日志级别外，ILoggerBuilder 接口还提供了 AddFilter 方法，该方法包括多个重载，它能够指定更复杂的条件，并只显示满足条件的日志。在以下方法中，将显示 LoggeringTest.Startup 类别中，等于并高于 Information 级别的日志。

```
WebHost.CreateDefaultBuilder(args)
    .ConfigureLogging(logging =>
    {
        logging.AddConsole()
            .AddFilter("LoggingTest.Startup", LogLevel.Information);
    })
    .UseStartup<Startup>();
```

默认情况下，在 appsettings.json 文件中包含了对日志的配置信息，要将日志配置加载并应用到程序的日志系统中，可以调用 AddConfiguration 方法，具体如下。

```
WebHost.CreateDefaultBuilder(args)
    .ConfigureLogging((hostingContext, logging) =>
    {
        logging.AddConfiguration(hostingContext.Configuration.GetSection("Logging"));
        ...
    })
    .UseStartup<Startup>();
```

在 appsettings.json 配置文件的 "Logging" 一节则默认包含了关于记录日志的统一配置，如 LogLevel 配置项用于设置对指定类别的日志的最低输出级别，凡是在该类别中低于指定级别的日志将不会被输出。除了设置统一配置外，还可以为每一种日志提供程序提供具体的输出配置，只要在 "Logging" 一节为其增加相应的配置即可，如下例添加了对 Console 类型日志提供程序的配置。

```
{
  "Logging": {
    "Console": {
      "IncludeScopes": true,
      "LogLevel": {
        "Microsoft.AspNetCore.Mvc.Razor": "Error",
        "Default": "Information"
      }
    },
    "LogLevel": {
      "Default": "Debug"
    }
  }
}
```

3.7 错误处理

ASP.NET Core 提供了完善的错误处理机制，它使用一些中间件在响应请求时处理遇到的错误。

3.7.1 异常处理

在 ASP.NET Core 中，有以下两个用来处理异常的中间件。
- DeveloperExceptionPageMiddleware：仅用于开发环境的异常处理中间件。
- ExceptionHandlerMiddleware：适合于非开发环境的异常处理中间件。

当创建一个 ASP.NET Core 项目时，在 Startup 类的 Configure 方法中已经默认添加了 DeveloperExceptionPageMiddleware 中间件。

```
public void Configure(IApplicationBuilder app, IHostingEnvironment env)
{
    if (env.IsDevelopment())
    {
        app.UseDeveloperExceptionPage();
    }
    else
    {
        app.UseHsts();
    }

    app.Run(context => throw new Exception("这里发生异常了"));
}
```

在上述代码中，首先对当前环境进行了判断，如果是开发环境，则通过 IApplicationBuilder 提供的 UseDeveloperExceptionPage 方法添加这个中间件。

正像它的名称所表明的那样，DeveloperExceptionPageMiddleware 仅应用于开发环境或者开发阶段，它会捕获应用程序中所有未处理的异常，并提供一个异常信息页面，其中包括抛出异常的位置、调用堆栈信息，以及关于当次请求的相关信息，如图 3-10 所示。

通过这个页面，开发者可以快速找出问题的原因，并解决问题。需要再次强调，这个中间件只应该用于开发环境，否则图 3-10 中的敏感信息就会暴露出来。

ExceptionHandlerMiddleware 中间件同样用来处理异常，不过它可以使用在任何环境中。它和 DeveloperExceptionPageMiddleware 一样，用来捕获应用程序中所有未处理的异常，因此可以视其为应用程序全局级别的 try-catch。

```
public void Configure(IApplicationBuilder app, IHostingEnvironment env)
{
    app.UseExceptionHandler(errorApp =>
    {
        errorApp.Run(async context =>
```

3.7 错误处理

```
        {
            context.Response.ContentType = "text/plain;charset=utf-8";
            await context.Response.WriteAsync("对不起，请求遇到错误");
        });
    });

    app.Run(context => throw new Exception("这里发生异常了"));
}
```

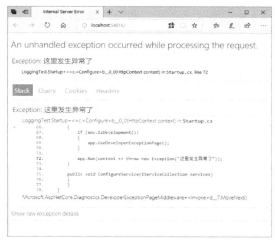

图 3-10　异常信息页面

上例使用了 UseExceptionHandler 方法来添加 ExceptionHandlerMiddleware 中间件，同时传递了一个方法作为参数，其类型为 Action<IApplicationBuilder>。在这个方法中，直接调用 IApplicationBuilder 的 Run 方法来输出错误消息。

需要强调的是，上述两个中间件都应该在 Configure 方法的一开始就添加进来，否则，任何在它之前的代码所产生的错误都不会被它们处理。另外，由这些中间件所输出响应的 HTTP 状态码均为 500 Internal Server Error，如图 3-11 所示。

图 3-11　异常中间件返回的 500 状态码

3.7.2 错误码处理

在第 1 章中我们曾提到过，默认情况下，ASP.NET Core 对于这些状态码没有提供具体的细节，使用 StatusCodePagesMiddleware 则能够自定义关于这些错误状态码的细节。

```
public void Configure(IApplicationBuilder app, IHostingEnvironment env)
{
    app.UseStatusCodePages();
    …
}
```

当访问一个不存在的页面时，浏览器会显示以下内容。

```
Status Code: 404; Not Found
```

如果要自定义显示结果，则可以调用 UseStatusCodePages 的另一个重载形式。

```
public void Configure(IApplicationBuilder app, IHostingEnvironment env)
{
    app.UseStatusCodePages(async context =>
    {
        var statusCode = context.HttpContext.Response.StatusCode;
        context.HttpContext.Response.ContentType = "text/plain;charset=utf-8";

        var errorMessage = $"对不起，请求遇到错误，状态码{statusCode}";
        await context.HttpContext.Response.WriteAsync(errorMessage);
    });
}
```

3.8 本章小结

ASP.NET Core 提供了一系列重要特性，如启动、中间件、依赖注入、MVC、配置、日志以及错误处理等，为应用程序的开发、启动、运行以及错误记录等提供了全面的支持与灵活的配置。

应用程序的启动是通过构建 WebHost 对象实现的，在这一过程中，ASP.NET Core 允许灵活配置 WebHost，它提供了 Kestrel 这一轻量级、跨平台 Web 服务器。通过 Startup 类，开发人员能够充分地使用 ASP.NET Core 所提供的依赖注入和中间件等特性，为应用程序的功能提供了极大的灵活性与多样性。依赖注入能够帮助开发人员创建低耦合的应用，中间件能够灵活控制对 Web 请求的处理。MVC 模式是 Web 应用程序中一种常见的架构模式，MVC 也是 ASP.NET Core 非常重要的组成部分。ASP.NET Core MVC 还提供了模型绑定、模型验证和过滤器等功能。配置、日志以及错误处理都是应用程序中不可缺少的功能，ASP.NET Core 提供强大且灵活的配置系统与日志系统,支持不同形式的配置源,并且支持自定义配置源,可以便捷地访问配置项;ASP.NET Core 还提供了丰富的组件以及灵活、简单的使用方式,可以在应用程序中轻松实现日志功能。

第 4 章将开始介绍如何使用 ASP.NET Core 开发 RESTful API 应用,我们首先会创建 RESTful API 应用,并实现基本的资源操作。

第 4 章 资源操作

本章内容

本章起将开始通过开发一个实际项目来熟悉如何使用 ASP.NET Core 实现 RESTful API 应用。本章首先介绍要创建的项目以及如何为项目准备要使用的数据,之后会介绍 Controller 的创建以及如何逐步实现资源的各种操作,这些操作包括获取、创建、删除、更新等,最后会介绍内容协商及其实现方法。

4.1 项目创建

4.1.1 项目简介

从本章起,我们将创建一个在线图书馆项目,通过这个 Web API 应用程序来实际地熟悉并掌握如何使用 ASP.NET Core 创建 RESTful API 应用。在线图书馆项目主要由两个实体——作者(Author)和图书(Book)组成,并且这二者具有主从关系,一个作者可以包含一本或若干本图书。对于 REST 而言,作者和图书都是资源,而在线图书馆项目通过 RESTful API 向外提供了对这些资源的添加、删除、查询和修改等操作。

本章中将使用数据传输对象(Data Transfer Object,DTO)来表示作者及图书两种不同的资源。由于 DTO 会返回给请求 API 的客户端,因此它决定了资源的表现形式。在下一章中,我们将使用 Entity Framework Core 及实体类,在这种情况下查询数据时,实体类应首先转换为 DTO,而在添加、更新数据之前,则应将 DTO 转换为实体类。

图 4-1 显示了 AuthorDto 和 BookDto 以及它们之间的关系。

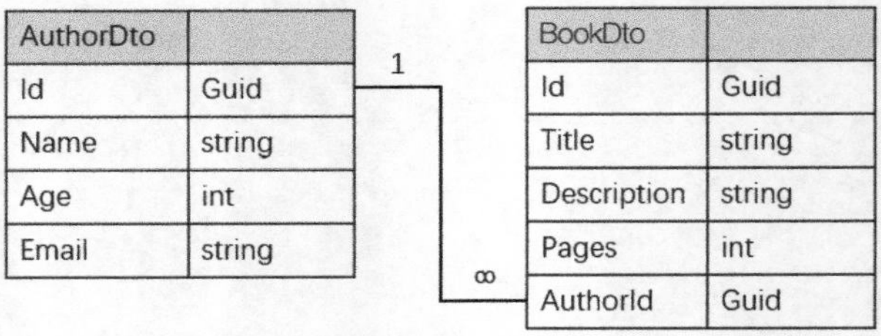

AuthorDto	
Id	Guid
Name	string
Age	int
Email	string

BookDto	
Id	Guid
Title	string
Description	string
Pages	int
AuthorId	Guid

图 4-1 AuthorDto 与 BookDto 之间的关系

4.1.2 创建项目

打开 Visual Studio 开发环境，新建一个 ASP.NET Core 项目，名为 Library.API，并在项目模板中选择"API"选项，如图 4-2 所示。

图 4-2　创建 Library.API 项目

项目创建成功后，在项目中添加一个文件夹，名为 Models，并在其中创建两个类：AuthorDto 和 BookDto。在"解决方案资源管理器"中的项目节点上右击，选择"添加"→"新建文件夹"命令，输入文件夹名称"Models"，然后右击此文件夹，选择"添加"→"类"命令，分别创建 AuthorDto 和 BookDto 两个类。

AuthorDto 类的代码如下所示。

```
public class AuthorDto
{
    public Guid Id { get; set; }
    public string Name { get; set; }
    public int Age { get; set; }
    public string Email { get; set; }
}
```

BookDto 类的代码如下所示。

```
public class BookDto
{
    public Guid Id { get; set; }
    public string Title { get; set; }
```

```
public string Description { get; set; }
public int Pages { get; set; }
    public Guid AuthorId { get; set; }
}
```

4.2 使用内存数据

4.2.1 创建内存数据源

在创建或测试 Web API 项目时，为应用程序提供一些测试数据或模拟数据是非常有用的，它们对 API 的测试很有帮助，尤其是在真实业务数据还不存在的情况下。要生成模拟数据，最常见的方法是使用内存数据，即在应用程序中定义一个类，专门用于提供模拟数据。另外，这些数据在应用程序每次启动时都会重新创建，这也为测试 API 保证了数据的一致性。

要在当前项目中创建模拟数据，先创建一个文件夹，命名为 Data，在此文件夹下创建一个类，名称为 LibraryMockData，其内容如下所示。

```
public class LibraryMockData
{
    // 获取 LibraryMockData 实例
    public static LibraryMockData Current { get; } = new LibraryMockData();
    public List<AuthorDto> Authors { get; set; }
    public List<BookDto> Books { get; set; }
    public LibraryMockData()
    {
        Authors = new List<AuthorDto> {
            new AuthorDto { Id = new Guid("72D5B5F5-3008-49B7-B0D6-CC337F1A3330") , Name = "Author 1", Age=46, Email = "author1@xxx.com" },
            new AuthorDto { Id = new Guid("7D04A48E-BE4E-468E-8CE2-3AC0A0C79549"), Name = "Author 2",Age=38, Email = "author2@xxx.com" }
        };

        Books = new List<BookDto> {
            new BookDto {
                Id = new Guid("7D8EBDA9-2634-4C0F-9469-0695D6132153"),
                Title = "Book 1" ,
                Description = "Description of Book 1",
                Pages = 281,
                AuthorId = new Guid("72D5B5F5-3008-49B7-B0D6-CC337F1A3330")},
            new BookDto {
                Id = new Guid("1ED47697-AA7D-48C2-AA39-305D0E13B3AA"),
                Title = "Book 2",
                Description = "Description of Book 2",
                Pages = 370,
```

```csharp
            AuthorId = new Guid("72D5B5F5-3008-49B7-B0D6-CC337F1A3330")},
        new BookDto {
            Id = new Guid("5F82C852-375D-4926-A3B7-84B63FC1BFAE"),
            Title = "Book 3",
            Description = "Description of Book 3",
            Pages = 229,
            AuthorId = new Guid("7D04A48E-BE4E-468E-8CE2-3AC0A0C79549")},
        new BookDto { Id = new Guid("418A5B20-460B-4604-BE17-2B0809E19ACD"),
            Title = "Book 4",
            Description = "Description of Book 4",
            Pages=440,
            AuthorId = new Guid("7D04A48E-BE4E-468E-8CE2-3AC0A0C79549")}
        };
    }
}
```

LibraryMockData 类包括一个构造函数、两个集合属性及一个静态属性，其中两个集合属性分别代表 AuthorDto 和 BookDto 集合，而静态属性 Current 则返回一个 LibraryMockData 实例，方便访问该对象。接下来，我们将使用仓储模式来访问 LibraryMockData 类中的数据。

4.2.2 仓储模式

仓储模式作为领域驱动设计（Domain-Driven Design，DDD）的一部分，在系统设计中的使用非常广泛。它主要用于解除业务逻辑层与数据访问层之间的耦合，使业务逻辑层在存储、访问数据库时无须关心数据的来源及存储方式，例如使用哪种类型的数据库（甚至可能是来自 XML 等格式），也无须关心对数据的操作，如数据库连接和命令等。所有这些直接对数据的操作均封装在具体的仓储实现中，如图 4-3 所示。

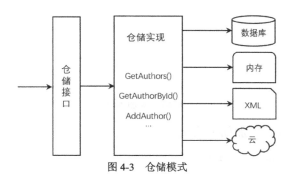

图 4-3　仓储模式

实现仓储模式的方法有多种，其中一种简单的方法是对每一个与数据库交互的业务对象创建一个仓储接口及其实现。这样做的好处是，对一种数据对象可以根据其实际情况来定义接口的成员，比如有些对象只需要读，那么在其仓储接口中就不需要定义 Update、Insert 等成员。另外，还有一种也是比较常见的，就是创建一个通用仓储接口，然后所有其他仓储接口都继承自这个接口。下例中的接口就是一个通用仓储接口。

```
public interface IRepositoryBase<T>
{
    IEnumerable<T> FindAll();
    IEnumerable<T> FindByCondition(Expression<Func<T, bool>> expression);
    void Create(T entity);
    void Update(T entity);
    void Delete(T entity);
    void Save();
}
```

在本章中,我们将会使用第一种方式来实现仓储模式,在第 5 章将使第二种方式来实现。

4.2.3 实现仓储模式

要实现仓储模式,需要创建仓储接口以及其对应的仓储实现。在"解决方案资源管理器"中,右击"Library.API"项目,在快捷菜单中选择"添加"→"新建文件夹"命令,输入文件夹名称 Services,然后在这个文件夹中再新建一个接口,右击 Services 文件夹,从快捷菜单中选择"添加"→"新建项"命令,命名为 IAuthorRepository.cs,如图 4-4 所示。

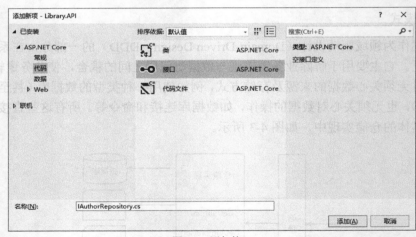

图 4-4 添加接口

创建接口成功后,为其添加如下成员。

```
public interface IAuthorRepository
{
    IEnumerable<AuthorDto> GetAuthors();
    AuthorDto GetAuthor(Guid authorId);
    bool IsAuthorExists(Guid authorId);
}
```

在同一个文件夹下继续创建另一个接口,名为 IBookRepository.cs,其内容如下所示。

```csharp
public interface IBookRepository
{
    IEnumerable<BookDto> GetBooksForAuthor(Guid authorId);
    BookDto GetBookForAuthor(Guid authorId, Guid bookId);
}
```

在上面两个接口中，分别定义了对于 AuthorDto 及 BookDto 的相关操作方法，目前所有方法都是为了获取数据。在后面的示例中，对数据的其他操作（如添加、更新和删除等）都会添加进来。

接下来，分别创建上述两个接口的具体仓储实现，在 Services 文件夹下继续创建两个类，即 AuthorMockRepository 和 BookMockRepository。

AuthorMockRepository 类的内容如下所示。

```csharp
public class AuthorMockRepository : IAuthorRepository
{
    public AuthorDto GetAuthor(Guid authorId)
    {
        var author = LibraryMockData.Current.Authors.FirstOrDefault(au => au.Id == authorId);
        return author;
    }

    public IEnumerable<AuthorDto> GetAuthors()
    {
        return LibraryMockData.Current.Authors;
    }

    public bool IsAuthorExists(Guid authorId)
    {
        return LibraryMockData.Current.Authors.Any(au => au.Id == authorId);
    }
}
```

BookMockRepository 类的内容如下所示。

```csharp
public class BookMockRepository : IBookRepository
{
    public BookDto GetBookForAuthor(Guid authorId, Guid bookId)
    {
        return LibraryMockData.Current.Books.FirstOrDefault(b => b.AuthorId == authorId && b.Id == bookId);
    }

    public IEnumerable<BookDto> GetBooksForAuthor(Guid authorId)
    {
        return LibraryMockData.Current.Books.Where(b => b.AuthorId == authorId).ToList();
```

    }
}
```

可以看到，在每个类的实现中，均使用 LibraryMockData.Current 来获取 LibraryMockData 实例，然后访问其相应的属性而获取到数据。

为了在程序中使用上述两个仓储接口，还需要在 Startup 类的 ConfigureServices 方法中将它们添加到依赖注入容器中。

```
public void ConfigureServices(IServiceCollection services)
{
    …
    services.AddScoped<IAuthorRepository, AuthorMockRepository>();
    services.AddScoped<IBookRepository, BookMockRepository>();
}
```

接下来，我们将为不同的资源创建其对应的 Controller，并在 Controller 中添加 Action 来实现数据访问。

4.3 创建 Controller

首先，创建 AuthorController 来访问 Author 数据，右击项目的 Controller 文件夹，在快捷菜单中选择"添加"→"控制器"命令，弹出"添加基架"对话框，如图 4-5 所示。

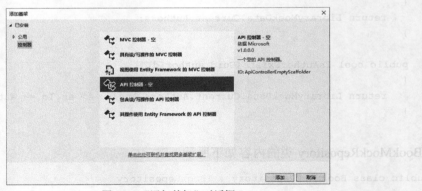

图 4-5 "添加基架"对话框

在控制器列表选项中选择"API 控制器-空"，单击"添加"按钮，弹出"添加空 API 控制器"对话框，如图 4-6 所示。

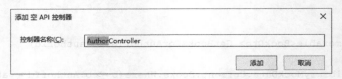

图 4-6 "添加空 API 控制器"对话框
```

4.3 创建 Controller

在对话框中输入控制器名称 AuthorController，继续单击"添加"按钮。此时，项目会进行基架搭建并自动编译，编译成功后会创建 AuthorController.cs，内容如下所示。

```
[Route("api/[controller]")]
[ApiController]
public class AuthorController : ControllerBase
{
}
```

在上述代码中，AuthorController 类继承自 ControllerBase 类，并且标有[Route]特性和[ApiController]特性。其中，[Route]特性设置了默认的路由值 api/[controller]。在 3.4.2 节曾提到过，由于 Web API 作为向外公开的接口，其路由名称应固定，为了防止由于类名重构后引起 API 路由发生改变，可以将这里的默认路由值改为固定值。

```
[Route("api/authors")]
```

[ApiController]特性是 ASP.NET Core 2.1 中新添加的特性，该特性继承自 ControllerAttribute 类，并且包括了一些在开发 Web API 应用程序时极为方便的功能，如自动模型验证以及 Action 参数来源推断。因此，在 ASP.NET Core 2.1 之前的 Controller 中，对于模型状态判断的代码（下面代码中注释的部分），就可以移除了。

```
[HttpPost]
public IActionResult CreateBook(Book book)
{
    // if (ModelState.IsValid)
    // {
    //     return BadRequest(ModelState);
    // }
    …
}
```

为了实现对数据的操作，如获取、创建和更新等，接下来就需要在 AuthorController 中添加相应的 Action，并将[HttpGet]、[HttpPost]和[HttpPut]等特性应用到这些 Action 上。然而，为了在 Action 中操作数据，首先应该从依赖注入容器中获取之前定义的仓储接口。在 Controller 中，构造函数注入是比较常见的注入方式，代码如下所示。

```
public AuthorController(IAuthorRepository authorRepository)
{
    AuthorRepository = authorRepository;
}

public IAuthorRepository AuthorRepository { get; }
```

得到 IAuthorRepository 接口后，在接下来要添加的 Action 中就可以使用它来操作数据了。

4.4 获取资源

4.4.1 获取集合

获取集合是最简单的接口。在 AuthorController 类中，添加一个 Action，用于获取所有作者的信息，代码如下所示。

```
[HttpGet]
public ActionResult<List<AuthorDto>> GetAuthors()
{
    return AuthorRepository.GetAuthors().ToList();
}
```

[HttpGet]特性指明这个 Action 仅支持 GET 方法，同时还可以设置路由，由于在 AuthorController 中已经设置了 Controller 级别的路由，因此当获取列表时，并不需要再提供额外的参数。在 GetAuthors 方法中仅包含一句代码，即返回获取到的列表，此外，它也会返回 200 OK 状态码。

在 Postman 中调用该接口，使用 GET 方法，请求 URL 为 https://localhost:5001/api/authors，单击"Send"按钮后，其结果如图 4-7 所示。

图 4-7 获取集合

结果显示，服务端返回 200 OK 状态码，并且在响应消息的正文中，返回了 JSON 格式的集合列表。

4.4.2 获取单个资源

要获取单个资源，就需要在 URL 中指定资源的唯一标识符。由于 REST 约束中规定每一个资源应由一个 URL 来代表，因此对于单个的 URL 应使用 api/authors/{authorId}来访问。

在 AuthorController 中添加一个新的 Action，代码如下所示。

```
[HttpGet("{authorId}")]
```

```
public ActionResult<AuthorDto> GetAuthor(Guid authorId)
{
    var author = AuthorRepository.GetAuthor(authorId);

    if (author == null)
    {
        return NotFound();
    }
    else
    {
        return author;
    }
}
```

在上述方法中，[HttpGet]特性中设置了路由模板值 authorId，用于为当前 Action 提供参数。在 Action 的内部，调用 IAuthorRepository 接口的 GetAuthor 方法获取指定 authorId 的对象，如果结果为空，则返回 404 NotFound 状态码；反之，则返回相应的对象。

在 Postman 中，以 GET 方法请求如下 URL：https://localhost:5001/api/authors/72d5b5f5-3008-49b7-b0d6-cc337f1a3330。其返回结果如图 4-8 所示。

图 4-8　获取单个资源

可以看出，服务器返回了 200 OK 状态码以及指定的资源。但如果要请求的资源不存在，则返回 404 Not Found 状态码，图 4-9 显示了获取一个不存在的资源时返回的结果。

图 4-9　获取不存在的资源返回的结果

由于[ApiController]特性会自动对模型进行验证，当验证失败后，它会向客户端返回 400 Bad Request 状态码。因此在上述例子中，如果客户端在请求时，URL 中指定的 authorId 值不能正确地转换为 GetAuthor 方法中对应参数的类型（此处是 GUID），则模型验证失败，图 4-10 显示了当请求 URL 为 api/authors/abc 时返回的结果。

图 4-10　模型验证失败时自动返回 400 Bad Request 状态码

4.4.3　获取父/子形式的资源

在前面的例子中，获取的是父级资源，接下来获取子级资源，即获取属于某个作者的所有图书信息以及其中某一本书的信息；对于具有层次关系的资源，可以为其定义形如 api/authors/{authorId}/books 这样的资源标识符。

在项目的 Controller 文件夹中添加一个新的 Controller，名为 BookController，并修改其 [Route] 特性中的路由模板值为：

```
[Route("api/authors/{authorId}/books")]
```

接着，为它添加一个构造函数，并将相应的仓储接口注入进来。

```
public BookController(IBookRepository bookRepository, IAuthorRepository authorRepository)
{
    AuthorRepository = authorRepository;
    BookRepository = bookRepository;
}

public IAuthorRepository AuthorRepository { get; }
public IBookRepository BookRepository { get; }
```

之所以要注入 IAuthorRepository，是因为要使它其中的方法来判断指定 authorId 的资源是否存在。

创建一个 Action，用于获取某个作者名下所有的书。

```
[HttpGet]
public ActionResult<List<BookDto>> GetBooks(Guid authorId)
{
    if (!AuthorRepository.IsAuthorExists(authorId))
    {
        return NotFound();
    }
```

```
    return BookRepository.GetBooksForAuthor(authorId).ToList();
}
```

在上述代码中，首先判断指定 authorId 的对象是否存在，然后根据不同的情况返回不同的结果。在 Postman 中进行测试，以 GET 方法请求以下 URL：https://localhost:5001/ api/authors/72d5b5f5-3008-49b7-b0d6-cc337f1a3330/books。其结果如图 4-11 所示。

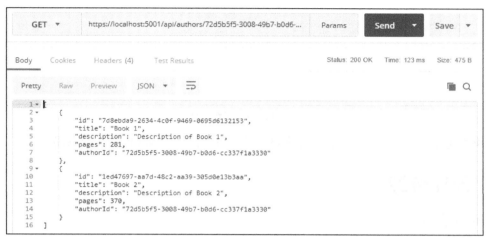

图 4-11　获取子级资源集合

要获取某一个具体的子级资源，即一本书的具体信息，与获取单个父级资源很相似，即在获取集合的接口上再增加具体的资源 ID，添加如下 Action。

```
[HttpGet("{bookId}")]
public ActionResult<BookDto> GetBook(Guid authorId, Guid bookId)
{
    if (!AuthorRepository.IsAuthorExists(authorId))
    {
        return NotFound();
    }

    var targetBook = BookRepository.GetBookForAuthor(authorId, bookId);
    if (targetBook == null)
    {
        return NotFound();
    }

    return targetBook;
}
```

在上述代码中，同样首先检查父级对象是否存在；然后检查指定 bookId 的资源是否存在，并返回相应的结果。在 Postman 中，以 GET 方式请求以下 URL：https://localhost:5001/

api/authors/72d5b5f5-3008-49b7-b0d6-cc337f1a3330/books/ 7d8ebda9-2634- 4c0f-9469- 0695d6132153。其返回结果如图 4-12 所示。

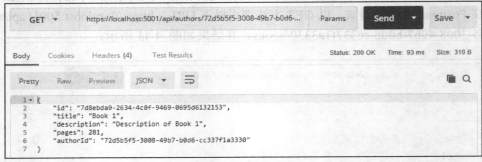

图 4-12　获取子级资源

如果指定了不存在的作者 Id 或图书 Id，那么将返回 404 Not Found 状态码。

4.5　创建资源

4.5.1　创建资源简介

若要创建资源，需要使用 POST 方法。POST 方法可以从 HTTP 请求消息中的正文获取请求方所提交的数据，然后通过模型绑定传递给 Action 中的参数，而 Action 则负责调用仓储接口来完成资源的创建。这里需要注意的是，当客户端发起 POST 请求时，在其请求消息的正文中包含待创建的资源，然而资源在创建之前，其 Id 属性还没有值，这个 Id 值会在服务端生成。因此在创建资源时，不建议使用与获取数据时相同的 DTO，而要单独创建一个新的 DTO 类。对于 AuthorDto，应在 Models 文件夹中创建一个新的 DTO 类，名为 AuthorForCreationDto，这个类包括除 AuthorDto 类中 Id 之后的其他所有属性，如下所示。

```
public class AuthorForCreationDto
{
    public string Name { get; set; }
    public int Age { get; set; }
    public string Email { get; set; }
}
```

通常情况下，当设计数据表时，会对表中的某些字段设置一些限制，如某一字段必须有值，且值的最大长度为 80 等。同样，为了确保请求方所提交资源的属性值符合应用程序的要求，在 AuthorForCreationDto 类中，也应该增加类似的限制，这要使用 System.ComponentModel.DataAnnotations 命名空间下的一些数据注解特性，如 RequiredAttribute 和 MaxLengthAttribute 等对 DTO 类中相应的属性做限制。以下是重构后的 AuthorForCreationDto 类：

```
using System.ComponentModel.DataAnnotations;
```

```
namespace Library.API.Models
{
    public class AuthorForCreationDto
    {
        [Required(ErrorMessage = "必须提供姓名")]
        [MaxLength(20, ErrorMessage = "姓名的最大长度为20个字符")]
        public string Name { get; set; }

        public int Age { get; set; }

        [EmailAddress(ErrorMessage = "邮箱格式不正确")]
        public string Email { get; set; }
    }
}
```

AuthorForCreationDto 创建完成后，同时也要在 IAuthorRepository 接口中添加用于添加资源的方法。

```
void AddAuthor(AuthorDto author);
```

并在 AuthorRepository 类中实现：

```
public void AddAuthor(AuthorDto author)
{
    author.Id = Guid.NewGuid();
    LibraryMockData.Current.Authors.Add(author);
}
```

至此，就可以在 AuthorController 中添加用于创建 Author 的 Action，如下所示。

```
[HttpPost]
public IActionResult CreateAuthor(AuthorForCreationDto authorForCreationDto)
{
}
```

要创建 AutherDto，首先要将 AuthorForCreationDto 转换为 AuthorDto，并调用 IAuthorRepository 接口的 AddAuthor 方法添加。

当添加成功后需要调用 ControllerBase 类的 CreatedAtRoute 方法返回 201 Created 状态码，并在响应消息头中包含 Location 项，它的值是新创建资源的 URL。CreatedAtRoute 方法有 3 个重载，我们使用以下这个。

```
public virtual CreatedAtRouteResult CreatedAtRoute(string routeName, object routeValues,
    object value);
```

它包括 3 个参数，第一个参数是要调用 Action 的路由名称，第二个参数是包含要调用 Action 所需要参数的匿名对象，最后一个参数是代表添加成功后的资源本身。完整的

CreateAuthor 方法如下所示。

```
[HttpPost]
public IActionResult CreateAuthor(AuthorForCreationDto authorForCreationDto)
{
    var authorDto = new AuthorDto
    {
        Name = authorForCreationDto.Name,
        Age = authorForCreationDto.Age,
        Email = authorForCreationDto.Email
    };

    AuthorRepository.AddAuthor(authorDto);
    return CreatedAtRoute(nameof(GetAuthor), new { authorId = authorDto.Id }, authorDto);
}
```

由于 CreatedAtRoute 方法要生成指向 GetAuthor 方法的 URL，因此还需要为这个 Action 定义一个路由名称，如下所示。

```
[HttpGet("{authorId}", Name = nameof(GetAuthor))]
public IActionResult GetAuthor(Guid authorId)
{
    …
}
```

在 Postman 中测试，使用 POST 方法请求 https://localhost:5001/api/authors，并单击请求区域的 Body 选项卡，为请求消息添加正文，如图 4-13 所示。

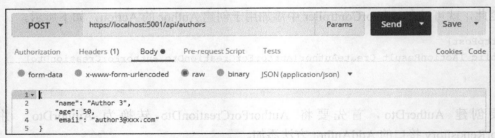

图 4-13　创建资源时的 POST 请求

在图 4-13 中，消息选择格式为"raw"，并选择"JSON(application/json)"选项，这样会为请求消息设置 Content-Type 消息头为 application/json。在下方的正文区域输入要创建资源的 JSON 格式，对于请求的正文，要确保数据能够正确地解析为 AuthorForCreationDto，否则请求后将会返回 400 Bad Request 状态码。单击"Send"按钮发送请求，服务器返回图 4-14 所示的响应。

图 4-14　POST 请求后得到的响应

结果显示，服务器返回 201 Created 响应码，并且在响应消息正文中包含了新创建的资源。此外，单击响应消息区域的"Header"选项卡，可以看到响应 Header 中包括 Location 项，如图 4-15 所示。

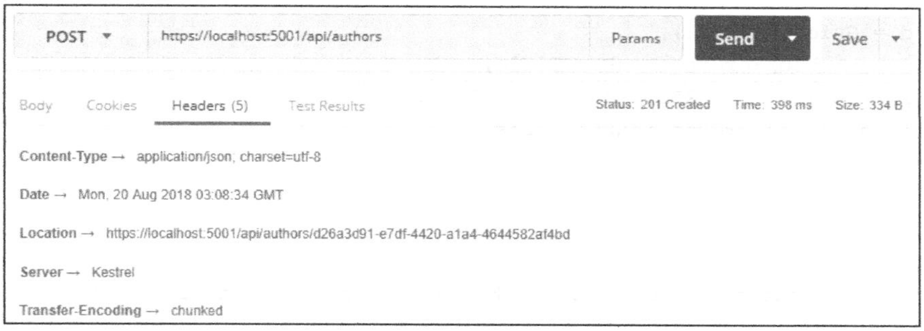

图 4-15　POST 请求得到响应的消息头

以 GET 方法请求此 URL，则可获得刚创建的资源。

4.5.2　创建子级资源

与创建父级资源一样，创建子级资源同样也要新建一个单独的 DTO 类，用于描述要创建的资源。添加一个类，名为 **BookForCreationDto**，其内容如下所示。

```
public class BookForCreationDto
{
    public string Title { get; set; }
    public string Description { get; set; }
    public int Pages { get; set; }
}
```

在 IBookRepository 接口中添加以下成员，用于创建 Book 资源。

```
void AddBook(BookDto book);
```

在 BookMockRepository 接口中添加其相应的实现方法。

```csharp
public void AddBook(BookDto book)
{
    LibraryMockData.Current.Books.Add(book);
}
```

接着,在 BookController 中添加一个 Action,如下所示。

```csharp
[HttpPost]
public IActionResult AddBook(Guid authorId, BookForCreationDto bookForCreationDto)
{
    if (!AuthorRepository.IsAuthorExists(authorId))
    {
        return NotFound();
    }

    var newBook = new BookDto
    {
        Id = Guid.NewGuid(),
        Title = bookForCreationDto.Title,
        Description = bookForCreationDto.Description,
        Pages = bookForCreationDto.Pages,
        AuthorId = authorId,
    };

    BookRepository.AddBook(newBook);
    return CreatedAtRoute(nameof(GetBook), new {authorId=authorId, bookId = newBook.Id }, newBook);
}
```

AddBook 方法支持两个参数,第一个参数 authorId 的值从为 BookController 定义的路由中获取,而第二个参数 bookForCreationDto 的值则从请求消息的正文中解析得到。

在创建子级资源时,首先要判断父级资源是否存在,如果存在,则进行类型转换,将 BookForCreationDto 转换为 BookDto,并调用仓储接口的方法创建。最后,使用 CreatedAtRoute 方法返回 201 Created 响应码,其参数分别是获取新创建资源的路由名称、路由参数值和新创建资源本身。最后,同样需要为 GetBook 方法指定路由名称:

```csharp
[HttpGet("{bookId}", Name = nameof(GetBook))]
public ActionResult<BookDto> GetBook(Guid authorId, Guid bookId)
{
    …
}
```

在 Postman 中以 POST 方法请求 https://localhost:5001/api/authors/72d5b5f5-3008-49b7-b0d6-cc337f1a3330/books,如图 4-16 所示。

单击"Send"按钮后,收到图 4-17 所示的响应。

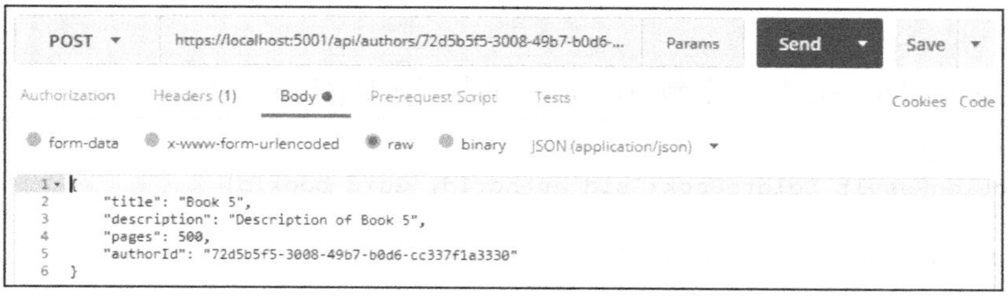

4.6 删除资源

图 4-16 通过 POST 请求创建子级资源

图 4-17 创建子级资源请求得到的响应

同样，在响应消息的消息头中，包括 Location 项，其值为新创建资源的 URL，如图 4-18 所示。

图 4-18 创建子级资源请求得到的响应消息头

4.6 删除资源

4.6.1 删除单个资源

删除资源使用 DELETE 方法，以 DELETE 方法向单个资源发起请求，意味着要删除该资源。

若要在项目中删除资源，首先在仓储中添加相应的接口，打开 IBookRepository.cs，添加 DeleteBook 方法。

```
void DeleteBook(BookDto book);
```

在 BookMockRepository.cs 中添加其相应的实现方法。

```
public void DeleteBook(BookDto book)
{
    LibraryMockData.Current.Books.Remove(book);
```

}

在 BookController 中添加一个新 Action，并为其添加[HttpDelete]特性。

```
[HttpDelete("{bookID}")]
public IActionResult DeleteBook(Guid authorId, Guid bookId)
{
    if (!AuthorRepository.IsAuthorExists(authorId))
    {
        return NotFound();
    }

    var book = BookRepository.GetBookForAuthor(authorId, bookId);
    if (book == null)
    {
        return NotFound();
    }

    BookRepository.DeleteBook(book);
    return NoContent();
}
```

在上述代码中，首先检查指定的作者是否存在，并继续检查指定的图书是否存在，当任何一项不存在时都会返回 404 Not Found 状态码；反之，则进行删除操作，并返回 204 No Content 状态码。

在 Postman 中，以 DELETE 方法请求如下 URL：https://localhost:5001/api/authors/72d5b5f5-3008-49b7-b0d6-cc337f1a3330/books/7d8ebda9-2634-4c0f-9469-0695d6132153。其响应结果如图 4-19 所示。

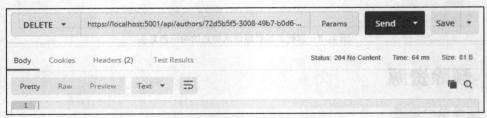

图 4-19　删除资源请求得到的响应

再次请求同样的 URL，会返回 404 Not Found 状态码，这说明资源已经被删除。

4.6.2　删除父与子

当删除一个父级资源时，其所有相关的子级资源也应一同删除。因此在删除作者时，与它相关的图书资源也都要一同删除。

为 IAuthorRepository 接口添加新成员。

```
void DeleteAuthor(AuthorDto author);
```

为 AuthorMockRepository 类添加其相应的实现方法。

```
public void DeleteAuthor(AuthorDto author)
{
    LibraryMockData.Current.Books.RemoveAll(book => book.AuthorId == author.Id);
    LibraryMockData.Current.Authors.Remove(author);
}
```

在 AuthorController 中添加用于删除作者的 Action。

```
[HttpDelete("{authorId}")]
public IActionResult DeleteAuthor(Guid authorId)
{
    var author = AuthorRepository.GetAuthor(authorId);
    if (author == null)
    {
        return NotFound();
    }

    AuthorRepository.DeleteAuthor(author);
    return NoContent();
}
```

在 Postman 中以 DELETE 方式请求 URL：https://localhost:5001/api/authors/72d5b5f5-3008-49b7-b0d6-cc337f1a3330。服务端返回 204 No Content 状态码，如图 4-20 所示。

图 4-20　删除父级资源请求后得到的响应

再以 GET 方式请求同样的 URL，则会得到 404 Not Found 状态码。

4.7　更新资源

4.7.1　更新资源简介

从 HTTP 方法的角度来看，更新资源有两种情况，一种是整体更新资源，即对资源的每个属性都更新，这由 PUT 方法完成；另一种是部分更新资源，即仅更新资源的一个或几个属性的值，这由 PATCH 方法完成。本节首先使用 PUT 方法来实现整体更新资源，4.7.2 节将使用 PATCH 方法实现对资源的部分更新。

第 4 章 资源操作

实现更新的步骤与创建资源很相似，首先需要为仓储接口及其实现增加更新资源的方法；然后创建一个用于更新资源的 DTO 类；最后在 Controller 中增加一个 Action，并为这个 Action 添加[HttpPut]特性。

为 IBookRepository 接口添加新成员。

```
void UpdateBook(Guid authorId, Guid bookId, BookForUpdateDto book);
```

在 BookMockRepository 类中增加实现的方法。

```
public void UpdateBook(Guid authorId, Guid bookId, BookForUpdateDto book)
{
    var originalBook = GetBookForAuthor(authorId, bookId);

    originalBook.Title = book.Title;
    originalBook.Pages = book.Pages;
    originalBook.Description = book.Description;
}
```

接着，在 Models 文件夹中创建一个类 BookForUpdateDto，内容如下所示。

```
public class BookForUpdateDto
{
    public string Title { get; set; }
    public string Description { get; set; }
    public int Pages { get; set; }
}
```

这个类会作为 Action 的参数，也就是说，请求消息的正文会解析为该类型。它与 BookDto 类相比，没有 Id 和 AuthorId 属性，这是因为这两个属性值在 URL 中会指定，所以在这里不再需要。另外，尽管 BookForUpdateDto 类和 BookForCreationDto 类的内容完全一样，建议为创建和更新分别创建不同的 DTO，使它们分别用于不同的目的。

在 BookController 类中添加一个 Action，内容如下所示。

```
[HttpPut("{bookId}")]
public IActionResult UpdateBook(Guid authorId, Guid bookId, BookForUpdateDto updatedBook)
{
    if (!AuthorRepository.IsAuthorExists(authorId))
    {
        return NotFound();
    }

    var book = BookRepository.GetBookForAuthor(authorId, bookId);
    if (book == null)
    {
        return NotFound();
    }
```

4.7 更新资源

```
        BookRepository.UpdateBook(authorId, bookId, updatedBook);
        return NoContent();
}
```

UpdateBook 方法包括 3 个参数，其中前两个参数已在路由模板中指定，它们的值从 URL 中获取，而第 3 个参数则应在请求消息的正文中向其提供。在 UpdateBook 方法中，同样是先检查指定的作者资源以及要更新的图书资源是否存在。通过检查后，则调用更新方法进行资源更新，最后返回 204 No Content 状态码。注意，这里除了可以返回 204 No Content 以外，也可以返回 200 OK，并将更新后的资源作为响应正文返回，究竟要返回哪一个状态码可根据实际需求决定。

在 Postman 中以 PUT 方式请求 URL：https://localhost:5001/api/authors/72d5b5f5-3008-49b7-b0d6-cc337f1a3330/books/7d8ebda9-2634-4c0f-9469-0695d6132153。在请求区域的"Body"选项卡中添加如下内容。

```
{
    "title": "Book 1 - Updated",
    "description": "Description of Book 1 - Updated",
    "pages": 600
}
```

上面的 JSON 数据表示更新后资源的表现形式。最终，PUT 请求如图 4-21 所示。

图 4-21　更新资源时的 PUT 请求

单击"Send"按钮，服务器返回 204 No Content 状态码，如图 4-22 所示。

图 4-22　更新资源请求后得到的响应

再次以 GET 方式获取同一个 URL，图 4-23 显示了成功更新后的资源。

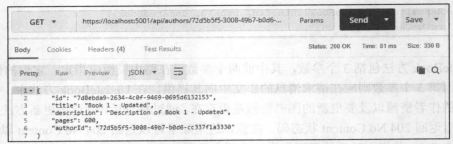

图 4-23　获取更新后的资源得到的响应

由于 PUT 方法是整体更新资源，因此当发起请求时，请求消息的正文中应包括要更新资源的所有属性以及它们相应的值（除了可以通过路由获取到的值）。如果只提供了一部分，则对于未提供的属性，它们的值将被更新为相应类型的默认值。例如，在更新一个图书资源时，仅提供了 Title 属性，如图 4-24 所示。

图 4-24　更新资源时仅提供部分属性

那么当再次获取该资源时，其结果如图 4-25 所示。

图 4-25　获取更新后的资源

可以看出，除 Title 属性以外的其他属性的值都被更新为默认值，即字符串属性的值为 null，整型类型的属性值为 0。

4.7.2　部分更新

部分更新使用 PATCH 方法完成，它能够由客户端选择要更新资源的属性，因此 PATCH 的请求正文与 PUT 不一样。PATCH 方法的请求正文使用的是 JSON Patch 文档格式。JSON Patch 是描述 JSON 文档内容变化的一种特殊的 JSON 格式文档。它与 HTTP PATCH 方法结合使用,能够实现对资源的部分更新。关于 JSON Patch 格式的更多信息,可参考 http://jsonpatch.com/。以下是一个 JSON Patch 文档的示例。

```
[
    { "op": "add", "path": "/publisher", "value": "Apress" },
    { "op": "replace", "path": "/title", "value": "New Title" },
    { "op": "move", "from": "/title", "path": "/description" },
    { "op": "copy", "from": "/title", "path": "/description" },
    { "op": "remove", "path": "/description" },
    { "op": "test", "path": "/title", "value": "Book 1" }
]
```

文档由一个数组构成,数组中的每个元素代表一个更改项,每一项包括 3 项。
- op:操作类型。
- path:对象的属性名。
- value:对象的值。

op 的值包括以下 6 种。
- add:向对象添加一个属性,或向数组添加一个元素。
- remove:从对象中移除一个属性,或从数据中移除一个元素。
- replace:为一个属性替换为新值。
- copy:将一个属性的值复制到另一个属性上。
- move:将一个属性的值"移动"到另一个属性上,原属性的值将被清空。
- test:测试属性的值是否与指定的值相等。

因此,以下内容将会更新图书资源的 Title 属性,并清空 Description 属性。

```
[
    {
        "op":"replace",
        "path":"/title",
        "value":"Book 1 - Updated"
    },
    {
        "op":"remove",
        "path":"/description"
    }
]
```

在 BookController 中添加一个新的 Action,其名称为 PartiallyUpdateBook,并为其添加 [HttpPatch]特性。

```
[HttpPatch("{bookId}")]
public IActionResult PartiallyUpdateBook(Guid authorId, Guid bookId, JsonPatchDocument
<BookForUpdateDto> patchDocument)
{
```

```csharp
    if (!AuthorRepository.IsAuthorExists(authorId))
    {
        return NotFound();
    }

    var book = BookRepository.GetBookForAuthor(authorId, bookId);
    if (book == null)
    {
        return NotFound();
    }

    var bookToPatch = new BookForUpdateDto
    {
        Title = book.Title,
        Description = book.Description,
        Pages = book.Pages
    };

    patchDocument.ApplyTo(bookToPatch, ModelState);
    if (!ModelState.IsValid)
    {
        return BadRequest(ModelState);
    }

    BookRepository.UpdateBook(authorId, bookId, bookToPatch);
    return NoContent();
}
```

PartiallyUpdateBook 方法和 UpdatedBook 方法一样，同样包括 3 个参数，前两个参数是从 URL 中获取，而第三个参数类型为 JsonPatchDocument<BookForUpdateDto>，它的值将会从请求消息的正文中获取，它表示一个 JSON Patch 文档对象。在部分更新时，仍然使用的对象是 BookForUpdateDto，不同的是，请求正文会由 JSON 信息转换为 JsonPatchDocument<BookForUpdateDto>对象。

在检查资源是否存在后，创建一个新的 BookForUpdateDto 对象，它的值与目前内存数据中的对象值一致。接着使用 JsonPatchDocument<BookForUpdateDto>对象的 ApplyTo 方法，将相应的修改操作应用到新建的对象上，并将可能出现的错误记录到 ModelStateDictionary 中。如果存在错误，则返回 400 Bad Request 状态码；反之，再直接更新，并返回 204 No Content 状态码。

在 Postman 中以 PATCH 方法请求 URL：https://localhost:5001/api/authors/72d5b5f5-3008-49b7-b0d6-cc337f1a3330/books/7d8ebda9-2634-4c0f-9469-0695d6132153。效果如图 4-26 所示。

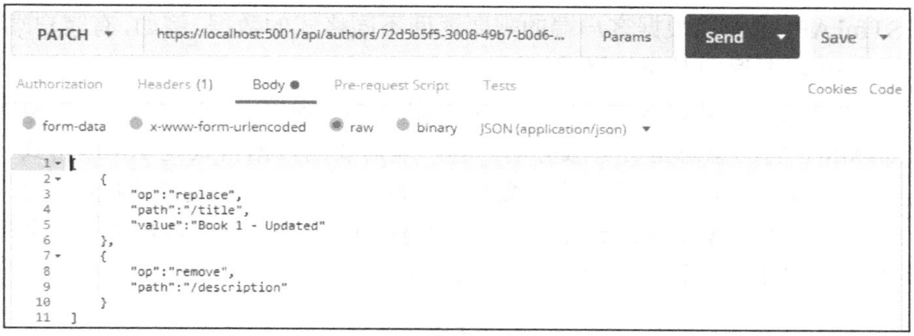

4.8 内容协商

图 4-26　部分更新资源

单击"Send"按钮后，服务器返回 204 No Content 状态码，如图 4-27 所示。

图 4-27　部分更新请求后得到的响应

再次以 GET 方法请求同样的 URL，结果如图 4-28 所示。

图 4-28　获取部分更新后的资源

可以看到，该图书资源的 Title 属性被更新，Description 属性被清空，但 Pages 属性的值仍保持原来的值。

4.8 内容协商

4.8.1 内容协商简介

到目前为止，前面所有已创建的接口返回的响应消息的正文都是 ASP.NET Core 默认的格式，即 JSON 格式。在第 1 章中我们曾指出，并不是返回 JSON 数据的 API 就可以称为 RESTful

API，即 RESTful API 也应该根据客户端的需要返回不同格式的数据。例如，有客户端需要 XML 格式的数据，API 就要返回对应的格式。

客户端指明格式是在其请求消息的消息头中添加 Accept 项，它的值是一个 MIME 类型，如 application/xml。它的意思是告诉服务端，客户端需要的数据格式是 XML 格式。服务端在收到这个请求后，如果支持返回此格式的数据，则直接返回指定格式的数据；反之，如果不支持，那么应返回 406 Not Acceptable 状态码，该状态码的意思是告诉客户端，服务端无法提供此种格式的响应。以上过程称为内容协商，如图 4-29 所示。

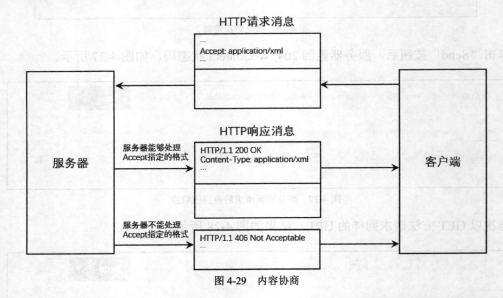

图 4-29　内容协商

另外，一个值得注意的 HTTP 消息头是 Content-Type，它的值也是 MIME 类型。不同于 Accept，Content-Type 既可以在请求消息中，也可以在响应消息中，用于指明当前消息正文的格式，如图 4-30 所示。

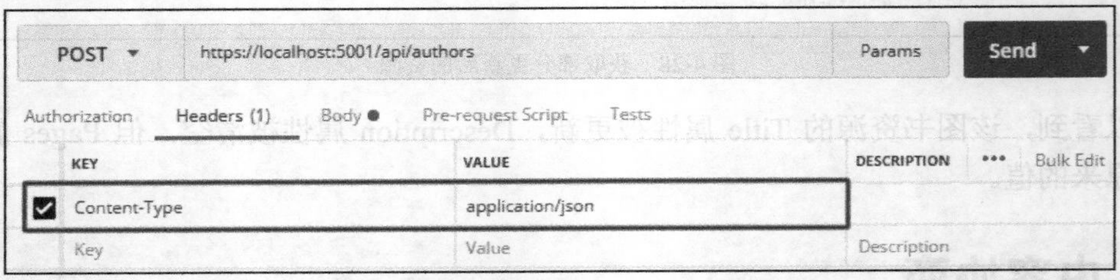

图 4-30　请求头中的 Content-Type 项

如果客户端在请求 API 时并没有指明 Accept 项，那么服务端将返回它所支持的默认格式，前面已经创建的接口就是这种情况。

4.8.2 实现内容协商

在实现内容协商之前，我们先来看一下接口目前的情况。为了得到 XML 格式的数据，在 Postman 中发送请求时，应在请求消息头中添加 Accept 项。在 Postman 的请求区域中选择 "Headers" 选项卡，然后添加一条请求头记录，如图 4-31 所示。

图 4-31　在请求头中添加 Accept 项

当请求 api/authors 后，返回的结果如图 4-32 所示。

图 4-32　不正确的返回结果

可以看到，接口仍然返回了 JSON 格式的数据，并没有返回预期的 406 Not Acceptable 状态码。这是因为在 ASP.NET Core MVC 中，对于不支持的 Accept 类型返回 406 Not Acceptable 这一配置项，默认值为 false，因此它会返回默认的格式。要增加这一限制，只要在 Startup 类的 ConfigureService 方法中添加 MVC 服务时的配置即可，代码如下所示。

```
public void ConfigureServices(IServiceCollection services)
{
    services.AddMvc(config =>
    {
        config.ReturnHttpNotAcceptable = true;
    }).SetCompatibilityVersion(CompatibilityVersion.Version_2_2);
    …
}
```

其中，MvcOptions 类（config 变量的类型）的 ReturnHttpNotAcceptable 属性指明，当没有可以处理 Accept 指定类型的 Formatter 时是否要返回 HTTP 406 Not Acceptable 状态码，它的默认值是 false；当把它设置为 true 时，再次请求同样的 API，服务器返回正确的状态码，如图 4-33 所示。

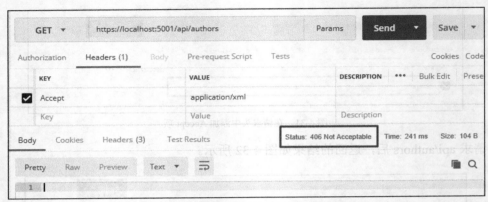

图 4-33　HTTP 406 Not Acceptable 状态码

Formatter 是 ASP.NET Core 中用于处理数据输出或输入格式的组件，因此它分为两类：输出 Formatter 和输入 Formatter。前者是将数据以指定格式输出，主要是为了满足 HTTP 请求消息头的 Accept 项；而后者则是用于以指定格式从请求的正文中读取数据，主要是为了匹配 HTTP 请求消息头的 Content-Type 项。在前面的接口中，之所以能够默认输出 JSON 格式数据，是因为在默认情况下 MVC 应用程序的输出 Formatter 中已经添加了 JsonOutPutFormatter（位于 Microsoft.AspNetCore.Mvc.Formatters 命名空间下）；同样，要使服务器能够返回 XML 格式的数据，只要将能够输出 XML 格式数据的 Formatter 添加到输出 Formatter 集合中即可，而这一操作也是在添加 MVC 服务时设置的，代码如下所示。

```
using Microsoft.AspNetCore.Mvc.Formatters;
public void ConfigureServices(IServiceCollection services)
{
    services.AddMvc(config=>
    {
        config.ReturnHttpNotAcceptable = true;
        config.OutputFormatters.Add(new XmlSerializerOutputFormatter());
    }).SetCompatibilityVersion(CompatibilityVersion.Version_2_2);
    …
}
```

MvcOptions 类包括若干属性，其中 OutputFormatters 和 InputFormatters 分别是输出 Formatter 和输入 Formatter 的集合。在上述代码中，在输出 Formatter 集合中添加了

XmlSerializerOutputFormatter，这样服务器就能够正确地输出 XML 格式的数据了。此时，再次调用同样的 API，其结果如图 4-34 所示。

图 4-34　响应消息正文为 XML 格式的数据

如果将请求头中 Accept 的值改为 application/json，再次请求，仍然能够正确地得到 JSON 格式的数据，也就是说，服务器支持 JSON 与 XML 两种格式的输出。

在 ConfigureServices 方法中，services.AddMvc()方法会返回 IMvcBuilder 接口，使用 IMvcBuilder 接口的扩展方法 AddXmlSerializerFormatters()可以将 XmlSerializerOutputFormatter 与 XmlSerializerInputFormatter 都添加进来，这样应用程序将支持 XML 格式数据的输入与输出，它们分别会添加到 OutputFormatters 与 InputFormatters 集合中，代码如下所示。

```
services.AddMvc(config =>
{
    config.ReturnHttpNotAcceptable = true;
}).SetCompatibilityVersion(CompatibilityVersion.Version_2_2)
.AddXmlSerializerFormatters();
```

除了常见的 XML 与 JSON 格式，如果请求头中的 Accept 是特殊格式，如 CSV（text/csv）或 vCard（text/vcard）格式等，若要使服务器能返回相应格式的数据，就需要创建自定义格式的 Formatter。自定义 Formater 应继承自 TextOutputFormatter 类或 TextInputFormatter 类，前者用于创建自定义输出 Formatter，后者则用于创建自定义输入 Formatter。如何创建自定义 Formatter 并不属于本书的范畴，读者如有兴趣，可到 ASP.NET Core 官方文档中查看具体示例。

4.9 本章小结

使用 ASP.NET Core 能够轻松地实现 RESTful API 应用，本章展示了从创建项目到为项目准备数据，从创建资源模型到为资源实现各种操作的过程。此外，我们还处理了在实际开发过程中经常会遇到的问题，比如如何处理父子形式资源的操作。本章在最后介绍了内容协商，客户端在请求时，通过 Accept 消息头指定期望的资源表述格式能够实现与服务器的"协商"。

第 5 章将会介绍 EF Core，并通过它来实现对数据的读取与存储。

第 5 章 使用 Entity Framework Core

本章内容

EF Core，全称 Entity Framework Core，是微软推出的一个基于.NET Core 的轻量级 ORM 框架。ORM 能够处理数据库与高级编程语言中对象之间的映射关系，从而无须开发人员直接书写 SQL 语句，使用 ORM 能够明显地提高应用程序的开发效率。本章首先介绍 EF Core 是什么以及如何将其添加到项目中，接着会介绍在项目中如何使用 EF Core，例如创建 DbContext 类、创建并应用 EF Core 迁移等。在掌握了 EF Core 的基本用法后，我们将会对项目中的 Controller 进行重构，用 EF Core 替换原来的内存数据存储方式，这会使项目更具有实际意义。

5.1 Entity Framework Core

5.1.1 Entity Framework Core 简介

Entity Framework Core（简称 EF Core）是微软推出的一个 ORM 框架。对象关系映射（Object Relational Mapping，ORM）是一种为了解决高级编程语言中的对象和关系型数据库之间映射关系的技术，它能够将程序中的对象自动持久化到关系型数据库中，并能够将数据库中的数据信息自动映射到编程语言中的对象。而 EF Core 则是基于.NET Core 平台，使.NET Core 应用程序中的对象能够与关系型数据库中的数据进行映射的框架，它具有跨平台和可扩展等特点。

关系型数据库是建立在关系模型基础上的数据库，它的特点是数据存储在由行和列组成的二维表格中。EF Core 在进行关系映射时，对.NET 中的对象与关系型数据库中的构成元素有着一一对应的关系，如表 5-1 所示。

表 5-1 .NET 对象与关系型数据库的对应关系

.NET 对象	关系型数据库
类	表
类的属性或字段	表中的列
.NET 集合中的元素	表中的行
对其他类的引用	外键

EF Core 根据上述关系在.NET 对象与数据库数据之间进行映射。例如，要将一个.NET 对象存到数据库中，EF Core 会将它的各个属性、字段进行解析，并生成数据库可以处理的 SQL 语句，最终通过执行 SQL 语句将对象添加到数据库中。

EF Core 能够处理.NET 对象与多种不同类型的关系型数据库之间的映射，如 SQL Server 和 MySQL 等。在处理与这些数据库之间的映射时，EF Core 依赖于数据库提供的程序（Database Provider），它负责.NET 对象与数据库之间的通信，以及生成符合不同数据库标准的 SQL 语句。每一种数据库提供程序都以 NuGet 包的形式存在，常见的数据库提供程序如表 5-2 所示。

表 5-2　　　　　　　　　　　常见的数据库提供程序

NuGet 包名称	支持的数据库引擎
Microsoft.EntityFrameworkCore.SqlServer	SQL Server 2008 及以上版本
Microsoft.EntityFrameworkCore.Sqlite	SQLite 3.7 及以上版本
Microsoft.EntityFrameworkCore.InMemory	EF Core 内存数据库（仅用于测试）
Npgsql.EntityFrameworkCore.PostgreSQL	PostgreSQL 数据库
MySql.Data.EntityFrameworkCore	MySQL 数据库
Pomelo.EntityFrameworkCore.MySql	MySQL，MariaDB

EF Core 的另一个特点是支持 LINQ（集成语言查询），通过 LINQ，我们能够像操作.NET 集合对象中的数据一样来操作数据库中存储的数据。

在 ASP.NET Core 应用程序以及.NET Core 平台的其他类型的应用程序（如控制台应用程序）中，EF Core 在数据库与应用程序之间起着桥梁的作用，如图 5-1 所示。

图 5-1　EF Core 与 ASP.NET Core 应用程序和数据库的关系

5.1.2　在项目中添加 EF Core

若要安装 EF Core，需要先指定数据库提供程序（Database Providers）。由于我们在项目中使用 SQL Server 数据库，而 SQL Server 提供程序已经包含在 Microsoft.AspnetCore.App 中，如图 5-2 所示，因此可以直接在程序中使用 EF Core。

从图 5-2 中可以看出，Microsoft.AspnetCore.App 中所包含的 EF Core 包的版本是 2.2.0，使用 Install-Package Microsoft.EntityFrameworkCore 命令能够安装当前最新版本的 EF Core。

需要注意的是，从.NET Core 3.0 起，Microsoft.AspnetCore.App 将不再包含 EF Core 包。若要在项目中添加 EF Core，需要手动将它添加进来。

5.2 使用 EF Core

图 5-2 Entity Framework Core 包

5.2 使用 EF Core

5.2.1 EF Core 的使用

EF Core 有两种使用方式：代码优先（Code-First）和数据库优先（Database-First）。所谓代码优先，是指 EF Core 能够根据先创建好的实体类来创建数据库和表；数据库优先的方式则正好相反，EF Core 能够根据先创建好的数据库以及其中的数据表来生成与之相匹配的实体类，如图 5-3 所示。

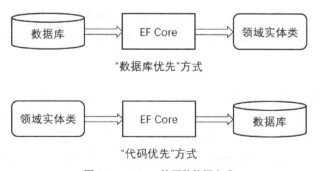

图 5-3 EF Core 的两种使用方式

当创建一个新项目时，通常建议使用"代码优先"方式，这是因为在不清楚数据表应该如何设计时，使用代码能够更为灵活地控制将要生成的数据库以及各个表的结构。另外，对于不熟悉数据库操作的开发人员来说，"代码优先"方式能够使其无需操作数据库管理平台或 SQL 语句而创建并修改数据库。此外，EF Core 框架本身也推荐使用"代码优先"方式。

然而如果在项目开始之前，数据库已经创建好，则可以使用"数据库优先"方式。此时，在"程序包管理器控制台"中使用 Scaffold-DbContext 命令即可根据指定的数据库生成相应的代码。

> **提示：**
> 关于 Scaffold-DbContext 命令的具体用法，可以使用下面的命令查看：
> get-help Scaffold-DbContext –detailed

当使用"代码优先"方式时，所有对于数据库以及数据表的操作（如创建和修改等）都应该使用代码来实现，比如要为某个数据表添加一个字段，那么应该在实体类中为其添加一个属性，而 EF Core 会将对实体类的修改"同步"到数据库中。需要注意的是，对数据库的手工修改将会在 EF Core "同步"数据库后丢失，因此对数据库所有的修改均应该通过代码来实现。EF Core 用于同步代码到数据库的方法是迁移（Migration）。所谓迁移，是 EF Core 中提供的一种以增量的方式来修改数据库和表结构，并使应用程序的实体类与数据库保持一致，且不会影响数据库中现有的数据方式。

在 ASP.NET Core 应用程序中使用 EF Core 时，需要首先在 Startup 类中添加 EF Core 相关的服务，并对其进行配置；然后在"程序包管理器控制台"中使用 Add-Migration 命令添加迁移；添加迁移后，还应该使用 Update-Database 命令使迁移中的操作应用到数据库中。当添加首次迁移后，执行 Update-Database 命令会创建数据库和其中的数据表。

EF Core 中有一个非常重要的类 DbContext，它位于 Microsoft.EntityFrameworkCore 命名空间下，代表程序与数据库之间的会话或数据上下文，使用它能够完成查询和保存数据等操作。在应用程序中使用 EF Core 时，需要创建一个 DbContext 的派生类，在这个派生类中，还应该添加一个或若干个 DbSet<Entity>类型的公共属性，这些属性则表示相应实体的集合，对它们的操作最终会反映到数据库中对应的数据表。

当数据库创建完成后，如果要修改数据库，比如添加新表、为其中的一个表添加列或修改列。首先应在实体类中进行这样的操作，如添加新的实体类、修改实体的属性名等，然后执行 Add-Migration 和 Update-Database 命令将修改应用到数据库中，使实体与数据库信息一致。

5.2.2 创建实体类

每一个实体类代表数据库中的一张数据表。对于 Library.API 项目，要创建的实体类是 Author 类和 Book 类。由于它们代表数据库中相应的表，并且它们之间存在一对多的对应关系。因而，首要先为每个表标识主键，并确保主键的值会自动生成，这就需要为两个类的 Id 属性都添加 [Key] 特性和 [DatabaseGenerated] 特性，它们分别位于 System.ComponentModel.DataAnnotations 和 System.ComponentModel.DataAnnotations.Schema 命名空间下。而我们在第 4 章中创建 DTO 时用到的[Requried]特性和[MaxLength]特性等也同样可以用来告诉数据库提供程序该字段的特性，如必须为该字段赋值以及字段值的最大长度等，并最终将这些设置应用到数据表中相应的字段上。

在"解决方案资源管理器"中为项目新建一个文件夹，名为 Entities，在其下创建 Author 类和 Book 类。

Author 类的代码如下所示。

5.2 使用 EF Core

```csharp
using System;
using System.Collections.Generic;
using System.ComponentModel.DataAnnotations;
using System.ComponentModel.DataAnnotations.Schema;

namespace Library.API.Entities
{
    public class Author
    {
        [Key, DatabaseGenerated(DatabaseGeneratedOption.Identity)]
        public Guid Id { get; set; }

        [Required]
        [MaxLength(20)]
        public string Name { get; set; }

        [Required]
        public DateTimeOffset BirthData { get; set; }

        [Required]
        [MaxLength(40)]
        public string BirthPlace { get; set; }

        [Required]
        [EmailAddress]
        public string Email { get; set; }

        public ICollection<Book> Books { get; set; } = new List<Book>();
    }
}
```

Book 类的代码如下所示。

```csharp
using System;
using System.ComponentModel.DataAnnotations;
using System.ComponentModel.DataAnnotations.Schema;

namespace Library.API.Entities
{
    public class Book
    {
        [Key]
        public Guid Id { get; set; }

        [Required]
        [MaxLength(100)]
        public string Title { get; set; }

        [MaxLength(500)]
        public string Description { get; set; }
```

```
        public int Pages { get; set; }
        [ForeignKey("AuthorId")]
        public Author Author { get; set; }
        public Guid AuthorId { get; set; }
    }
}
```

在 Author 类中，除了定义基本的属性外，还包括 Books 属性，它的类型为 ICollection<Book>；在 Book 类中，除了前 4 个基本属性外，还包括了 Author 和 AuthorId 属性。在 EF Core 中，Author 类的 Books 属性以及 Book 类的 Author 属性称为导航属性（Navigation Property）。导航属性能够为两个实体建立关系，这里是一对多的关系，即一个作者可以包含若干个图书实体。在这两个导航属性中，前者称为集合导航属性，后者称为引用导航属性。此外，Book 类的 Author 导航属性标记了[ForeignKey]特性，用于指明外键的属性名。最后，Author 类新增加了两个属性，即 BirthDate 和 BirthPlace，分别表示出生日期和出生地。

5.2.3 创建 DbContext 类

接下来创建用于表示数据库上下文的 DbContext 类，在 Entities 文件夹中继续添加一个类，名为 LibraryDbContext，并使它继承自 DbContext 类。LibraryDbContext 类表示要操作的数据库上下文。接着，在其中为它定义两个 DbSet 类型的属性，分别表示 Author 和 Book 两张数据表。

```
using Microsoft.EntityFrameworkCore;
namespace Library.API.Entities
{
    public class LibraryDbContext : DbContext
    {
        public DbSet<Author> Authors { get; set; }
        public DbSet<Book> Books { get; set; }
    }
}
```

定义好 LibraryDbContext 类后，为了在 ASP.NET Core 应用程序中使用它，还需要在 Startup 类中通过 IServiceColleciton 接口的 AddDbContext 扩展方法将它作为服务添加到依赖注入容器中。而要调用这个方法，LibraryDbContext 类必须要有一个带有 DbContextOptions<LibraryDbContext>类型参数的构造函数，该参数要传给 LibraryDbContext 的基类 DbContext 类的构造函数。因此，继续为 LibraryDbContext 类添加一个构造函数，如下所示。

```
public LibraryDbContext(DbContextOptions<LibraryDbContext> options) : base(options)
{
}
```

在 Startup 类的 ConfigureService 方法中将 LibraryDbContext 添加到容器中，代码如下。

```
services.AddDbContext<LibraryDbContext>(option =>
{
```

```
        option.UseSqlServer("<connection_string>");
    });
```

可以看到，在调用 AddDbContext 方法时通过 DbContextOptionsBuilder（option 变量的类型）对象配置数据库。在上例中，使用 UseSqlServer 方法来指定使用 SQL Server 数据库，同时通过方法参数指定了数据库连接字符串。

为了避免在代码中硬编码数据库连接字符串，应将它放到配置文件中，在 appsettings.json 文件中的一级节点下增加如下配置内容。[①]

```
"ConnectionStrings": {
  "DefaultConnection": "Data Source=localhost\\SS2017;Initial Catalog=Library;Integrated Security=SSPI"
}
```

在 ConfigureServices 方法中，使用从 Startup 类构造函数注入的 IConfiguration 对象将它从配置文件中读取出。

```
services.AddDbContext<LibraryDbContext>(config =>
{
    config.UseSqlServer(Configuration.GetConnectionString("DefaultConnection"));
});
```

5.2.4 添加迁移与创建数据库

完成 Startup 类的配置后，就可以使用 EF Core 创建数据库了。前面已经提到，EF Core 是通过使用迁移来创建数据库与表的。打开"程序包管理器控制台"，在其中输入以下命令以添加首次迁移，并为其命名为 InitialCreation。

```
Add-Migration InitialCreation
```

> 提示：
> 除了使用上述方式创建迁移外，也可以在 .NET Core CLI 命令行中使用 dotnet ef 命令，格式如下：
> ```
> dotnet ef migrations add <迁移名称>
> ```

上述命令成功执行后，项目所在的文件夹中会自动多出一个新的文件夹，名为 Migrations，如图 5-4 所示，其中包含本次创建的迁移。

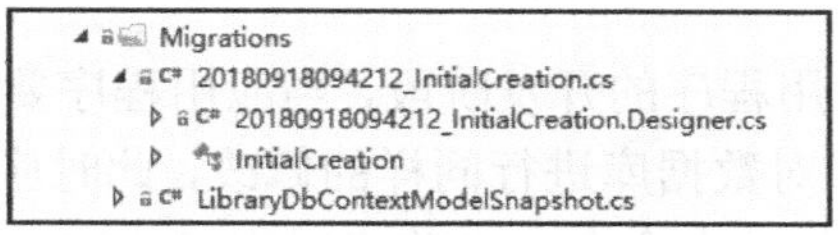

图 5-4　EF Core 自动创建的迁移类

[①]（1）需要读者在计算机上安装 sql server（版本>=[version]）；（2）将 Data Source 替换为读者自己的数据源名称；（3）新建数据库并命名为 Library。

接着,继续执行以下命令,将迁移应用到数据库中。

```
Update-Database
```

> **提示:**
> 上述命令与在 .NET Core CLI 命令行中执行命令 "dotnet ef database update" 的功能相同。

命令执行成功后,此时数据库就已经创建成功了。在 SQL Server Management Studio 或者 Visual Studio 中的 "SQL Server 对象浏览器" (在 "查看" 菜单上) 中就可以看到, 如图 5-5 所示。

图 5-5 执行 Update-Database 命令后创建的数据库与表

图 5-6 显示了 Authors 表和 Books 表的结构。

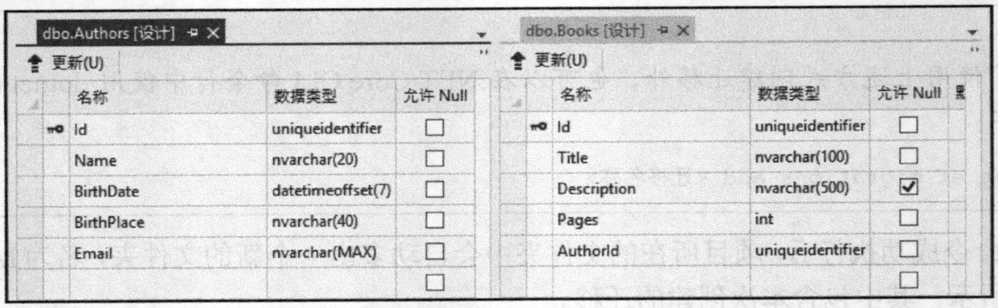

图 5-6 Authors 表与 Books 表的结构

迁移主要用于 EF Core 应用程序的开发阶段,当应用程序要部署到生产环境中时,为了在生产环境创建相同的数据库或对数据库进行同样的修改,此时应在 "程序包管理器控制台" 中使用 Script-Migration 命令。执行该命令会在当前应用程序的程序集中输出目录并创建一个 *.sql 文件,其文件名为一串随机字符,文件的内容则是根据所有添加的迁移而生成的 SQL 语句。

> **提示：**
> 上述命令与在.NET Core CLI 命令行中执行命令 "dotnet ef migrations script" 的功能相同。

如果仅希望为其中一个或多个（而非全部）迁移生成相应的 SQL 语句，则可以添加-To 或-From 参数，并指定相应的迁移名称即可；使用-Output 参数可以更改*.sql 文件的输出位置及其名称，只要在该参数后指定该文件的路径与名称即可。使用 get-help Script-Migration 命令能够查看该命令更详细的使用方法。

5.2.5 添加测试数据

EF Core 2.1 新增加了用于添加测试数据的 API，ModelBuilder 类的方法 Entity<T>()会返回一个 EntityTypeBuilder<T>对象，该对象提供了 HasData 方法，使用它可以将一个或多个实体对象添加到数据库中。

> **提示：**
> EntityTypeBuilder<T>类还提供了 Fluent API，这些 API 包括了几类不同功能的方法，它们能够设置字段的属性（如长度、默认值、列名、是否必需等）、主键、表与表之间的关系等。

而要得到 ModelBuilder 对象，则应在 DbContext 的派生类中重载 OnModelCreating 方法，因此添加数据是在 LibraryDbContext 类的 OnModelCreating 方法中完成的。在 LibraryDbContext 类中添加如下代码：

```
protected override void OnModelCreating(ModelBuilder modelBuilder)
{
    base.OnModelCreating(modelBuilder);
    modelBuilder.Entity<Author>().HasData(
    new Author
    {
        Id = new Guid("72D5B5F5-3008-49B7-B0D6-CC337F1A3330"),
        Name = "Author 1",
        BirthDate = new DateTimeOffset(new DateTime(1960, 11, 18)),
        Email = "author1@xxx.com"
    },
    …);
}
```

HasData 方法接收一个可变参数数组，即可以添加一个或多个相同的实体类型。如果要添加的测试数据比较多，为了保持 LibraryDbContext 类的简洁清晰，可以为 ModelBuilder 类创建扩展方法，并在扩展方法中添加数据，代码如下。

```
public static class ModelBuilderExtension
{
```

```
    public static void SeedData(this ModelBuilder modelBuilder)
    {
        modelBuilder.Entity<Author>().HasData(…);
        modelBuilder.Entity<Book>().HasData(…);
    }
}
```

而在 LibraryDbContext 类的 OnModelCreating 方法中，则只需调用这个扩展方法 modelBuilder.SeedData()即可。

要让这些数据添加到数据库中，还应创建一个迁移。在"程序包管理器控制台"中执行如下命令。

```
Add-Migration SeedData
```

命令执行成功后，在 Migrations 目录下会添加新的迁移类文件，以_SeedData.cs 结尾。这个类包含两个方法 Up 与 Down，其中，在 Up 方法中通过 MigrationBuilder 类的 InsertData 向数据库添加数据。

```
public partial class SeedData : Migration
{
    protected override void Up(MigrationBuilder migrationBuilder)
    {
        migrationBuilder.InsertData(
            table: "Authors",
            columns: new[] { "Id", "DateOfBirth", "Email", "Name" },
            values: …);
        …
    }
    …
}
```

继续在"程序包管理器控制台"中执行以下命令，将所有的数据更新到数据库中。

```
Update-Database
```

命令执行成功后，在数据库中就可以看到新添加的数据了。

如果要删除测试数据，则可以删除或注释调用 HasData 方法的代码，并添加一个迁移即可。在上例中，将 OnModelCreating 方法中调用扩展方法的代码注释。

```
// modelBuilder.SeedData();
```

接着，在"程序包管理器控制台"中执行下列命令，即可删除测试数据。

```
Add-Migration RemoveSeededData
Update-Database
```

本次迁移会调用 MigrationBuilder 类的 DeleteData 方法实现对数据的删除操作。

如果添加数据是最近一次的迁移操作，并且还没有使用 Update-Database 命令将修改应用到数据库中，则可以使用 Remove-Migration 命令删除该迁移。

5.3 重构仓储类

5.3.1 创建通用仓储接口

在第 4 章中,我们曾提到过仓储模式以及实现仓储模式的两种方式,第一种是为每个实体类创建仓储接口及其实现;另一种则是创建通用的仓储接口。本节将会对第 4 章中的仓储接口及其实现进行重构。

首先,在项目的 Services 目录下创建一个接口 IRepositoryBase<T>,并为它添加用于操作实体的方法。

```
public interface IRepositoryBase<T>
{
    Task<IEnumerable<T>> GetAllAsync();
    Task<IEnumerable<T>> GetByConditionAsync(Expression<Func<T, bool>> expression);
    void Create(T entity);
    void Update(T entity);
    void Delelte(T entity);
    Task<bool> SaveAsync();
}
```

接口 IRepositoryBase<T>中定义了对实体常见的操作,包括获取、创建、更新、删除和保存等,而接口的泛型类型 T 表示实体类型。在该接口中定义了 3 个异步方法,即 GetAllAsync、GetByConditionAsync 及 SaveAsync,它们均返回 Task<T>类型的对象。这是 async/await 形式的异步编程方式的使用方法,即对于要返回数据的异步方法,应使用 Task<T>作为该方法的返回值,而不需要返回数据。通常情况下,应将其返回值设置为 Task,而非 void;此外,对于方法名称,也应以 "Async" 结尾,以表示该方法是一个异步方法。在调用异步方法时,还应结合 async 与 await 标识符。

使用异步方式执行对数据的操作能够避免使用同步方式时可能会出现的性能问题,并且能够提高程序的响应,解决 "卡顿" 问题。此外,EF Core 不仅提供了对数据操作的同步方法,也提供了相应的异步方法,这样只要在 IRepositoryBase<T>接口的实现类中调用 EF Core 中的异步方法即可。另外,在 IRepositoryBase<T>接口中,并没有为 Create、Update 和 Delete 方法添加异步方式,这是因为 EF Core 仅会这些操作而引起的数据变化进行记录,只有在执行保存操作时才会将所有记录的更改应用到数据库中。

接着,继续创建一个接口 IRepositoryBase2<T, TId>,内容如下。

```
public interface IRepositoryBase2<T, TId>
{
    Task<T> GetByIdAsync(TId id);
    Task<bool> IsExistAsync(TId id);
}
```

接口 IRepositoryBase2<T, TId>不仅包含了实体类型,还包含了实体的主键 Id 类型。在这个接口中定义了两个方法,它们的作用分别是根据指定的实体 Id 获取实体,以及检查具有指定 Id 的实体是否存在。

在 Services 文件夹中添加 RepositoryBase 类,并使其实现上面两个接口,代码如下。

```csharp
public class RepositoryBase<T, TId> : IRepositoryBase<T>, IRepositoryBase2<T, TId> where T : class
{
    public DbContext DbContext { get; set; }
    public RepositoryBase(DbContext dbContext)
    {
        DbContext = dbContext;
    }
    public void Create(T entity)
    {
        DbContext.Set<T>().Add(entity);
    }

    public void Delete(T entity)
    {
        DbContext.Set<T>().Remove(entity);
    }

    public Task<IEnumerable<T>> GetAllAsync()
    {
        return Task.FromResult(DbContext.Set<T>().AsEnumerable());
    }

    public Task<IEnumerable<T>> GetByConditionAsync(Expression<Func<T, bool>> expression)
    {
        return Task.FromResult(DbContext.Set<T>().Where(expression).AsEnumerable());
    }

    public async Task<bool> SaveAsync()
    {
        return await DbContext.SaveChangesAsync() > 0;
    }

    public void Update(T entity)
    {
        DbContext.Set<T>().Update(entity);
    }

    public async Task<T> GetByIdAsync(TId id)
    {
        return await DbContext.Set<T>().FindAsync(id);
    }
```

```
    }
    public async Task<bool> IsExistAsync(TId id)
    {
        return await DbContext.Set<T>().FindAsync(id) != null;
    }
}
```

在 RepositoryBase 类中包括一个带有 DbContext 类型参数的构造函数，并有一个 DbContext 属性用于接受传入的参数。而在所有对接口定义方法的实现中，除了 SaveAsync 方法，其他方法均调用了 DbContext.Set<T>()的相应方法，以完成对应的操作。DbContext.Set<T>()方法返回 DbSet<T>类型，它表示实体集合。

这里需要注意的是，EF Core 对于查询的执行采用延迟执行的方式。当在程序中使用 LINQ 对数据库进行查询时，此时查询并未实际执行，而是仅在相应的变量中存储了查询命令，只有遇到了实际需要结果的操作时，查询才会执行，并返回给程序中定义的变量，这些操作包括以下几种类型。

- 对结果使用 for 或 foreach 循环。
- 使用了 ToList()、ToArray()和 ToDictionary()等方法。
- 使用了 Single()、Count()、Average、First()和 Max()等方法。

使用延迟执行的好处是在得到最终结果之前，能够对集合进行筛选和排序，但并不会执行实际的操作，仅在遇到上面那些情况时才会执行。这要比获取到所有结果之后再进行筛选和排序更高效。在 RepositoryBase 类的 GetAllAsync 和 GetByConditionAsync 两个方法中都使用了延迟执行，仅返回未执行的查询。

5.3.2 创建其他仓储接口

接下来，对于每一个实体类型，应创建针对它的仓储接口及其实现，并使所创建的接口及其实现分别继承自 IRepositoryBase<T>和 IRepositoryBase2<T, TId>。之所以为每个实体再创建自己的仓储接口与实现类，是因为它们除了可以使用父接口和父类提供的方法以外，还可以根据自身的需要再单独定义方法。

创建 IAuthorRepository 接口，并使它继承 IRepositoryBase<T>和 IRepositoryBase2<T, TId>。

```
public interface IAuthorRepository : IRepositoryBase<Author>, IRepositoryBase2<Author
, Guid>
{
}
```

创建 AuthorRepository 类，使它继承 RepositoryBase<T, TId>，并实现刚创建的仓储接口 IAuthorRepository。

```
public class AuthorRepository : RepositoryBase<Author, Guid>, IAuthorRepository
{
```

```
    public AuthorRepository(DbContext dbContext) : base(dbContext)
    {
    }
}
```

IAuthorRepository 和 AuthorRepository 分别作为派生接口和派生类，它们可以使用父类中定义的方法。在 AuthorRepository 类中，同样定义了一个带有 DbContext 类型的构造函数。另外，IAuthorRepository 在继承父接口 IRepositoryBase2<T, TId>时指明了泛型参数 TId 的类型为 Guid，这是因为 Author 实体的主键 Id 属性的类型为 Guid；AuthorRepository 类在继承 RepositoryBase<T, TId>时，也同样指明了泛型参数 T 和 TId 的类型分别为 Author 和 Guid。

以同样的方式创建 IBookRepository 接口和 BookRepository 类。上述所有仓储接口与实现类创建完成后，继续创建仓储包装器 IRepositoryWrapper 接口及其实现。包装器提供了对所有仓储接口的统一访问方式，从而避免了单独访问每个仓储接口。所有对仓储的操作都是通过调用包容器所提供的成员它们来完成的。以下是 IRepositoryWrapper 接口的内容。

```
public interface IRepositoryWrapper
{
    IBookRepository Book { get; }
    IAuthorRepository Author { get; }
}
```

在 IRepositoryWrapper 接口中，包含两个属性分别表示 IAuthorRepository 接口和 IBookRepository 接口。以下是 IRepositoryWrapper 接口的实现 RepositoryWrapper 类。

```
public class RepositoryWrapper : IRepositoryWrapper
{
    private IAuthorRepository _authorRepository = null;
    private IBookRepository _bookRepository = null;
    public RepositoryWrapper(LibraryDbContext libraryDbContext)
    {
        LibraryDbContext = libraryDbContext;
    }

    public IAuthorRepository Author => _authorRepository ?? new AuthorRepository (LibraryDbContext);
    public IBookRepository Book => _bookRepository ?? new BookRepository (LibraryDbContext);
    public LibraryDbContext LibraryDbContext { get; }
}
```

RepositoryWrapper 类定义了一个包含 LibraryDbContext 类型参数的构造函数，它会使用该对象实例化其中所有的仓储类，并最终将该参数传递给 RepositoryBase 类。

至此，对于仓储类的重构基本完成。接下来，要将 IRepositoryWrapper 及其实现放到容器中，在 Setup 类的 ConfigureServices 方法中，移除原来添加的仓储服务，并添加以下代码。

```
services.AddScoped<IRepositoryWrapper, RepositoryWrapper>();
```

RepositoryWrapper 类实例化时所需要的 LibraryDbContext 对象，将会从依赖注入容器中获取。

5.4 重构 Controller 和 Action

5.4.1 使用 AutoMapper

当在项目中使用实体类以及 EF Core 时，应用程序将会从数据库中读取数据，并由 EF Core 返回实体对象。然而在 Controller 中，无论对 GET 请求返回资源，还是从 POST、PUT 和 PATCH 等请求接收正文，所有操作的对象都是 DTO。对于实体对象，为了能够创建一个相应的 DTO，需要对象转换，反之亦然。当实体类与 DTO 之间的映射属性较多时，甚至存在更复杂的映射规则时，如果不借助于类似对象映射库之类的工具，使用手工转换会很费力，并且极容易出错。因此，在进行接下来的重构之前，我们先介绍对象映射库 AutoMapper 及其安装。

AutoMapper 是一个对象映射的库。在项目中，实体与 DTO 之间的转换通常由对象映射库（Object Mapper）完成。AutoMapper 功能强大，又非常简单易用。

AutoMapper 以 NuGet 包的形式存在，若要安装它，可以在 Visual Studio 中的"解决方案管理器"中，右击项目，选择"管理包管理器"选项，此时在打开的界面中搜索"AutoMapper.Extensions.Microsoft.DependencyInjection"，如图 5-7 所示。

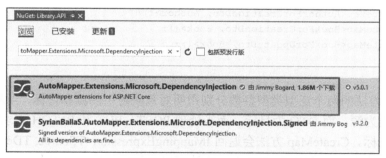

图 5-7 安装 AutoMapper 包

这个类库是 AutoMapper 针对 ASP.NET Core 项目的扩展类库，并且完全支持依赖注入。

> **提示：**
> 也可以直接在"程序包管理器控制台"中输入以下命令：
> ```
> Install-Package AutoMapper.Extensions.Microsoft.DependencyInjection
> ```

AutoMapper 安装完成后，接着在 Startup 类的 ConfigureServices 方法中，将 AutoMapper 服务添加到依赖注入容器中。AutoMapper 为 IServiceCollection 接口提供了一个扩展方法 AddAutoMapper，调用它即可完成添加服务的操作。

```
using AutoMapper;
public void ConfigureServices(IServiceCollection services)
{
    …
    services.AddAutoMapper(type of (Startup));
}
```

为了使 AutoMapper 能够正确地执行对象映射，我们还需要创建一个 Profile 类的派生类，用以说明要映射的对象以及映射规则。Profile 类位于 AutoMapper 命名空间下，它是 AutoMapper 中用于配置对象映射关系的类。

在项目中添加一个文件夹，名为 Helpers，在该文件夹中添加一个类，名为 LibraryMappingProfile，并使它继承自 Profile 类。在 LibraryMappingProfile 类中，只需要为它添加一个无参数的构造函数，并在构造函数中使用基类 Profile 的 CreateMap 方法来创建对象映射关系。

```
public class LibraryMappingProfile : Profile
{
    public LibraryMappingProfile()
    {
        CreateMap<Author, AuthorDto>()
            .ForMember(dest => dest.Age, config =>
                config.MapFrom(src => src.BirthDate.GetCurrentAge()));
        CreateMap<Book, BookDto>();
        CreateMap<AuthorForCreationDto, Author>();
        CreateMap<BookForCreationDto, Book>();
        CreateMap<BookForUpdateDto, Book>();
    }
}
```

CreateMap 方法的两个泛型类型参数分别指明对象映射中的源和目标，当从数据库中获取数据时，实体类为源，而 DTO 为目标；而当处理 POST、PUT 和 PATCH 请求时，则 DTO 为源，实体类为目标。CreateMap 方法会返回 IMappingExpression<TSource, TDestination>类型的对象，它包括一些方法，其中 ForMember 方法可以为特定的属性设置自定义映射规则，如上述代码中，对于 AuthorDTO 类中的 Age 属性，则是根据 Author 类的 BirthDate 属性计算得来的。

当程序运行，执行 ConfigureServices 方法内 IServiceCollection 接口的 AddAutoMapper()方法时，AutoMapper 会扫描指定程序集中 Profile 类的派生类，并根据扫描得到的结果生成映射规则。此外，它还会将 IMapper 接口添加到依赖注入容器中，IMapper 接口同样位于 AutoMapper 命名空间下，它是 AutoMapper 中用于完成映射操作的接口。当 AutoMapper 添加并配置好后，接下来就可以在 Controller 中使用它了。

5.4.2 重构 AuthorController

首先，在 AuthorController 的构造函数中将 IRepositoryWrapper 接口和 IMapper 接口注入进来，前者用于操作仓储类，后者用于处理对象之间的映射关系。

```csharp
public AuthorController(IRepositoryWrapper repositoryWrapper, IMapper mapper)
{
    RepositoryWrapper = repositoryWrapper;
    Mapper = mapper;
}

public IMapper Mapper { get; }
public IRepositoryWrapper RepositoryWrapper { get; }
```

当上述服务注入后，在 Controller 中的各个方法就可以使用它们。以下是获取作者列表重构后的代码。

```csharp
[HttpGet]
public async Task<ActionResult<IEnumerable<AuthorDto>>> GetAuthorsAsync()
{
    var authors = (await RepositoryWrapper.Author.GetAllAsync())
        .OrderBy(author => author.Name);

    var authorDtoList = Mapper.Map<IEnumerable<AuthorDto>>(authors);
    return authorDtoList.ToList();
}
```

在上述代码中，首先由 IRepositoryWrapper 接口使用相应的仓储接口从数据库中获取数据，在得到数据后，又使用 IMapper 接口的 Map 方法将实体对象集合转换为 DTO 对象集合，并返回。其运行结果与重构之前的结果完全一致。

在 RepositoryBase 类中使用的延迟执行会在程序运行到"使用 AutoMapper 进行对象映射"这句代码时才实际去执行查询。

```
var authorDtoList = Mapper.Map<IEnumerable<AuthorDto>>(authors);
```

当这一行代码执行过后，EF Core 会在控制台中输出图 5-8 所示的日志，其中包含查询用到的 SQL 语句。

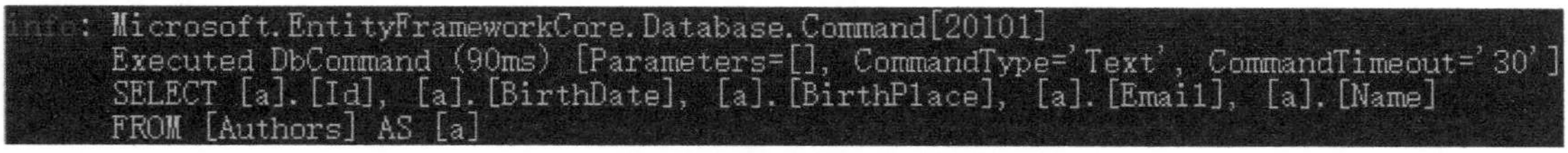

```
info: Microsoft.EntityFrameworkCore.Database.Command[20101]
      Executed DbCommand (90ms) [Parameters=[], CommandType='Text', CommandTimeout='30']
      SELECT [a].[Id], [a].[BirthDate], [a].[BirthPlace], [a].[Email], [a].[Name]
      FROM [Authors] AS [a]
```

图 5-8　EF Core 生成的 SQL 语句

获取单个资源 GetAuthor 方法的重构思路与此相似，在此不再赘述。以下是创建资源 CreateAuthorAsync 方法的重构。

```csharp
[HttpPost]
public async Task<ActionResult> CreateAuthorAsync(AuthorForCreationDto authorForCreationDto)
{
    var author = Mapper.Map<Author>(authorForCreationDto);

    RepositoryWrapper.Author.Create(author);
    var result = await RepositoryWrapper.Author.SaveAsync();
    if (!result)
    {
        throw new Exception("创建资源author失败");
    }

    var authorCreated = Mapper.Map<AuthorDto>(author);
    return CreatedAtRoute(nameof(GetAuthorAsync),
        new { authorId = authorCreated.Id },
        authorCreated);
}
```

对于创建资源，首先应将AuthorForCreationDto转换为Author，关于它们的映射配置，在LibraryMappingProfile类中已经定义了。接着调用IRepositoryBase<T>接口的Create方法创建资源，之后还应调用SaveAsync方法使该操作生效。前面提到过，当数据发生变化时，EF Core会将实体对象的属性及其状态修改，只有在调用DbContext类的Save或SaveAsync方法后，所有的修改才会存储到数据库中。

以下是删除资源方法的重构。

```csharp
[HttpDelete("{authorId}")]
public async Task<ActionResult> DeleteAuthorAsync(Guid authorId)
{
    var author = await RepositoryWrapper.Author.GetByIdAsync(authorId);
    if (author == null)
    {
        return NotFound();
    }

    RepositoryWrapper.Author.Delelte(author);
    var result = await RepositoryWrapper.Author.SaveAsync();
    if (!result)
    {
        throw new Exception("删除资源author失败");
    }

    return NoContent();
}
```

5.4.3 重构 BookController

在 BookController 中，所有的 Action 操作都是基于一个存在的 Author 资源，这可见于 BookController 类路由特性的定义中包含 authorId，以及每个 Action 中都会检查指定的 authorId 是否存在。因此在每个 Action 中，首先都应该包含如下逻辑。

```
if (!await RepositoryWrapper.Author.IsExistAsync(authorId))
{
    return NotFound();
}
```

然而，若在每个 Action 中都添加同样的代码，则会造成代码多处重复，增加代码维护成本，因此可以考虑使用其他方法来解决这个问题。在第 3 章中，我们曾提到过滤器，它们能够在 MVC 请求过程中一些特定的阶段（如执行 Action）前后执行一些代码，使用过滤器能够将重复的代码提取出来，从而使代码更简洁、更易维护。接下来，我们将创建一个自定义 Action 过滤器以实现对检查指定作者是否存在这一逻辑的封装。

在"解决方案资源管理器"中为项目新建一个文件夹，名为 Filters，在其下新建一个类，名为 CheckAuthorExistFilterAttribute，使它继承 ActionFilterAttribute 类，并重写基类的 OnActionExecutionAsync 方法，代码如下。

```
public class CheckAuthorExistFilterAttribute : ActionFilterAttribute
{
    public CheckAuthorExistFilterAttribute(IRepositoryWrapper repositoryWrapper)
    {
        RepositoryWrapper = repositoryWrapper;
    }

    public IRepositoryWrapper RepositoryWrapper { get; }

    public override async Task OnActionExecutionAsync(ActionExecutingContext context, ActionExecutionDelegate next)
    {
        var authorIdParameter = context.ActionArguments.Single(m => m.Key == "authorId");
        Guid authorId = (Guid)authorIdParameter.Value;

        var isExist = await RepositoryWrapper.Author.IsExistAsync(authorId);
        if (!isExist)
        {
            context.Result = new NotFoundResult();
        }

        await base.OnActionExecutionAsync(context, next);
    }
}
```

在 OnActionExecutionAsync 方法中，通过 ActionExecutingContext 对象的 ActionArguments 属性能够得到所有将要传入 Action 的参数。当得到 authorId 参数后，使用 IAuthorRepository 接口的 IsExistAsync 方法来验证是否存在具有指定 authorId 参数值的实体。而 IAuthorRepository 接口则是通过构造函数注入进来的 IRepositoryWrapper 接口的 Author 属性得到的。如果检查的结果不存在，则通过设置 ActionExecutingContext 对象的 Result 属性来结束本次请求，并返回 404 Not Found 状态码；反之，则继续完成 MVC 请求。

接着，在 Startup 类的 ConfigureServices 方法中将 CheckAuthorExistFilterAttribute 类添加到容器中。

```
public void ConfigureServices(IServiceCollection services)
{
    …
    services.AddScoped<CheckAuthorExistFilterAttribute>();
}
```

添加到容器后，就可以在 Controller 中通过[ServiceFilter]特性使用 CheckAuthorExistFilterAttribute 了。为 BookController 类添加[ServiceFilter]特性，以应用新创建的过滤器。

```
[ServiceFilter(typeof(CheckAuthorExistFilterAttribute))]
public class BookController : ControllerBase
{
    …
}
```

将过滤器应用到 Controller 级别会影响到该 Controller 中所有的 Action，这正符合 BookController 中所有 Action 的需要。此时，当请求 BookController 中的每一个 Action 时，将会在 Action 执行之前检查是否存在所传入的 authorId 值的作者。

当获取子级资源列表或某一个子级资源时，可以在相应的 Action 中使用 IRepository<T> 接口的 GetByCondition 方法。比如，要获取指定作者的所有图书，可以这样实现：

```
var books = await RepositoryWrapper.Book.GetByConditionAsync(book => book.AuthorId == authorId);
```

更为值得推荐的方法是在 IBookRepository 接口中定义专门用于获取所有图书的成员 GetBooksAsync。

```
Task<IEnumerable<Book>> GetBooksAsync(Guid authorId);
```

该方法接受 authorId 参数，在 BookRepository 中，它的实现如下所示。

```
public Task<IEnumerable<Book>> GetBooksAsync(Guid authorId)
{
    return Task.FromResult(DbContext.Set<Book>().Where(book => book.AuthorId == authorId). AsEnumerable());
}
```

在 BookController 中，GetBooksAsync 方法的代码重构如下所示。

```csharp
[HttpGet]
public async Task<ActionResult<IEnumerable<BookDto>>> GetBooksAsync(Guid authorId)
{
    var books = await RepositoryWrapper.Book.GetBooksAsync(authorId);
    var bookDtoList = Mapper.Map<IEnumerable<BookDto>>(books);

    return bookDtoList.ToList();
}
```

获取一个子级资源的实现方法与此类似，为了检查一个指定的子级资源是否存在，需要在 IBookRepository 接口添加如下成员。

```csharp
Task<Book> GetBookAsync(Guid authorId, Guid bookId);
```

在 BookRepository 中，该方法的实现如下所示。

```csharp
public async Task<Book> GetBookAsync(Guid authorId, Guid bookId)
{
    return await DbContext.Set<Book>()
        .SingleOrDefaultAsync(book => book.AuthorId == authorId && book.Id == bookId)
;
}
```

在 BookController 中，将 GetBookAsync 方法重构如下所示。

```csharp
[HttpGet("{bookId}", Name = nameof(GetBookAsync))]
public async Task<ActionResult<BookDto>> GetBookAsync(Guid authorId, Guid bookId)
{
    var book = await RepositoryWrapper.Book.GetBookAsync(authorId, bookId);
    if (book == null)
    {
        return NotFound();
    }

    var bookDto = Mapper.Map<BookDto>(book);
    return bookDto;
}
```

当要添加一个子级资源时，将 BookForCreationDto 对象映射为 Book 后，还需要为其 AuthorId 属性设置值，否则创建失败，代码如下所示。

```csharp
[HttpPost]
public async Task<IActionResult> AddBookAsync(Guid authorId, BookForCreationDto bookForCreationDto)
{
    var book = Mapper.Map<Book>(bookForCreationDto);
```

```
        book.AuthorId = authorId;
        RepositoryWrapper.Book.Create(book);
        if (!await RepositoryWrapper.Book.SaveAsync())
        {
            throw new Exception("创建资源Book失败");
        }

        var bookDto = Mapper.Map<BookDto>(book);
        return CreatedAtRoute(nameof(GetBookAsync), new { bookId = bookDto.Id }, bookDto)
;
}
```

对于更新子级资源或部分更新子级资源，逻辑则要略微复杂一些。除了检查父级、子级资源是否存在外，还应该使用 IMapper 接口中 Map 方法的另一个重载。

```
object Map(object source, object destination, Type sourceType, Type destinationType);
```

它能够将源映射到一个已经存在的对象，之所以要重载，是因为我们需要将 BookForUpdateDto 映射到已经从数据库中获取到的 Book 实体，其逻辑如下所示。

```
[HttpPut("{bookId}")]
public async Task<IActionResult> UpdateBookAsync(Guid authorId, Guid bookId, BookForU
pdateDto updatedBook)
{
    var book = await RepositoryWrapper.Book.GetBookAsync(authorId, bookId);
    if (book == null)
    {
        return NotFound();
    }
    Mapper.Map(updatedBook, book, typeof(BookForUpdateDto), typeof(Book));
    RepositoryWrapper.Book.Update(book);
    if (!await RepositoryWrapper.Book.SaveAsync())
    {
        throw new Exception("更新资源Book失败");
    }
    return NoContent();
}
```

部分更新的实现逻辑与此类似。不同的是，当获取需要部分更新的 Book 实体后，首先将它映射为 BookForUpdateDto 类型的对象，其次使用 JsonPatchDocument<TModel> 的 ApplyTo 方法将更新信息应用到映射后的 BookForUpdateDto 对象；接着将 BookForUpdateDto 对象映射到原来的 Book 实体上，是为了使 Book 实体得到更新后的值；最后，调用更新 Book 实体的方法以完成对实体更新的操作，其逻辑如下所示。

```
[HttpPatch("{bookId}")]
```

```csharp
public async Task<IActionResult> PartiallyUpdateBookAsync(Guid authorId, Guid bookId,
 JsonPatchDocument<BookForUpdateDto> patchDocument)
{
    var book = await RepositoryWrapper.Book.GetBookAsync(authorId, bookId);
    if (book == null)
    {
        return NotFound();
    }

    var bookUpdateDto = Mapper.Map<BookForUpdateDto>(book);
    patchDocument.ApplyTo(bookUpdateDto, ModelState);
    if (!ModelState.IsValid)
    {
        return BadRequest(ModelState);
    }

    Mapper.Map(bookUpdateDto, book, typeof(BookForUpdateDto), typeof(Book));

    RepositoryWrapper.Book.Update(book);
    if (!await RepositoryWrapper.Book.SaveAsync())
    {
        throw new Exception("更新资源Book失败");
    }

    return NoContent();
}
```

5.5 本章小结

本章介绍了 EF Core ORM 框架及其基本用法，认识了什么是 EF Core 以及它的两种使用方法，即代码优先和数据库优先。同时，我们也掌握了 DbContext 类，它是 EF Core 中非常重要的类，代表应用程序与数据库交互的上下文，所有对于数据的读取和写入操作都是通过该类完成的。

当使用代码优先方式时，为了通过代码创建数据库或将代码中实体类的修改应用到数据库中，需要使用 EF Core 迁移。它能够使程序中的实体类与数据库的表结构保持一致，并且不会影响数据库中现有的数据。EF Core 也支持通过迁移向数据库添加用于测试目的的数据。

本章后半部分对项目进行了重构，使其完全采用 EF Core 来存取数据。在第 6 章，我们将继续完善项目，为其实现查询和日志等功能。

第 6 章 高级查询和日志

本章内容

对于一个标准的 Web 应用程序，分页、查询、排序等功能是很常见的，它们不仅能够方便用户查看需要的数据，也能够为应用程序解决一定的性能问题。本章将介绍如何为 RESTful API 应用实现这些功能。最后，本章也会介绍如何为程序添加日志与异常处理功能。

6.1 分页

6.1.1 实现分页

在设计 API 时，对于集合资源，需要考虑分页，这是因为随着资源数量的增加，一次性返回所有资源会造成一定的性能问题，而使用分页则能够避免这种问题。常见的 Web 应用程序通常会默认提供分页，比如购物网站等。

在 ASP.NET Core Web API 应用程序中实现分页，需要考虑的问题包括如何向 API 传递分页参数、如何从数据库中查询指定页的数据等。在第 1 章中曾提到过，分页参数通过 URL 中的查询字符串向服务器传递。这很明显，因为分页参数并不属于资源，而是仅对资源的一些控制选项，以下是分页 URL 的一个示例：https://localhost:5001/ api/authors? **pageNumber=1&pageSize=50**。

上述 URL 中包含两个参数 pageNumber 与 pageSize，前者指明要请求的页码，后者指明每页多少条数据，通过 URL 中的查询字符串提供分页参数，从而使 API 能够得到分页信息。而对于此 URL，仍然需要考虑两个问题：首先，当不包含任何参数时，应查询第一页的记录，即需要为这些参数提供默认值，在用户没有提供参数值时，得到的仍然是分页后的数据；其次，对于 pageSize 参数，需要给出其合理范围。如果不对它进行控制，当用户指定 pageSize 为 10000 甚至更大的值时，这与没有分页的效果并没有区别。

在 ASP.NET Core MVC 应用程序中，分页参数会通过查询字符串传递给 Controller 中的 Action，当 Action 收到参数后，应将这些参数告诉数据库以获取相应的分页数据。在 EF Core 中，数据的查询通过集成语言查询（Language Integrated Query，LINQ）实现。LINQ 形式的查询支持强类型，它支持对 DbContext 派生类的 DbSet<Entity>类型成员进行访问，DbSet<TEntity>

类实现了 IQueryable<TEntity>和 IEnumerable<TEntity>接口。然后，LINQ 形式的查询会通过数据库提供程序转换为数据库查询语言，并最终返回实体集合。

接下来，我们在 Library.API 项目中实现分页功能。需要明确的是，分页功能仅需要添加在获取资源集合的接口中。在 AuthorController 中，修改 GetAuthorsAsync 方法的签名，使它能够从查询字符串中接受分页参数。

```
public async Task<ActionResult<IEnumerable<AuthorDto>>> GetAuthorsAsync(int pageSize,
 int pageNumber)
```

在上面的方法签名中，URL 中的 pageSize 与 pageNumber 将分别传递给该方法的同名参数，之后在该方法中就能够使用这两个参数。然而，除了这样修改，还可以创建一个参数类，并通过这个参数类来接收传递过来的值。这样做是为了使代码更为简洁易读，且容易维护。另一方面，ASP.NET Core MVC 中的路由功能也非常强大，它可以将参数映射到参数对象的同名属性上。

在项目中的 Helpers 文件夹，添加一个类名为 AuthorResourceParameters，代码如下所示。

```
public class AuthorResourceParameters
{
    public const int MaxPageSize = 50;
    private int _pageSize = 10;

    public int PageNumber { get; set; } = 1;
    public int PageSize
    {
        get { return _pageSize; }
        set
        {
            _pageSize = (value > MaxPageSize) ? MaxPageSize : value;
        }
    }
}
```

AuthorResourceParameters 类包含了 PageSize 与 PageNumber 两个属性，PageNumber 的默认值为 1，PageSize 的默认值为 10，当要为 PageSize 设置大于 MaxPageSize（其值为 50）的值时，将使用 MaxPageSize 的值。

将 AuthorController 中的 GetAuthorsAsync 方法签名及内容修改为如下内容。

```
public async Task<ActionResult<IEnumerable<AuthorDto>>> GetAuthorsAsync ([FromQuery]
AuthorResourceParameters parameters)
{
    var authors = RepositoryWrapper.Author.GetAll()
        .Skip(parameters.PageSize * (parameters.PageNumber - 1))
        .Take(parameters.PageSize);
```

```
        var authorDtoList = Mapper.Map<IEnumerable<AuthorDto>>(authors);
        return authorDtoList.ToList();
}
```

当在 Action 方法的参数中使用了复杂的数据对象，而该参数的值又要从 URL 获取值时，应显式地设置[FromQuery]特性。在 GetAuthorsAsync 方法中，使用 IEnumerable<T>接口的扩展方法 Skip 和 Take 来获取值的记录。在 Postman 中请求 URL：https://localhost:5001/ api/authors?pageNumber=2&pageSize=3。其结果如图 6-1 所示。

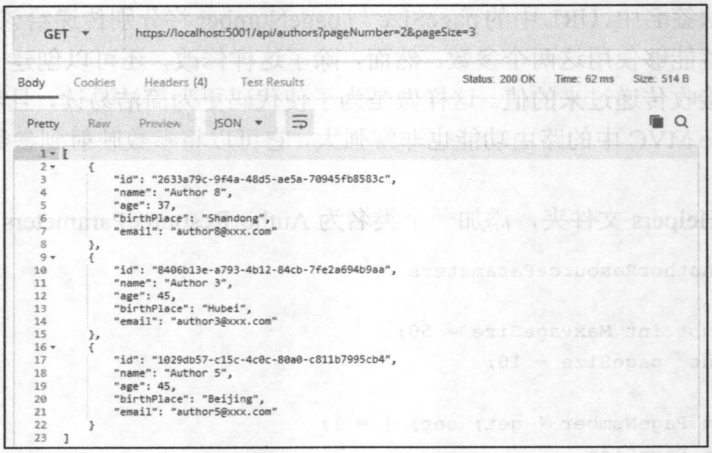

图 6-1 分页查询结果

6.1.2 添加分页元数据

在 API 中除了返回分页形式的数据外，还应该返回分页元数据（Pagination Metadata），它包括与分页相关的其他信息，如资源总数总页数、当前页；此外，如果存在上一页或下一页时，还应包括能够访问上一页或下一页的 URL。返回这些信息将有助于客户端了解资源集合的信息。

返回分页元数据的形式有两种，一种是将它放在消息正文中，另一种是放在响应消息头中。若要在消息正文中包含分页元数据，则应修改 DTO，而这会改变资源的表现形式。在这里我们使用后一种方法，即将分页元数据放在响应消息头中，客户端则可以从消息头中得到分页元数据。

为此，接下来创建一个分页列表类，它除了具有元素集合的功能外，还应包含关于分页的相关信息。在 Helper 目录中添加 PagedList<T>类，使它继承自 List<T>类，并为它添加一个构造函数，用于接收关于分页的信息。

```
public class PagedList<T> : List<T>
{
    public PagedList(List<T> items, int totalCount, int pageNumber, int pageSize)
    {
        TotalCount = totalCount;
```

6.1 分页

```csharp
        CurrentPage = pageNumber;
        PageSize = pageSize;

        TotalPages = (int)Math.Ceiling((double)totalCount / PageSize);
        AddRange(items);
    }

    public int CurrentPage { get; private set; }
    public int TotalPages { get; private set; }

    public int PageSize { get; private set; }
    public int TotalCount { get; private set; }

    public bool HasPrevious => CurrentPage > 1;

    public bool HasNext => CurrentPage < TotalPages;
}
```

PagedList<T>类定义的构造函数包括 4 个参数，第一个参数是 List<T>列表，该列表中的元素将会被添加到当前的 PageList<T>实例中，另外三个参数分别是总数、当前页数以及每页记录数。此外，PagedList<T>类的属性 TotalPages 表示总页数，它是根据 totalCount 和 pageSzie 计算得到的；属性 HasPrevious 以及 HasNext 分别表示是否有上一页或下一页。

当 PagedList<T>类创建完成后，仓储层就能够向 Controller 返回该类型的对象，而在 Controller 的 Action 中得到 PagedList<T>类实例后，根据它的属性就可以生成分页元数据，最终返回给客户端。

在 IAuthorRepository 接口中添加一个成员。

```csharp
Task<PagedList<Author>> GetAllAsync(AuthorResourceParameters parameters);
```

在 AuthorRepository 类中添加其实现方法。

```csharp
public Task<PagedList<Author>> GetAllAsync(AuthorResourceParameters parameters)
{
    IQueryable<Author> queryableAuthors = DbContext.Set<Author>();

    var totalCount = queryableAuthors.Count();
    var items = queryableAuthors.Skip((parameters.PageNumber - 1) * parameters.PageSize)
        .Take(parameters.PageSize).ToList();
    return new PagedList<Author>(items, totalCount, parameters.PageNumber, parameters
.PageSize);
}
```

在上述代码中，首先得到集合的总数，然后使用 Skip 和 Take 方法得到指定页的数据，最后使用这些信息创建一个 PagedList<T>对象。为了使创建 PagedList<T>的逻辑具有通用性，可以在 PagedList<T>类中添加一个静态方法 CreateAsync，内容如下。

```csharp
public static async Task<PagedList<T>> CreateAsync(IQueryable<T> source, int pageNumber, int pageSize)
{
    var totalCount = source.Count();
    var items = source.Skip((pageNumber - 1) * pageSize).Take(pageSize).ToList();
    var list = new PagedList<T>(items, totalCount, pageNumber, pageSize);
    return await Task.FromResult(list);
}
```

而在 AuthorRepository 类的 GetAllAsync 方法中，则可以使用 CreateAsync 方法来返回如下结果。

```csharp
public Task<PagedList<Author>> GetAllAsync(AuthorResourceParameters parameters)
{
    IQueryable<Author> queryableAuthors = DbContext.Set<Author>();
    return PagedList<Author>.CreateAsync(queryableAuthors, parameters.PageNumber, parameters.PageSize);
}
```

接下来，在 AuthorController 中，将 GetAuthorsAsync 方法重构为如下代码。

```csharp
[HttpGet(Name = nameof(GetAuthorsAsync))]
public async Task<ActionResult<IEnumerable<AuthorDto>>> GetAuthorsAsync(
    [FromQuery]AuthorResourceParameters parameters)
{
    var pagedList = await RepositoryWrapper.Author.GetAllAsync(parameters);
    var paginationMetadata = new
    {
        totalCount = pagedList.TotalCount,
        pageSize = pagedList.PageSize,
        currentPage = pagedList.CurrentPage,
        totalPages = pagedList.TotalPages,
        previousePageLink = pagedList.HasPrevious ? Url.Link(nameof(GetAuthors), new
        {
            pageNumber = pagedList.CurrentPage - 1,
            pageSize = pagedList.PageSize
        }) : null,
        nextPageLink = pagedList.HasNext ? Url.Link(nameof(GetAuthors), new
        {
            pageNumber = pagedList.CurrentPage + 1,
            pageSize = pagedList.PageSize
        }) : null
    };

    Response.Headers.Add("X-Pagination", JsonConvert.SerializeObject(paginationMetadata));

    var authorDtoList = Mapper.Map<IEnumerable<AuthorDto>>(pagedList);
```

```
        return authorDtoList.ToList();
}
```

在使用 GetAllAsync 方法得到 PagedList<Author>对象后,在接下来的代码中创建了一个匿名对象,其中包括所有与分页有关的信息,如记录总数、每页记录数和总页数等。此外,根据当前页是否有上一页和下一页,该对象还包含导航到相应页的链接,这是借助于 IUrlHelper 接口的 Link 方法实现的;ControllerBase 类定义了 Url 属性,它的类型为 IUrlHelper,而 IUrlHelper 的 Link 方法会根据指定的路由名称和路由参数值生成对应的 URL。在上例中,使用[HttpGet]特性为当前 Action 指定了路由名为 GetAuthorsAsync,因此在 Url 属性的 Link 方法中使用同样的名称即可生成能够定位到当前 Action 的 URL。向 Link 方法传递的第二个参数也是一个匿名对象,其中的值用于为路由参数提供值。当分页元数据创建好之后,使用 Response.Headers.Add 方法添加一个自定义消息头名为 X-Pagination,它的值是将匿名对象序列化后的 JSON 信息。在 Postman 中,以 GET 方法请求 URL:https://localhost:5001/api/authors? pageNumber= 2&pageSize=3。其结果如图 6-2 所示,服务器不仅返回了所请求的资源,并且在响应消息头中包含了分页元数据。

图 6-2 分页元数据

从结果中可以看到分页信息,也可以通过 previousePageLink、nextPageLink 的 URL 值直接访问上一页以及下一页的数据。如果不存在上一页或下一页,则相应的参数值为 null,例如继续访问下一页,结果如图 6-3 所示。

图 6-3 分页元数据,不包含下一页

6.2 过滤和搜索

过滤与查询是 Web 应用程序中常见的功能，它们都能够实现仅获取符合给定条件的数据。然而二者又是有区别的，前者主要通过给定值对资源的一个或多个属性进行限制，后者则根据指定的关键字对资源所有属性值进行匹配，这与全文搜索很相似。在 Web API 应用程序中实现过滤与查询，原理基本上是一样的，也就是对通过 EF Core 得到的数据使用 LINQ 中的 Where 子句进行筛选。与分页一样，对于 RESTful API 而言，过滤与查询都是资源的一些参数，因此它们都作为资源的 URL 中的查询字符串。

6.2.1 过滤

过滤，是对资源的一个或多个属性与指定的参数值进行匹配并筛选。过滤的条件作为 URL 中资源查询字符串的一部分，形如 https://localhost:5001/api/authors?birthplace=beijing。

上例中的过滤结果会将资源中所有 BirthPlace 属性是 beijing 的资源返回。要在项目中实现对 BirthPlace 属性的过滤，首先在 AuthorResourceParameters 类中添加 BirthPlace 属性，用于接收从 URL 中传递的参数。

```
public class AuthorResourceParameters
{
    …
    public string BirthPlace { get; set; }
}
```

然后，将 AuthorRepository 类的 GetAllAsync 方法修改如下。

```
public Task<PagedList<Author>> GetAllAsync(AuthorResourceParameters parameters)
{
    IQueryable<Author> queryableAuthors = DbContext.Set<Author>();
    if (!string.IsNullOrWhiteSpace(parameters.BirthPlace))
    {
        queryableAuthors = queryableAuthors.Where(m => m.BirthPlace.ToLower() == parameters.BirthPlace);
    }

    return PagedList<Author>.CreateAsync(queryableAuthors, parameters.PageNumber, parameters. PageSize);
}
```

在上面的代码中，对参数中的 BirthPlace 进行非空判断，如果它的值不为空，则使用对 queryableAuthors 集合进行筛选，且不区分大小写。最后，将筛选过后的集合再返回给 PageList<Author>类的 CreateAsync 方法，以进行下一步的分页操作。

6.2 过滤和搜索

由于数据在分页之前进行了过滤操作，因此过滤信息也属于分页元数据的一部分。在 AuthorController 中，修改 GetAuthorsAsync 方法中生成分页元数据的代码，在其中添加过滤信息。

```
previousePageLink = pagedList.HasPrevious ? Url.Link(nameof(GetAuthors), new
{
    pageNumber = pagedList.CurrentPage - 1,
    pageSize = pagedList.PageSize,
    birthPlace = parameters.BirthPlace
}) : null,
nextPageLink = pagedList.HasNext ? Url.Link(nameof(GetAuthors), new
{
    pageNumber = pagedList.CurrentPage + 1,
    pageSize = pagedList.PageSize,
    birthPlace = parameters.BirthPlace
}) : null
```

在 Postman 中以 GET 方法请求 URL：https://localhost:5001/api/authors?birthplace=beijing。其结果如图 6-4 所示。

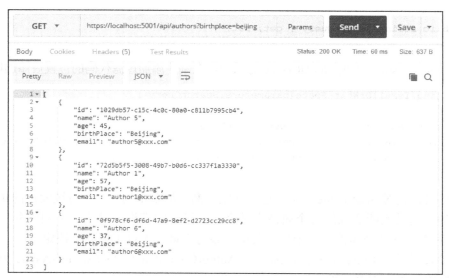

图 6-4 过滤后的查询结果

结果返回了符合条件的记录。而如果请求加了分页参数据 https://localhost:5001/api/authors?birthplace=beijing&pagesize=2，则返回的分页元数据如图 6-5 所示。

第 6 章　高级查询和日志

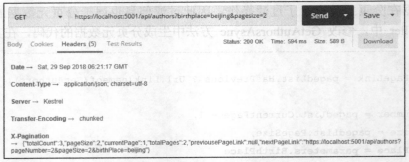

图 6-5　包含了过滤条件的分页元数据

可以看到，下一页的 URL 中不仅包含了分页参数，也包含了过滤参数。

6.2.2　搜索

搜索功能的实现方式与过滤一样，它的 URL 形式为 https://localhost:5001/api/authors?searchQuery=bei，继续在 AuthorResourceParameters 类中添加 SearchQuery 属性，该属性的值即为要搜索的关键字。

```
public class AuthorResourceParameters
{
    ...
    public string SearchQuery { get; set; }
}
```

在 AuthorRepository 类的 GetAllAsync 方法中，在刚才添加过滤代码的位置后添加以下代码。

```
if (!string.IsNullOrWhiteSpace(parameters.SearchQuery))
{
    queryableAuthors = queryableAuthors.Where(
        m => m.BirthPlace.ToLower().Contains(parameters.SearchQuery.ToLower())
        || m.Name.ToLower().Contains(parameters.SearchQuery.ToLower()));
}
```

上述代码首先对 SearchQuery 属性进行非空判断，如果不为空，则对过滤后的集合继续筛选。筛选的原则是判断资源的每个属性中是否包含指定的查询关键字。上例中参与筛选的有 BirthPlace 和 Name 两个属性，至于哪些关键字参与查询，可以根据需求决定。

查询参数同样属于分页元数据，因此在 AuthorController 的 GetAuthorsAsync 方法中生成分页元数据的位置添加这一项。

```
previousePageLink = pagedList.HasPrevious ? Url.Link(nameof(GetAuthors), new
{
    pageNumber = pagedList.CurrentPage - 1,
    pageSize = pagedList.PageSize,
    birthPlace = parameters.BirthPlace,
    serachQuery = parameters.SearchQuery
```

```
}) : null,
nextPageLink = pagedList.HasNext ? Url.Link(nameof(GetAuthors), new
{
    pageNumber = pagedList.CurrentPage + 1,
    pageSize = pagedList.PageSize,
    birthPlace = parameters.BirthPlace,
    serachQuery = parameters.SearchQuery
}) : null
```

在 Postman 中请求 https://localhost:5001/api/authors?searchQuery=bei，结果如图 6-6 所示。

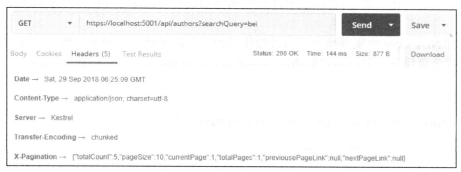

图 6-6　搜索结果的分页元数据

从分页元数据的总数中可以看出，服务器返回了符合查询条件的资源。过滤、搜索以及分页能够结合起来使用，例如，请求 URL：https://localhost:5001/api/authors?searchQuery=author&birthplace=beijing&pagesize=1。其结果如图 6-7 所示。

图 6-7　使用过滤和搜索

从分页元数据中可以看出，下一页 URL 也包含了分页参数、过滤参数和查询参数。

6.3　排序

在 RESTful API 中实现排序，其思路与过滤、查询一致，排序的功能同样是对集合资源的展示进行控制,因此它本身并非资源。RESTful API 在实现排序时应支持对集合资源的一个或多个属性进行排序,这与 SQL 语句查询很相似。以下示例是对 authors 资源按照其属性 Age 升序排序,再按 BirthPlace 属性降序排序的:https://localhost:5001/api/authors?orderby=age,birthplace desc。

该 URL 使用 orderby 查询字符串将排序选项传给服务器,多个排序选项之间以逗号隔开。需要注意的是,在排序时,客户端指定的属性属于 DTO 对象,而并非实体对象,如上例中的 Age 属性。如果 DTO 对象的属性名与实体定义的属性名不一致,那么应用程序就需要进行相对应的"映射",在实体中找到与 DTO 对象属性相对应的属性,并按照相应的排序方式对资源排序。

在 ASP.NET Core 中实现排序,与过滤和查询一样,通过对查询字符串中的排序项进行解析,然后在分页操作之前,将它们指定的排序方式进行排序,并最终返回结果。

6.3.1 实现排序

在 AuthorResourceParameters 类中,添加 SortBy 属性。

```
public class AuthorResourceParameters
{
    …
    public string SortBy { get; set; } = "Name";
}
```

上述代码为 SortBy 属性设置了默认值,因此当获取资源时,如果没有显式地指明排序项,则默认使用实体的 Name 属性进行排序。接下来,在 AuthorRepository 类中的 GetAllAsync 方法中,使用 OrderBy 子句来实现查询。

```
if (parameters.SortBy == "Name")
{
    queryableAuthors = queryableAuthors.OrderBy(author => author.Name);
}
```

由于 LINQ 的 OrderBy 扩展方法并不支持直接使用字符串,即不能使用 OrderBy("Name"),因而只能使用上述这种方式。当资源支持多个排序字段时,这样一一判断会比较烦琐。此外,在进行后续排序时,还应该使用 LINQ 的 ThenBy 子句,这会使判断变得更为复杂。幸运的是,我们可以借助第三方库来解决这一问题,System.Linq.Dynamic.Core 库就能够实现动态 LINQ 查询,如下例所示。

```
var query = db.Customers
    .Where("City == @0 and Orders.Count >= @1", "London", 10)
    .OrderBy("CompanyName")
    .Select("new(CompanyName as Name, Phone)");
```

System.Linq.Dynamic.Core 除了支持直接使用属性名排序以外,还支持按多属性排序,多个属性之间以逗号隔开，如"name,birthplace"。每个属性默认以升序排序，若要使用降序排序，则应在属性名后添加 desc 或 descending，并以空格隔开，如"name desc"，使用 asc 或 ascending 可以显式地指明该字段按升序方式排序。

若在 EF Core 的项目中使用 System.Linq.Dynamic.Core 库，则需要安装 Microsoft.EntityFrameworkCore.DynamicLinq 库，它本身又依赖于 System.Linq.Dynamic.Core 和 Microsoft.EntityFrameworkCore。右击"解决方案管理器"中项目的节点，选择"管理 NuGet 程序包"，查询"Microsoft.EntityFrameworkCore.DynamicLinq"，它目前最新的版本为 1.0.9，如图 6-8 所示。

图 6-8　Microsoft.EntityFrameworkCore.DynamicLinq 库

> **提示：**
> 要在"程序包管理控制台"中安装该库，可以使用命令:
> ```
> Install-Package Microsoft.EntityFrameworkCore.DynamicLinq
> ```

成功安装该库后，在 AuthorRepository 类的 GetAllAsync 方法中添加如下代码。

```
public Task<PagedList<Author>> GetAllAsync(AuthorResourceParameters parameters)
{
    IQueryable<Author> queryableAuthors = DbContext.Set<Author>();
    // 此处省略过滤与搜索的代码

    var orderedAuthors = queryableAuthors.OrderBy(parameters.SortBy);
    return PagedList<Author>.CreateAsync(orderedAuthors, parameters.PageNumber, parameters.PageSize);
}
```

排序选项同样作为分页元数据的一部分，应返回给客户端。在 AuthorController 类中的 GetAuthorsAsync 方法生成分页元数据时，添加如下代码。

```
previousePageLink = pagedList.HasPrevious ? Url.Link(nameof(GetAuthors), new
{
    pageNumber = pagedList.CurrentPage - 1,
    pageSize = pagedList.PageSize,
    birthPlace = parameters.BirthPlace,
    serachQuery = parameters.SearchQuery,
    sortBy=parameters.SortBy,
}) : null,
nextPageLink = pagedList.HasNext ? Url.Link(nameof(GetAuthors), new
{
```

```
        pageNumber = pagedList.CurrentPage + 1,
        pageSize = pagedList.PageSize,
        birthPlace = parameters.BirthPlace,
        serachQuery = parameters.SearchQuery,
        sortBy = parameters.SortBy,
    }) : null
```

运行后，在 Postman 中请求 URL：https://localhost:5001/api/authors?pageSize= 3&sortby= birthplace。结果如图 6-9 所示。

图 6-9　根据 BirthPlace 属性排序

可以看到服务器返回了按 BirthPlace 排序的前 3 条记录除了对单个属性排序外，我们还可以对多个属性进行排序，属性名之间使用逗号隔开，如"sortby=birthplace, namedesc"，请求 URL：https://localhost: 5001/api/authors?pageSize=3&sortby=birthplace,name desc。结果如图 6-10 所示。

图 6-10　根据多个属性排序

然而，目前并没有解决当 DTO 与实体属性名不同时需要映射的问题，在 6.3.2 节我们将解决这个问题。

6.3.2 属性映射

要为排序解决属性映射问题，可以在程序中添加一个字典，来存储需要进行映射的属性及其对应的属性名。然而对于 AuthorDto 中的 Age 属性和 Author 中的 BirthDate 属性，其排序规则正好相反，即年龄越小，出生日期越靠后，在这种情况下，除了要考虑映射外，还应考虑方向。

在项目的 Helpers 文件夹中添加一个类 PropertyMapping，内容如下所示。

```
public class PropertyMapping
{
    public PropertyMapping(string targetProperty,
        bool revert = false)
    {
        TargetProperty = targetProperty;
        IsRevert = revert;
    }

    public bool IsRevert { get; private set; }
    public string TargetProperty { get; private set; }
}
```

PropertyMapping 类包括两个属性：TargetProperty 和 IsRevert。前者表示映射的目标属性，后者表示是否顺序相反，该类用于描述要映射的实体类属性。接着，可以在 AuthorRepository 类中定义一个字典，具体如下。

```
public class AuthorRepository : RepositoryBase<Author, Guid>, IAuthorRepository
{
    private Dictionary<string, PropertyMapping> mappingDict = null;

    public AuthorRepository(DbContext dbContext) : base(dbContext)
    {
        mappingDict = new Dictionary<string, PropertyMapping> (StringComparer. OrdinalIgnoreCase);
        mappingDict.Add("Name", new PropertyMapping("Name"));
        mappingDict.Add("Age", new PropertyMapping("BirthDate", true));
        mappingDict.Add("BirthPlace", new PropertyMapping("BirthPlace"));
    }
    …
}
```

mappingDict 字典的键与值的类型分别是字符串和 PropertyMapping 类型。在 AuthorRepository 的构造函数中，对 Name、Age 和 BirthPlace 属性都添加了映射项。对于 Age

属性，可以通过指定 PropertyMapping 对象的 IsRevert 属性为 true，以表示该属性在排序时要使用相反的方向。

此时，在 AuthorRepository 类的 GetAllAsync 方法中就可以根据该字典对 AuthorResourceParameters 对象中的 SortBy 属性进行分析，并根据结果进行排序。为了使这一分析逻辑的通用性和 GetAllAsync 方法简洁，可以将它放到一个扩展方法中。

在 Extentions 文件夹中为 IQueryable<T>接口添加一个扩展方法，名为 Sort，代码如下所示。

```csharp
public static class IQueryableExtention
{
    const string OrderSequence_Asc = "asc";
    const string OrderSequence_Desc = "desc";

    public static IQueryable<T> Sort<T>(this IQueryable<T> source,
        string orderBy,
        Dictionary<string, PropertyMapping> mapping) where T : class
    {
        var allQueryParts = orderBy.Split(',');
        List<string> sortParts = new List<string>();
        foreach (var item in allQueryParts)
        {
            string property = string.Empty;
            bool isDescending = false;
            if (item.ToLower().EndsWith(OrderSequence_Desc))
            {
                property = item.Substring(0, item.Length - OrderSequence_Desc.Length).Trim();
                isDescending = true;
            }
            else
            {
                property = item.Trim();
            }

            if (mapping.ContainsKey(property))
            {
                if (mapping[property].IsRevert)
                {
                    isDescending = !isDescending;
                }

                if (isDescending)
                {
                    sortParts.Add($"{mapping[property].TargetProperty} {OrderSequence_Desc}");
```

```
                    }
                    else
                    {
                        sortParts.Add($"{mapping[property].TargetProperty} {OrderSequence
_Asc}");
                    }
                }
            }
            string finalExpression = string.Join(',', sortParts);
            source = source.OrderBy(finalExpression);
            return source;
        }
    }
```

Sort 方法包含 3 个参数，除了第一个 IQueryable<T>类型的参数外，另两个分别是从 URL 中获取的排序表达式及映射字典。在 Sort 的内部逻辑中，通过解析得到最终的排序表达式，并使用 System.Linq.Dynamic.Core 库中的 OrderBy 对 IQueryable<T>对象排序，并返回排序后的结果。

在 AuthorRepository 类中，将 GetAllAsync 方法中返回结果的语句修改为：

```
var orderedAuthors = queryableAuthors.Sort(parameters.SortBy, mappingDict);
return PagedList<Author>.CreateAsync(orderedAuthors,
    parameters.PageNumber, parameters.PageSize);
```

运行程序，并在 Postman 中请求 URL：https://localhost:5001/api/authors?pageSize= 3&sortby= birthplace,age。即先后按照出生地与年龄排序，结果如图 6-11 所示。

图 6-11 根据多个属性对资源集合排序

6.4 日志和异常

6.4.1 记录日志

ASP.NET Core 内部集成了日志功能，支持向控制台、调试窗口和 Windows 事件日志等位置输出日志。然而，它并不支持向文件输出日志。要输出日志到文件，就需要第三方日志组件，如 NLog 和 log4net 等。NLog 是.NET 平台中比较强大且广泛使用的日志组件，能够将日志信息按指定格式输出到一个或多个输出目标中，如控制台、文件、邮件、数据库和消息队列，甚至第三方平台。

在 ASP.NET Core 应用程序中使用 NLog 非常容易，这得益于 ASP.NET Core 自身的模块化设计和它对依赖注入的支持。右击项目，选择"管理 NuGet 程序包"，搜索"NLog.Web.AspNetCore"，它是 NLog 对于 ASP.NET Core 应用程序提供的库，如图 6-12 所示。该库依赖 NLog.Extensions.Logging，而 NLog.Extensions.Logging 又依赖于 Nlog。

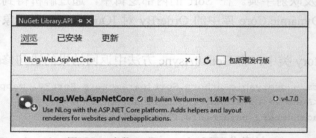

图 6-12 安装 NLog.Web.AspNetCore 包

NLog 通过 XML 形式的文件来配置它的使用方式，这和其他日志组件比较相似。为项目新添加一个 XML 文件，命名为"nlog.config"，并添加如下内容。

```xml
<?xml version="1.0" encoding="utf-8" ?>
<nlog xmlns="http://www.nlog-project.org/schemas/NLog.xsd"
    xmlns:xsi="http://www.w3.org/2001/XMLSchema-instance"
    autoReload="true">
  <variable name="logDirectory" value="${basedir}/logs" />
  <targets>
    <target name="logFile"
        xsi:type="File"
        fileName="${logDirectory}/app_logs_${shortdate}.log"
        layout="${longdate}|${logger}|${uppercase:${level}}|${message} ${exception}"/>
    <target name="logConsole" xsi:type="Console" />
  </targets>
  <rules>
    <logger name="Microsoft.*" minlevel="Trace" writeTo="logConsole" final="true" />
    <logger name="*" minlevel="Trace" writeTo="logFile" />
  </rules>
```

```
</nlog>
```

在<nlog>节点中包含两个主要节点:<targets>和<rules>。前者用于定义输出目标,后者用于定义输出规则。<targets>节点中指定了两个输出目标,一个是输出到文件,另一个是输出到控制台。<rules>节点中定义了两个规则,它们的意义是:将所有Microsoft开头的日志输出到控制台,除此之外的其他日志输出到文件。

> **提示:**
> 如果希望忽略某些日志,则可以设置输出目标为Null。

除了<targets>和<rules>节点外,在最开始,使用<variable>节点可以定义变量。如果同一个信息在后续的配置中多次出现,将它提取为变量可以避免手工输入而引起的错误。

接下来,在Startup类中引用NLog的命名空间,并在Configure方法中添加如下代码。

```
using Microsoft.Extensions.Logging;
using NLog.Extensions.Logging;
using NLog.Web;

        public void Configure(IApplicationBuilder app,
            IHostingEnvironment env,
            IMapper Mapper,
            ILoggerFactory loggerFactory)
        {
            …
            loggerFactory.AddNLog();
            env.ConfigureNLog("nlog.config");
            app.UseHttpsRedirection();
            app.UseMvc();
        }
```

在Configure方法中注入ILoggerFactory后,调用AddNLog()方法,能够添加NLog日志组件到ASP.NET Core内置的依赖注入容器中,之后使用IHostingEnvironment接口的方法ConfigureNLog()将配置文件应用到NLog组件上。

配置NLog完成后,在Controller中就可以正常使用了。使用时通过构造函数将ILogger<TCatagoryName>接口注入进来,即可使用它进行日志记录,代码如下所示。

```
public AuthorController(IRepositoryWrapper repositoryWrapper,
IMapper mapper,
ILogger<AuthorController> logger)
{
    RepositoryWrapper = repositoryWrapper;
    Mapper = mapper;
    Logger = logger;
}
```

```csharp
public ILogger<AuthorController> Logger { get; }
```

运行程序后，所有记录的日志会存放在当前应用程序的 logs 目录下以 app_logs_ 开头的 *.log 文件中，这是在前面 NLog 的配置文件中设置的。

6.4.2 异常处理

到目前为止，Library.API 应用程序还没有添加任何自定义的异常处理。默认情况下，当程序出现异常后，将返回 500 Internal Server Error 状态码。除此之外，在开发环境中将返回包含具体错误信息的 HTML 页面作为响应消息的正文，这是由于在 Startup 类的 Configure 方法中调用了 IApplicationBuilder 接口的 UseDeveloperExceptionPage 方法，而对于非开发环境，消息正文为空。

在 Web API 的应用程序中，当应用程序发生了异常，应以合适的方式将错误信息返回给客户端，如同资源一样，这使客户端能够解析服务器返回的异常信息，并将错误消息提示给用户。因此，我们可以通过自定义类对异常对象进行封装，并将该对象作为响应正文返回给客户端。与异常中间件一样，当应用程序的运行环境不一样时，也应该返回不同的异常信息。如在开发环境中，所提供的信息应包含异常详细信息，反之，则仅提供一般性错误提示即可。

尽管在 Startup 类的 Configure 方法中，可以使用 UseExceptionHandler 方法在请求管道中添加异常处理中间件来处理异常，然而在 MVC 应用程序中，更方便的方式是使用异常过滤器，即 IExceptionFilter，该接口位于 Microsoft.AspNetCore.Mvc.Filters 命名空间下。接下来，我们将使用这一方式来处理异常信息。

在 Helpers 文件夹中添加 ApiError 类，并为它定义两个属性 Message 与 Detail，分别用于表示错误消息与详细信息，代码如下所示。

```csharp
public class ApiError
{
    public string Message { get; set; }
    public string Detail { get; set; }
}
```

之后，在项目中添加一个文件夹，名为 Filters，并在其下添加一个类 JsonExceptionFilter，使它实现 IExceptionFilter 接口。

```csharp
public class JsonExceptionFilter : IExceptionFilter
{
    public void OnException(ExceptionContext context)
    {
        …
    }
}
```

IExceptionFilter 接口定义了一个方法 OnException，当一个 Action 在执行时若发生了异常，则会执行这个方法。该方法包含一个 ExceptionContext 类型的参数，它包含若干个属性，如异常对象、Action 描述信息和 HTTP 上下文等。此外，它还包含一个 IActionResult 类型的属性，用于获取或设置 Action 的返回结果。

当返回错误消息时，对于开发环境和非开发环境返回的内容应有区别。对于开发环境，应返回异常的详细信息，如调用堆栈，方便开发人员进行对异常的跟踪与调试；对于非开发环境，仅返回一般性的错误提示即可；除了返回错误信息外，也应该将这些异常信息记录到日志中。

为 JsonExceptionFilter 类添加一个构造函数，并将 IHostingEnvironment 和 Ilogger <Program>注入进来。

```csharp
public JsonExceptionFilter(IHostingEnvironment env, ILogger<Program> logger)
{
    Environment = env;
    Logger = logger;
}

public IHostingEnvironment Environment { get; }
public ILogger Logger { get; }
```

在 OnException 方法中添加如下代码。

```csharp
public void OnException(ExceptionContext context)
{
    var error = new ApiError();
    if (Environment.IsDevelopment())
    {
        error.Message = context.Exception.Message;
        error.Detail = context.Exception.ToString();
    }
    else
    {
        error.Message = "服务器出错";
        error.Detail = context.Exception.Message;
    }

    context.Result = new ObjectResult(error)
    {
        StatusCode = StatusCodes.Status500InternalServerError
    };

    StringBuilder sb = new StringBuilder();
    sb.AppendLine($"服务发生异常：{context.Exception.Message}");
    sb.AppendLine(context.Exception.ToString());
    Logger.LogCritical(sb.ToString());
}
```

在 OnException 方法中，首先创建了 ApiError 对象，并根据当前的环境为它的 Message 和

Detail 属性分别设置不同的值。当前环境是开发环境时，它们的值分别是异常对象消息及其完整内容；如果当前环境不是开发环境，那么它们的值分别为一般性的错误消息和异常对象的消息（Message 属性）。接着，为 ExceptionContext 对象的 Result 属性设置一个 ObjectResult 对象，内容为 ApiError 对象，StatusCode 属性值为 500；最后，使用 ILogger<Program>对象将异常信息记录到日志中。

要使 JsonExceptionFilter 生效，还应该将它添加到 MVC 配置中，在 Startup 类的 ConfigureServices 方法中，添加如下代码。

```
services.AddMvc(config =>
{
    config.Filters.Add<JsonExceptionFilter>();

    config.ReturnHttpNotAcceptable = true;
    config.OutputFormatters.Add(new XmlSerializerOutputFormatter());
}).SetCompatibilityVersion(CompatibilityVersion.Version_2_2);
```

图 6-13 所示为生产环境请求 API 发生异常时返回的消息。

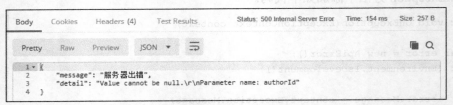

图 6-13　应用程序出错时的响应

6.5　本章小结

本章介绍了分页、过滤、搜索、排序和日志等内容。实现分页能够为应用程序解决一定的性能问题，分页元数据能够使请求方明白数据的分页情况，并在不同页之间进行导航。过滤与搜索很相似，前者是根据关键字对资源的一个或多个属性值进行匹配，后者则类似全文搜索，在资源的所有属性值之间匹配关键字。排序是根据资源的一个或多个属性对资源集合进行升序或降序排列。对于 RESTful API 应用，它们的实现都是通过查询字符串向服务器传递参数，并由服务器根据不同的查询字符串实现相应的操作。

由于 ASP.NET Core 内部集成的日志组件不支持输出日志到文件，因此本章介绍了如何在项目中集成 NLog 组件，同时介绍了如何为 API 应用程序实现异常处理，并记录错误消息到日志文件。

第 7 章将介绍一系列高级主题，例如缓存、并发、HATEOAS 等。

第 7 章 高级主题

本章内容

通过前几章的学习，我们已经掌握了 RESTful API 应用开发的基本内容，所实践的项目也具备了基本且必要的功能。然而在实际情况中，开发人员还需要考虑使用缓存提高程序的性能、并发控制、API 版本等问题，本章将会一一介绍。此外，本章还会介绍 HATEOAS 以及如何为 RESTful API 实现 HATEOAS，最后会介绍 GraphQL 及其实现。GraphQL 与 REST 一样，能够实现 Web API 服务。

7.1 缓存

缓存是一种通过存储资源的备份，在请求时返回资源备份的技术。在 Web 应用程序中，对缓存的使用相当常见。使用缓存能够减少服务器的压力和网络带宽，并减少客户端延迟。ASP.NET Core 支持多种形式的缓存，既支持基于 HTTP 的缓存，也支持内存缓存和分布式缓存，还提供响应缓存中间件。

7.1.1 HTTP 缓存

HTTP 缓存在 Web 应用程序中的使用非常普遍，它主要是通过与缓存相关的消息头实现的，即服务端在返回资源时，能够在响应消息中包含 HTTP 缓存消息头。这些消息头为客户端指明了缓存行为（如是否使用缓存、缓存有效时间等），主要包括 Cache-Control 和 Expires。Cache-Control 是最重要的消息头，它的值通常由一个或多个缓存指令组成，常见的指令如表 7-1 所示。

表 7-1　　　　　　　　　　Cache-Control 的缓存指令

指令	意义
public	表明响应可以被任何对象（如发送请求的客户端和代理服务器等）缓存
private	表明响应只能为单个用户缓存，不能作为共享缓存（即代理服务器不能缓存它）
max-age	设置缓存存储的最大时间，超过这个时间缓存被认为过期，单位为秒
no-cache	必须到原始服务器验证后才能使用缓存
no-store	缓存不应存储有关客户端请求或服务器响应的任何内容

下例显示了该响应支持缓存，且任何位置都可以存储该响应，它的有效时间为 1 分钟。

```
HTTP1.1 200 OK
Cache-Control:public, max-age=60
```

Expires 消息头也可用于指定缓存的有效时间，不同的是，它的值是一个绝对时间。

```
Expires: Wed, 31 Oct 2018 07:28:00 GMT
```

> **提示：**
> 当 max-age 指令与 Expires 消息头同时出现时，max-age 会被优先使用。

当缓存的响应失效后，即超过了所指定的有效期，此时当客户端再次使用资源时，就需要请求服务器，以验证缓存的响应是否仍然有效。如果有效，则服务器返回 304 Not Modified 状态码，并且在响应消息中不会包含任何正文；如果失效，服务器则返回 200 OK 状态码以及最新的资源。

验证缓存资源的方式有两种，一种是通过响应消息头中的 Last-Modified，它的值是资源最后更新的时间，在验证时，需要在请求消息中添加 If-Modified-Since 消息头，这个值是客户端最近一次收到该资源响应中 Last-Modified 消息头的值；另一种方式是使用实体标签（Entity Tag，ETag）消息头，与 Last-Modified 消息头一样，ETag 可视为由服务器生成的当前资源的唯一标识符，当资源发生改变时（如某个属性值有变化），它的值也会更改，因此服务器能够用它来识别缓存的响应是否与资源的最新状态一致。客户端在验证时需要在请求消息头中添加 If-None-Match 项，它的值为该资源最近一次从服务器中获得的 ETag 值，如下例所示。

服务器

```
HTTP1.1 200 OK
Cache-Control:public, max-age=60
ETag: "ead145f"
```

客户端

```
GET /api/authors
If-None-Match: "ead145f"
```

服务器

```
HTTP1.1 304  Not Modified
Cache-Control:public, max-age=60
ETag: "ead145f"
```

当请求中包含 If-None-Match 消息头时，它会告诉服务端，如果客户端提供的值与资源当前的 ETag 值不匹配，则处理请求；如果客户端请求消息头中 If-None-Match 的值与当前资源的 ETag 值一致，则服务器直接返回 304 Not Modified 状态码，并且响应消息的正文内容为空。

7.1 缓存

> **提示：**
> If-None-Match 被称为条件性请求消息头，类似的消息头还有 If-Match、If-Modified-Since 和 If-Unmodified-Since 等，因为服务器会判断它们的值，并根据判断结果做出不同的响应。包含条件性请求消息头的请求被称为条件性请求。另外，只有当请求方法是 GET 或 HEAD，并且服务器返回 200 OK 状态码时的响应才支持缓存。

ASP.NET Core 提供的 [ResponseCache] 特性能够为资源指定 HTTP 缓存行为，[ResponseCache] 特性包含多个属性，如 Duration 和 Location 等，它们能够控制不同的缓存行为。在 AuthorController 中，为 GetAuthorAsync 方法添加 [ResponseCache] 特性，代码如下。

```
[HttpGet("{authorId}", Name = nameof(GetAuthorAsync))]
[ResponseCache(Duration = 60)]
public async Task<ActionResult<AuthorDto>> GetAuthorAsync(Guid authorId)
{
    …
}
```

在浏览器中请求该接口后，其消息头内容如图 7-1 所示。

图 7-1　响应中的缓存消息头

可以看到，响应消息头中包含了 Cache-Control 项，它的值为 public,max=60。通过 [ResponseCache] 特性的 Location 属性可以改变缓存的位置，它的值是一个枚举，包含以下 3 项。

- ❑ Any：设置 Cache-Control 的值为 public。
- ❑ Client：设置 Cache-Control 的值为 private。
- ❑ None：设置 Cache-Control 的值为 no-cache。

因此，如果仅希望在客户端缓存响应，可以指定其 Location 属性为 ResponseCacheLocation.

Client。

```
[ResponseCache(Duration = 60,Location = ResponseCacheLocation.Client)]
```

除了为 Action 方法标记[ResponseCache]特性外，还可以为 Controller 指定该特性，这样能够使当前 Controller 中所有符合缓存条件的 Action 具有同样的缓存行为。当应用程序中多个接口需要添加同样的缓存行为时，为了避免重复，还可以使用缓存配置（Cache Profile）来完成同样的功能。在 Startup 类的 ConfigureServices 方法中添加 MVC 服务时，通过 MvcOptions 对象的 CacheProfiles 属性能够添加缓存配置。

```
public void ConfigureServices(IServiceCollection services)
{
    services.AddMvc(config =>
    {
        …
        config.CacheProfiles.Add("Default",
            new CacheProfile()
            {
                Duration = 60
            });

        config.CacheProfiles.Add("Never",
            new CacheProfile()
            {
                Location = ResponseCacheLocation.None,
                NoStore = true
            });
    }).SetCompatibilityVersion(CompatibilityVersion.Version_2_2);
}
```

上例添加了两项缓存配置，名称分别为 Default 和 Never。在[ResponseCache]特性中使用 CacheProfileName 属性即可为当前接口指定要使用的配置。

```
[ResponseCache(CacheProfileName = "Default")]
```

当缓存的资源已经过时后，客户端需要到服务器验证资源是否有效。前面提到过，有两种方式来验证缓存内容是否仍然有效，即使用 Last-Modified、If-Modified-Since 消息头和 If-None-Match、ETag 消息头。当不容易确定资源最后被更新的时间时，使用 ETag 是更简单且安全的验证方式。下例在获取作者的方法中添加了相应的验证逻辑。

```
[HttpGet("{authorId}", Name = nameof(GetAuthorAsync))]
[ResponseCache(Duration = 60)]
public async Task<ActionResult<AuthorDto>> GetAuthorAsync(Guid authorId)
{
    var author = await RepositoryWrapper.Author.GetByIdAsync(authorId);
    if (author == null)
    {
        return NotFound();
    }
```

```csharp
    var entityHash = HashFactory.GetHash(author);
    Response.Headers[HeaderNames.ETag] = entityHash;
    if (Request.Headers.TryGetValue(HeaderNames.IfNoneMatch, out var requestETag)
        && entityHash == requestETag)
    {
        return StatusCode(StatusCodes.Status304NotModified);
    }

    var authorDto = Mapper.Map<AuthorDto>(author);
    return authorDto;
}
```

当从数据库中得到相应的实体后，通过 HashFactory 的 GetHash 方法得到其散列值，并作为消息头 ETag 的值。HTTP 协议并没有指定如何为资源生成 ETag 值，然而在通常情况下，使用其散列值是比较理想的选择。GetHash 方法的内容如下所示。

```csharp
public string GetHash(object entity)
{
    string result = string.Empty;
    var json = JsonConvert.SerializeObject(entity);
    var bytes = Encoding.UTF8.GetBytes(json);

    using (var hasher = MD5.Create())
    {
        var hash = hasher.ComputeHash(bytes);
        result = BitConverter.ToString(hash);
        result = result.Replace("-", "");
    }

    return result;
}
```

在 GetHash 方法中，首先将对象进行序列化，并将结果转换为 byte[]类型，然后使用 MD5 散列算法得到最终的结果。

如果请求中包含 If-None-Match 消息头，且它的值与本次计算的值一致，则说明该资源并未变动，因此服务器返回 304 Not Modified 状态码，客户端可以继续使用缓存中的内容；反之，则返回 200 OK 状态码以及相应的资源。

7.1.2 响应缓存中间件

[ResponseCache]特性仅能够为响应添加 Cache-Control 消息头，它并不会在服务器上对响应进行缓存。ASP.NET Core 提供了响应缓存中间件，使用它能够为应用程序添加服务器端的缓存功能。

在 Startup 类中可以配置响应缓存，并将响应缓存中间件添加到 ASP.NET Core 的请求管道中。

第 7 章 高级主题

```
public void ConfigureServices(IServiceCollection services)
{
    …
    services.AddResponseCaching(options =>
    {
        options.UseCaseSensitivePaths = true;
        options.MaximumBodySize = 1024;
    });
}

public void Configure(IApplicationBuilder app,
    IHostingEnvironment env,
    IMapper Mapper,
    ILoggerFactory loggerFactory)
{
    …
    app.UseResponseCaching();
    app.UseMvc();
}
```

当添加响应缓存服务时，通过 ResponseCachingOptions 对象能够控制其行为，它包含以下 3 个属性。

- ❑ SizeLimit：设置缓存响应中间件的缓存大小，默认为 100MB。
- ❑ MaximumBodySize：允许缓存响应正文的最大值，默认为 64MB。
- ❑ UseCaseSensitivePath：是否区分请求路径的大小写，默认为 true。

在请求管道中添加响应缓存中间件时，要注意添加顺序，响应缓存中间件应在 MVC 中间件之前添加。

响应缓存中间件同样使用[ResponseCache]特性设置 HTTP 缓存消息头来实现缓存响应。对于添加了[ResponseCache]特性的接口，该特性不仅用于告诉客户端此接口的响应支持缓存，同时还允许服务端缓存此接口的响应。当服务端第二次接收同样的请求时，它将从缓存直接响应客户端。此外，还可以使用[ResponseCache]特性的 VaryByQueryKeys 属性根据不同的查询关键字来区分不同的响应缓存。

```
[ResponseCache(Duration = 60,VaryByQueryKeys =new string[] { "sortBy","searchQuery"})]
```

缓存响应中间件将会根据 VaryByQueryKeys 属性指定的查询关键字区别对待，请求与结果如表 7-2 所示。

表 7-2　　　　　　响应缓存中间件 VaryByQueryKeys 属性的使用结果

请求	结果
api/authors?searchQuery=a	从服务器返回
api/authors?searchQuery=a	从响应缓存中间件返回
api/authors?searchQuery=b	从服务器返回

7.1.3 内存缓存

ASP.NET Core 不仅支持响应缓存中间件，还支持内存缓存（In-memory Cache）。内存缓存利用服务器上的内存来实现对数据的缓存，它能够存储任何类型的数据。要在程序中使用内存缓存，需要先在 Startup 类中添加该服务。

```
public void ConfigureServices(IServiceCollection services)
{
    services.AddMemoryCache();
    ...
}
```

然后在需要缓存的位置（如 Controller 中）注入 IMemoryCache 接口，并调用它的相关方法即可。

```
using Microsoft.Extensions.Caching.Memory;

public class BookController : ControllerBase
{
    public BookController(IRepositoryWrapper repositoryWrapper,
        IMapper mapper,
        IMemoryCache memoryCache)
    {
        RepositoryWrapper = repositoryWrapper;
        Mapper = mapper;
        MemoryCache = memoryCache;
    }

    public IMemoryCache MemoryCache { get; }

    [HttpGet()]
    public async Task<ActionResult<IEnumerable<BookDto>>> GetBooksAsync(Guid authorId)
    {
        List<BookDto> bookDtoList = new List<BookDto>();
        string key = $"{authorId}_books";
        if (!MemoryCache.TryGetValue(key, out bookDtoList))
        {
            var books = await RepositoryWrapper.Book.GetBooksAsync(authorId);
            bookDtoList = Mapper.Map<IEnumerable<BookDto>>(books).ToList();
            MemoryCache.Set(key, bookDtoList);
        }

        return bookDtoList;
    }
    ...
}
```

BookController 使用构造函数注入将 IMemoryCache 接口注入进来。然后在 GetBooksAsync 方法中，首先调用 IMemoryCache 接口的 TryGetValue 方法，根据指定的键名来获取相应的对象。如果不存在指定的键名称，则从数据库中获取到结果后，将它添加到内存缓存中；如果存在，则直接返回从缓存中得到的结果。

由此可见，内存缓存事实上是一个键值对字典。在向内存缓存添加要缓存的对象时，还可以使用 MemoryCacheEntryOptions 对象来控制其缓存时间和优先级等属性。

```
MemoryCacheEntryOptions options = new MemoryCacheEntryOptions();
options.AbsoluteExpiration= DateTime.Now.AddMinutes(10);
options.Priority = CacheItemPriority.Normal;
MemoryCache.Set(key, bookDtoList, options);
```

在上例中，该缓存项的有效时间为 10 分钟且优先级为 Normal（即默认值）。合理设置缓存项的有效时间，不仅能够确保资源被及时更新，也能够使资源在不再使用时，所占用的内存能自动恢复。

缓存项的优先级通过 MemoryCacheEntryOptions 对象的 Priority 属性设置，它的值是枚举值；缓存项的优先级决定了当服务器内存不足时是否先将该项移除，当缓存项优先级低时，将会被先移除。如果不希望缓存项被移除，则应设置其 Priority 属性为 CacheItemPriority.NeverRemove。

7.1.4 分布式缓存

内存缓存会占用服务器自身的内存，对于复杂的应用程序，这无疑是不合适的。ASP.NET Core 还提供了与内存缓存类似的另一种缓存——分布式缓存。分布式缓存能够有效地解决内存缓存的不足问题，分布式缓存由多个应用服务器共享，能够明显地提高 ASP.NET Core 应用程序的性能及可伸缩性。

在 ASP.NET Core 应用程序中使用分布式缓存，需要用到 IDistributedCache 接口，它位于 Microsoft.Extensions.Caching.Distributed 命名空间下，其定义如下所示。

```
public interface IDistributedCache
{
    byte[] Get(string key);
    Task<byte[]> GetAsync(string key);
    void Set(string key, byte[] value,
        DistributedCacheEntryOptions options);
    Task SetAsync(string key, byte[] value,
        DistributedCacheEntryOptions options);
    void Refresh(string key);
    Task RefreshAsync(string key);
    void Remove(string key);
    Task RemoveAsync(string key);
}
```

它主要包含以下 4 组方法。
- Get,GetAsync：根据指定的键名从缓存中获取数据。
- Set,SetAsync：向缓存中添加缓存项。
- Refresh,RefreshAsync：刷新缓存中的缓存项，并更新其有效时间。
- Remove,RemoveAsync：从缓存中删除指定的缓存项。

Get、GetAsync 以及 Set、SetAsync 所操作的数据均为 byte[] 类型，为了方便，IDistributedCache 接口还包含了一些扩展方法，能够直接操作字符串类型，如 GetString、GetStringAsync、SetString、SetStringAsync。

ASP.NET Core 提供了 IDistributedCache 接口的 3 种实现方式，分别是分布式内存缓存、分布式 SQLServer 缓存、分布式 Redis 缓存。它们分别包含在各自的 NuGet 包中：
- Microsoft.Extensions.Caching.Memory
- Microsoft.Extensions.Caching.SqlServer
- Microsoft.Extensions.Caching.Redis

除了上述 3 个包以外，Microsoft.Extensions.Caching.Abstractions 包为上述包提供了通用类型与接口，如 IDistributedCache 接口。另外，除了 Microsoft.Extensions.Caching.Redis 包以外，其他包均已包含在 Microsoft.AspNetCore.App 包中，如果要使用 Redis 分布式缓存，需要单独添加其 NuGet 包。

分布式内存缓存是内存缓存的"分布式"版本，但事实上，它并不是非分布式缓存，与内存缓存一样，它在应用程序服务器的内存中存储数据。分布式内存缓存可用于开发、测试阶段，在生产环境中应使用其他分布式缓存。

```
public void ConfigureServices(IServiceCollection services)
{
    if (_hostContext.IsDevelopment())
    {
        services.AddDistributedMemoryCache();
    }
    else
    {
        // 使用其他分布式缓存
    }
    …
}
```

分布式 SQL Server 缓存使用 SQL Server 数据库来存储缓存内容。在实际使用之前，应先使用 dotnet sql-cache create 命令创建缓存数据库。

```
dotnet sql-cache create "Data Source=(localdb)\MSSQLLocalDB;Initial Catalog=DistCache;
Integrated Security=True;" dbo TestCache
```

如果不希望使用上述命令创建，也可以手工创建，方法是先创建一个数据库，用于缓存，然后使用以下 SQL 语句来创建缓存表。

```
CREATE TABLE [dbo].[SQLCache](
    [Id][nvarchar](449) NOT NULL,
    [Value][varbinary](max) NOT NULL,
    [ExpiresAtTime][datetimeoffset](7) NOT NULL,
    [SlidingExpirationInSeconds][bigint] NULL,
    [AbsoluteExpiration][datetimeoffset](7) NULL,
    CONSTRAINT[pk_Id] PRIMARY KEY CLUSTERED ([Id] ASC) WITH(PAD_INDEX = OFF, STATISTICS_
NORECOMPUTE = OFF, IGNORE_DUP_KEY = OFF, ALLOW_ROW_LOCKS = ON, ALLOW_PAGE_LOCKS = ON)
ON[PRIMARY]) ON[PRIMARY] TEXTIMAGE_ON[PRIMARY]
```

提示：

为了达到更好的性能，建议使用专用的 SQL Server 服务实例来存储缓存，这样可以避免其他数据库（例如应用程序用到的数据库）对它造成性能上的影响。

成功创建缓存表后，其结构如图 7-2 所示。

Column Name	Data Type	Allow Nulls
Id	nvarchar(449)	☐
Value	varbinary(MAX)	☐
ExpiresAtTime	datetimeoffset(7)	☐
SlidingExpirationInSeconds	bigint	☑
AbsoluteExpiration	datetimeoffset(7)	☑

图 7-2　SQL Server 缓存表结构

之后，在 Startup 类中使用 IServiceCollection 接口的扩展方法 AddDistributedSqlServerCache 将服务添加到容器中。

```
services.AddDistributedSqlServerCache(options =>
{
    options.ConnectionString =
        Configuration["DistCache_ConnectionString"];
    options.SchemaName = "dbo";
    options.TableName = "TestCache";
});
```

分布式 Redis 缓存则使用 Redis 存储缓存内容，Redis 是开源且被广泛使用的分布式缓存。要使用 Redis 缓存，首先应安装 Redis，安装完成后，还应确保 Reids 服务正常运行。除了使用本地的 Redis 服务之外，Azure 还提供了 Redis 缓存服务。

注意，关于 Azure Redis 缓存服务的详细信息，请读者到 Microsoft Azure 官网中自行搜索。

由于 Microsoft.AspNetCore.App 包中不包含 Redis NuGet 包，因此还需要使用程序包管理器安装它，如图 7-3 所示。

图 7-3　Redis NuGet 包

7.1 缓存

接下来，在 Startup 类中使用 IServiceCollection 接口的扩展方法 AddDistributedRedisCache，将 Redis 缓存服务添加到容器中。

```
services.AddDistributedRedisCache(options =>
{
    options.Configuration = Configuration["Caching:Host"];
    options.InstanceName = Configuration["Caching:Instance"];
});
```

同时，在 appsettings.json 配置文件中添加 Redis 服务的配置信息。

```
"Caching": {
  "Host": "127.0.0.1:6379",
  "Instance": "master"
}
```

然后，在 Controller 中注入 IDistributedCache 接口即可使用。

```
public class AuthorController : ControllerBase
{
    public AuthorController(IRepositoryWrapper repositoryWrapper,
        IMapper mapper,
        ILogger<AuthorController> logger,
        IDistributedCache distributedCache)
    {
        RepositoryWrapper = repositoryWrapper;
        Mapper = mapper;
        Logger = logger;
        DistributedCache = distributedCache;
    }

    public IDistributedCache DistributedCache { get; }
…
}
```

接下来，在 GetAuthorsAsync 方法中使用 Redis 缓存，修改 GetAuthorsAsync 方法如下所示。

```
public async Task<ActionResult<IEnumerable<AuthorDto>>> GetAuthorsAsync(
    [FromQuery]AuthorResourceParameters parameters)
{
    PagedList<Author> pagedList = null;

    // 为了简单，仅当请求中不包含过滤和搜索查询字符串时，
    // 才进行缓存，实际情况不应有此限制
    if (string.IsNullOrWhiteSpace(parameters.BirthPlace)
        && string.IsNullOrWhiteSpace(parameters.SearchQuery))
    {
```

```
            string cacheKey = $"authors_page_{parameters.PageNumber}_pageSize_{parameters.
PageSize}_{parameters.Sort
            string cachedContent = await DistributedCache.GetStringAsync(cacheKey);

            JsonSerializerSettings settings = new JsonSerializerSettings();
            settings.Converters.Add(new PagedListConverter<Author>());
            settings.Formatting = Formatting.Indented;

            if (string.IsNullOrWhiteSpace(cachedContent))
            {
                pagedList = await RepositoryWrapper.Author.GetAllAsync(parameters);
                DistributedCacheEntryOptions options = new DistributedCacheEntryOptions
                {
                    SlidingExpiration = TimeSpan.FromMinutes(2)
                };

                var serializedContent = JsonConvert.SerializeObject(pagedList, settings);
                await DistributedCache.SetStringAsync(cacheKey, serializedContent);
            }
            else
            {
                pagedList = JsonConvert.DeserializeObject<PagedList<Author>>(cachedContent,
settings);
            }
        }
        else
        {
            pagedList = await RepositoryWrapper.Author.GetAllAsync(parameters);
        }

        …
        var authorDtoList = Mapper.Map<IEnumerable<AuthorDto>>(pagedList);
        return authorDtoList.ToList();
}
```

在 GetAuthorsAsync 方法中，首先对查询字符串 BirthPlace 和 SearchQuery 进行判断，仅当它们都为空时才使用缓存，这样做是为了简单，实际情况应考虑所有查询字符串。接着通过 pageNumber、pageSize 和 SortBy（默认值为 Name）生成缓存键，如 authors_page_1_pageSize_10_Name。然后调用 IDistributedCache 接口的 GetStringAsync 方法来获取指定键的内容。当缓存中不存在指定键的缓存项时，获取的结果为空，因此在从数据库中得到结果后，使用 SetStringAsync 方法将 JSON 序列化后的结果放入缓存中；如果缓存中已经存在指定的缓存项，则应直接将其内容反序列化即可。

与内存缓存一样，向分布式缓存添加数据时也可以设置缓存项的有效时间，只要指定 DistributedCacheEntryOptions 对象即可。上例中将其 SlidingExpiration 属性设置为 2 分钟，该

7.1 缓存

属性指明了缓存项被移出前的非活动时间,即当缓存项超过了该时间没有被访问过时,它将会被移除出去。

另外,由于 Json.NET 在序列化集合对象时会将其作为数组处理,因而会忽略集合对象中的其他属性。PagedList<T>对象作为一个集合,在默认情况下,其序列化结果仅包含集合中的每一个元素,然而其自定义属性(如 TotalCount 和 PageSize 等),对于生成分页元数据非常重要。如果使用默认的序列化方式,这些值将不会包含在结果中,因此要保留这些属性,就需要使用自定义 JsonConverter 类。上例使用了 PagedListConverter<T>类,它继承自 JsonConverter 抽象类,PagedListConverter<T>的内容如下所示。

```
public class PagedListConverter<T> : JsonConverter
{
    public override bool CanConvert(Type objectType)
    {
        return objectType == typeof(PagedList<T>);
    }

    public override object ReadJson(JsonReader reader, Type objectType, object existingValue, JsonSerializer serializer)
    {
        JObject jsonObj = JObject.Load(reader);

        var totalCount = (int)jsonObj["totalCount"];
        var pageNumber = (int)jsonObj["pageNumber"];
        var pageSize = (int)jsonObj["pageSize"];
        var items = jsonObj["Items"].ToObject<T[]>(serializer);

        PagedList<T> pageList = new PagedList<T>(items.ToList(), totalCount, pageNumber, pageSize);
        return pageList;
    }

    public override void WriteJson(JsonWriter writer, object value, JsonSerializer serializer)
    {
        PagedList<T> result = (PagedList<T>)value;
        JObject jsonObj = new JObject();

        jsonObj.Add("totalCount", result.TotalCount);
        jsonObj.Add("pageNumber", result.CurrentPage);
        jsonObj.Add("pageSize", result.PageSize);
        jsonObj.Add("Items", JArray.FromObject(result.ToArray(), serializer));
        jsonObj.WriteTo(writer);
    }
}
```

第 7 章 高级主题

图 7-4 显示了没有使用缓存与使用了缓存的对比结果。两次测试均对 api/authors 接口进行压力测试，时间为 30 秒，使用工具为 WebSurge。在图 7-4 中，左侧为没有使用缓存的结果，平均每秒请求约 15 次，平均请求时间约 135 毫秒，而右侧则使用了缓存的结果，性能上明显有提升，平均每秒请求约 49 次，平均请求时间仅为 40 毫秒。

Test Results		Test Results	
Total Requests:	452	Total Requests:	1,482
Failed:	0	Failed:	0
Threads:	2	Threads:	2
Total Time:	30.00 secs	Total Time:	30.00 secs
Req/Sec:	15.07	Req/Sec:	49.40
Avg Time:	134.93 ms	Avg Time:	40.41 ms
Min Time:	80.00 ms	Min Time:	21.00 ms
Max Time:	287.00 ms	Max Time:	140.00 ms

图 7-4 压力测试对比结果

7.2 并发

7.2.1 为什么需要并发控制

对于 Web 应用程序来说，多个客户端同时访问同一个资源的情况极为常见。如果客户端仅获取资源，则不存在并发问题，每个客户端请求后都能得到资源的最新状态。如果要修改资源，则会存在问题。图 7-5 显示了当两个用户获取到同一个资源后，再同时修改该资源所导致的并发问题。

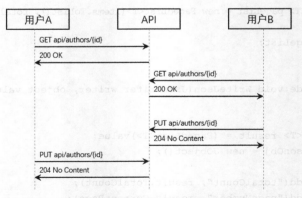

图 7-5 多用户更新资源时的并发问题

用户 A 与用户 B 在获取资源后，用户 B 先提交修改请求，操作成功；之后，用户 A 也提交修改，并且操作成功。然而这里存在的问题是，用户 A 的操作会覆盖用户 B 所做的修改，这是由于客户端向服务器提交修改时的时间不一致，结果导致先提交的修改被后来的修改替换。

上例是一个典型的"后修改者有效"（The last change wins）的示例。在这种情况下，最后一个人的修改有效，会导致其他人的修改丢失。因此在 RESTful API 应用程序中，对修改数据的接口，如更新（PUT）或部分更新（PATCH），必须添加并发处理。

7.2.2 不同的并发处理策略

常见的实现并发的方法有以下两种。

- **保守式并发控制**（Pessimistic Concurrency Control），又称悲观并发控制。这种处理方式是当客户端要修改资源时，由服务器将其锁定，这样其他用户就不能修改了。
- **开放式并发控制**（Optimistic Concurrency Control），又称乐观并发控制。这种处理方式主要是通过表示资源的当前状态的散列值实现的。具体来说，当客户端要修改资源时，需将获取资源时所得到的资源散列值也一并提交给服务器，服务器需检查该值是否有效，如果有效，意味着该资源在此期间并未被修改过，因此服务器允许继续完成修改；如果失效，则说明资源已经被修改过了，服务器将拒绝客户端的修改请求。

需要注意的是，由于 HTTP 是无状态的，因此对于 RESTful API 应用程序来说，只能使用开放式并发控制方式。在上一节中，我们已经了解到，ETag 作为资源的状态唯一值，能够用来判断资源是否改变，因此它也可以用于实现开放式并发控制，从而解决修改被覆盖的问题。当客户端提交 PUT 请求以更新一个资源时，应使用 If-Match 消息头，并使它的值为最近一次获取该资源时所得到的 ETag 值。与 If-None-Match 消息头正好相反，If-Match 的意义是只有当客户端提供的值与资源当前的 ETag 值相同时才执行请求，否则应返回 412 Precondition Failed 状态码，该状态码表示先决条件失败；如果客户端发起 PUT 请求时并没有提供 If-Match 消息头，则应直接返回 400 Bad Request 状态码，上述流程如图 7-6 所示。

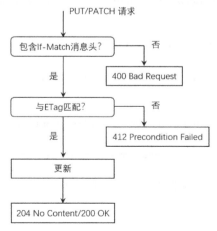

图 7-6　开放式并发控制流程

基于上述流程，本节开头提到的并发问题得到了解决，使用开放式并发控制后的结果如图 7-7 所示。

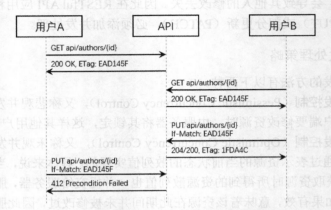

图 7-7　使用开放式并发控制来解决并发问题

当用户 B 成功更新资源后，资源的 ETag 值也发生了变化，而用户 A 在发送 PUT 请求时，使用的 ETag 值仍然是资源被修改之前的 ETag 值，因此更新失败。此时，用户 A 只有重新获取资源，并将修改应用到新获取的资源上，其修改操作才能成功。

7.2.3　实现并发控制

BookController 中包含了对图书资源的更新与部分更新。接下来的示例将显示如何为这两个接口实现开放式并发控制。

对于 PUT 或 PATCH 请求，必须检查客户端的请求消息头中是否包含 If-Match 消息头，为了实现这一目的，我们可以使用过滤器。在 Filters 文件夹中添加 CheckIfMatchHeaderFilterAttribute 类，内容如下所示。

```
public class CheckIfMatchHeaderFilterAttribute : ActionFilterAttribute
{
    public override Task OnActionExecutionAsync(ActionExecutingContext context,
ActionExecutionDelegate next)
    {
        if (!context.HttpContext.Request.Headers.ContainsKey(HeaderNames.IfMatch))
        {
            context.Result = new BadRequestObjectResult(new ApiError
            {
                Message= "必须提供 If-Match 消息头"
            });
        }

        return base.OnActionExecutionAsync(context, next);
    }
```

}

CheckIfMatchHeaderFilterAttribute 类的功能很简单，它会检查请求消息头中是否包含 If-Match 项，如果没有，则返回 400 Bad Request 状态码。然后为 BookController 中的 UpdateBookAsync 与 PartiallyUpdateBookAsync 两个方法应用该特性，并修改这两个方法中的逻辑。下面以 UpdateBookAsync 为例，将其修改为如下代码。

```
[HttpPut("{bookId}")]
[CheckIfMatchHeaderFilter]
public async Task<IActionResult> UpdateBookAsync(Guid authorId, Guid bookId,
BookForUpdateDto updatedBook)
{
    var book = await RepositoryWrapper.Book.GetBookAsync(authorId, bookId);
    if (book == null)
    {
        return NotFound();
    }

    var entityHash = HashFactory.GetHash(book);
    if (Request.Headers.TryGetValue(HeaderNames.IfMatch, out var requestETag)
        && requestETag != entityHash)
    {
        return StatusCode(StatusCodes.Status412PreconditionFailed);
    }

    Mapper.Map(updatedBook, book, typeof(BookForUpdateDto), typeof(Book));
    RepositoryWrapper.Book.Update(book);
    if (!await RepositoryWrapper.Book.SaveAsync())
    {
        throw new Exception("更新资源Book失败");
    }

    var entityNewHash = HashFactory.GetHash(book);
    Response.Headers[HeaderNames.ETag] = entityNewHash;

    return NoContent();
}
```

在 UpdateBookAsync 方法中，首先计算出资源当前的散列值，并将它与请求消息头 If-Match 的值相对比，如果不一致，则说明该资源已经被修改过了，因此返回 412 Precondition Failed 状态码；如果两个值完全一致，则说明该客户端的实体与当前实体是一致的，因此服务端接受此次修改，当修改完成后，计算实体更新后的散列值，并添加在响应的 ETag 消息头中。部分更新 PartiallyUpdateBookAsync 方法的修改与上述逻辑完全相同，在此不再赘述。

在 Postman 中获取一个图书资源,并得到其 ETag 值,然后再次发起一个 PUT 请求修改资源的内容,在 PUT 请求的消息头中,添加 If-Match 项,将它的值设置为刚才得到的 ETag 值。当发送该 PUT 请求后,如果服务器上的资源在此期间未被修改过,则服务器返回 204 No Content 状态码,这说明更新成功,并且响应消息头也包含了该资源更新后的 ETag 值,如图 7-8 所示。

图 7-8 实现了并发控制的结果

如果再次发送同样的请求,服务器则会返回 412 Precondition Failed 状态码,即该资源已经被更新过,使用过时的 ETag 值与其新 ETag 值不匹配。此操作模拟了在该资源被修改之前,另一用户也获取了该资源并使用相同的 ETag 值来修改它的场景。

7.3 版本

7.3.1 API 版本

对于 Web API 应用程序而言,随着时间的推移以及需求的增加或改变,API 必然会遇到升级的需求。事实上,Web API 应用程序应该从创建时就考虑到 API 版本的问题。业务的调整、功能的增加、接口的移除与改名、接口参数变动、实体属性的添加、删除和更改等都会改变 API 的功能,从而带来版本的变更。

在 ASP.NET Core MVC 应用程序中为 API 实现版本功能很简单,这主要是通过 Microsoft.AspNetCore.Mvc.Versioning 包来提供版本化 API 的类与特性。当在应用程序中安装了此包后,就可以为 API 接口标记版本信息。指定版本的方法有两种,既可以使用[ApiVersion]特性,也可以使用版本约定方式。当定义了不同版本的 API 接口后,客户端可以通过如下多种方式来访问某一版本的 API。

- ❏ 使用 URL 路径,如 api/v1.0/values。
- ❏ 使用查询字符串,如 api/values?api-version=1.0。

7.3 版本

❏ 使用 HTTP 自定义消息头。
❏ 使用媒体类型（Media Type）参数，如 Accept: application/json;v=2.0。

ASP.NET Core MVC 默认的方式是使用查询字符串，查询字符串使用的参数名为 api-version。具体使用哪种方式由服务端指定，既可以使用其中的一种，也可以同时使用多种不同的方式。

API 版本的格式由主版本号与次版本号组成，此外还可以包含可选的两部分：版本组和状态。

❏ [Version Group.]<Major>.<Minor>[-Status]
❏ <Version Group>[<Major>[.Minor]][-Status]

版本组的格式为 YYYY-MM-DD，它能够对 API 接口起到逻辑分组的作用，状态则能够标识当前版本的状况，如 Alpha、Beta 和 RC 等。以下是常见的版本格式：

❏ /api/foo?api-version=1.0
❏ /api/foo?api-version=2.0-Alpha
❏ /api/foo?api-version=2015-05-01.3.0
❏ /api/v1/foo
❏ /api/v2.0-Alpha/foo
❏ /api/v2015-05-01.3.0/foo

接下来，我们将通过简单的例子来实现 API 版本。

7.3.2 实现 API 版本

在 ASP.NET Core MVC 应用程序中为 Web API 添加版本功能，需要使用 Microsoft.AspNetCore.Mvc.Versioning 包，它提供了[ApiVersion]特性、版本服务以及与版本服务相关的控制选项等对象。接下来为应用程序添加需要的 NuGet 包，在 NuGet 中搜索"Microsoft.AspNetCore.Mvc.Versioning"，如图 7-9 所示，从结果中安装它。

图 7-9 实现 API 版本需要的 NuGet 包

> 💡提示：
> 也可以在"程序包管理控制台"中输入以下命令来安装 NuGet 包。
> ```
> Install-Package Microsoft.AspNetCore.Mvc.Versioning
> ```

然后添加 API 版本服务，在 Startup 类的 ConfigureServices 方法中添加如下代码。

```
services.AddApiVersioning(options =>
{
    options.AssumeDefaultVersionWhenUnspecified = true;
    options.DefaultApiVersion = new ApiVersion(1, 0);
    options.ReportApiVersions = true;
});
```

当添加版本服务时,可以通过指定 ApiVersioningOptions 对象的一些属性来控制版本功能。ApiVersioningOptions 类位于命名空间 Microsoft.AspNetCore.Mvc.Versioning 下,其成员如下所示。

```
public class ApiVersioningOptions
{
    public ApiVersioningOptions();
    public bool ReportApiVersions { get; set; }
    public bool AssumeDefaultVersionWhenUnspecified { get; set; }
    public ApiVersion DefaultApiVersion { get; set; }
    public IApiVersionReader ApiVersionReader { get; set; }
    public IApiVersionSelector ApiVersionSelector { get; set; }
    public ApiVersionConventionBuilder Conventions { get; set; }
    public IErrorResponseProvider ErrorResponses { get; set; }
}
```

其中,AssumeDefaultVersionWhenUnspecified 属性指明当客户端未提供版本时是否使用默认版本,它的默认值为 false。若将它设置为 true,则客户端访问 API 时不需要显式地提供版本,方便为那些原来并没有提供版本功能的 API 应用程序添加这一功能,此时客户端仍然可以使用原来的方式来访问 API;而如果该属性未设置为 true,而在请求时不包含版本,则会返回 400 Bad Request 状态码和如下错误信息。

```
{
    "error": {
        "code": "ApiVersionUnspecified",
        "message": "An API version is required, but was not specified.",
        "innerError": null
    }
}
```

该错误信息指明当在请求 API 时,必须指定版本信息。

DefaultApiVersion 属性指明了默认版本,当 Controller 并未显式设置版本信息时,它的版本将为默认版本,DefaultApiVersion 属性的默认值为 1.0。ReportApiVersions 属性则指明是否在 HTTP 响应消息头中包含 api-supported-versions 和 api-deprecated-versions 这两项,前者表明当前 API 支持的所有版本列表,后者表明当前 API 将不再使用的版本列表。

此时,运行程序,访问 https://localhost:5001/api/authors,结果如图 7-10 所示。

7.3 版本

图 7-10　添加 API 版本功能后，服务端的响应消息

结果显示，服务器除了返回正常的结果外，还在响应消息头中添加了当前接口支持的版本，即默认版本 1.0。

接下来，在 Controller 文件夹中添加一个类文件，名为 PersonController，内容如下所示。

```
using Microsoft.AspNetCore.Mvc;

namespace Library.API.Controllers.V1
{
    [Route("api/person")]
    [ApiVersion("1.0")]
    public class PersonController : ControllerBase
    {
        [HttpGet]
        public ActionResult<string> Get() => "Result from v1";
    }
}

namespace Library.API.Controllers.V2
{
    [Route("api/person")]
    [ApiVersion("2.0")]
    public class PersonController : ControllerBase
    {
        [HttpGet]
        public ActionResult<string> Get() => "Result from v2";
    }
}
```

该文件中包含了位于不同命名空间的两个同名 Controller，它们的路由路径也相同，均包含 Get 方法，返回不同的信息。此外，通过使用[ApiVersion]特性分别为它们标记了不同的版本，即 1.0 与 2.0。

提示：
　　为了简单，上例将两个类放到了同一个文件中，在实际情况中，应该将不同版本的类写在不同的文件中。

运行程序，访问 https://localhost:5001/api/person，结果将返回"Result from v1"，这是因为默认版本为1.0，而要访问指定的版本有多种方式。ASP.NET Core 默认使用的是查询字符串，访问 https://localhost:5001/api/person?api-version=2.0，结果如图 7-11 所示。

图 7-11　使用查询字符串方式访问指定的版本

结果显示，服务端返回了指定版本的内容。而在响应消息头中也列出了 API 支持的所有版本，如图 7-12 所示。

图 7-12　API 支持的版本列表

在查询字符串这种方式中，查询字符串的参数名为 api-version，它的名称可以是自定义的。ApiVersioningOptions 对象包含一个属性 ApiVersionReader，它的值为实现了 IApiVersionReader 接口的对象，该接口定义了如何读取版本信息。在默认情况下，该属性的值包含了 QueryStringApiVersionReader 对象，而 QueryStringApiVersionReader 中的属性 ParameterName 定义了查询字符串的参数名，如图 7-13 所示。

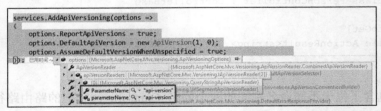

图 7-13　查询字符串参数名称

因此要修改图 7-13 中的参数名，只要为 ApiVersionReader 属性设置一个带有自定义参数名的 QueryStringApiVersionReader 对象即可，代码如下所示。

```
services.AddApiVersioning(options =>
{
    options.ReportApiVersions = true;
```

```
        options.DefaultApiVersion = new ApiVersion(1, 0);
        options.AssumeDefaultVersionWhenUnspecified = true;
        options.ApiVersionReader = new QueryStringApiVersionReader("ver");
    });
```

若要使用 URL 路径形式来访问指定版本的 API，则需要为 Controller 修改路由，通过在路由模板中添加版本参数来定义访问指定版本 Controller 的方式。这种方式并不支持隐式版本匹配，即在访问资源的 URL 中必须包含版本。在 PersonController.cs 文件中继续添加如下代码。

```
namespace Library.API.Controllers.V1
{
    [ApiVersion("1.0")]
    [Route("api/v{version:apiVersion}/students")]
    public class StudentController : ControllerBase
    {
        [HttpGet]
        public ActionResult<string> Get() => "Result from v1";
    }
}

namespace Library.API.Controllers.V2
{
    [ApiVersion("2.0")]
    [Route("api/v{version:apiVersion}/students")]
    public class StudentController : ControllerBase
    {
        [HttpGet]
        public ActionResult<string> Get() => "Result from v2";
    }
}
```

上述两个 StudentController 类均使用[Route]特性定义了包含版本信息的路由路径 api/v{version:apiVersion}/students。运行程序，访问 https://localhost:5001/api/v2/students，即可访问相应版本的接口。

ASP.NET Core MVC 也支持使用自定义 HTTP 消息头访问指定的 API，但默认并不支持这种方式，因此需要修改 ApiVersioningOptions 对象的 ApiVersionReader 属性。

```
options.ApiVersionReader = new HeaderApiVersionReader("api-version");
```

在客户端请求 API 时，需要在消息头中添加 api-version 项，它的值为要访问的版本。这种方式相比前两种的缺点是浏览器并不支持为请求添加自定义消息头，因此必须使用诸如 Postman 之类的工具来访问，而不能使用浏览器访问。

除了上述 3 种方式之外，还可以通过媒体类型来获取 API。媒体类型由 HTTP 请求消息头中的 Accept 或 Content-Type 指定，这些消息头的参数主要用于内容协商，它们的值除了可以包含具体的 MEMI 类型以外，还可以包含自定义输入参数，而这些参数可以用于提供版本信息。

修改 ApiVersionReader 的属性如下：

```
options.ApiVersionReader = new MediaTypeApiVersionReader();
```

请求 https://localhost:5001/api/person，并在请求消息头中添加 Content-Type，它的值为 application/json;v=2，结果如图 7-14 所示。

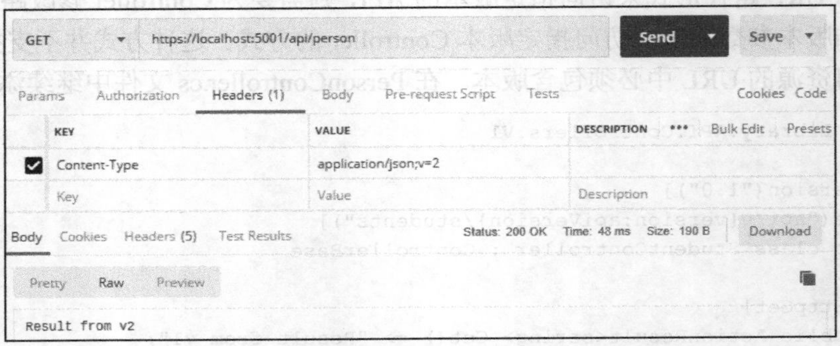

图 7-14　使用媒体类型方式访问指定版本的 API

如果 Content-Type 和 Accept 都存在于请求消息中，则优先使用 Content-Type。媒体类型参数名默认为 v，与 QueryStringApiVersionReader 构造函数一样，如果需要修改，则直接在构造函数中指定自定义的参数名称即可。

在上述的 4 种方式中，推荐使用前两种方式，即 URL 路径和查询字符串方式，第 4 种使用媒体类型的方式在 REST API 中比较适用。如果要同时支持多种方式，则可以使用 ApiVersionReader 类的静态方式 Combine 来组合。

```
options.ApiVersionReader = ApiVersionReader.Combine(
    new MediaTypeApiVersionReader(),
    new QueryStringApiVersionReader("api-version"));
```

当支持多种方式时，可使用其中任何一种方式。如果在请求时使用了两种或更多的方式，则所有方式指定的版本信息必须一致，否则服务端会提示版本不明确的错误消息，如图 7-15 所示。

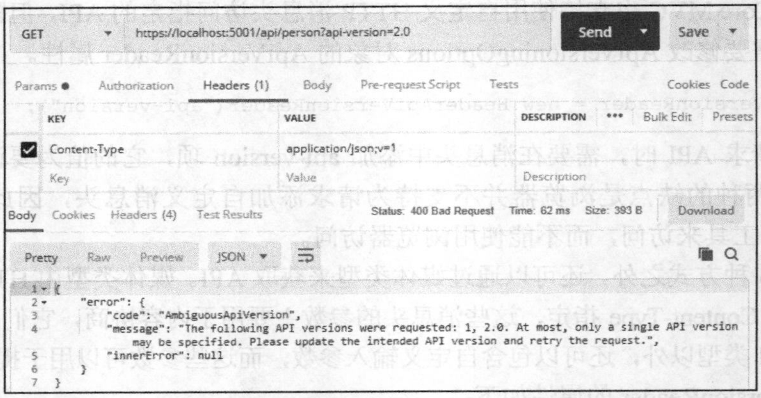

图 7-15　当使用多种方式指定了不同的版本时，服务器返回错误消息

除了创建 Controller 级别的版本外,我们还可以创建 Action 级别的版本,当一个 Controller 中仅某个 Action 有变化时,会非常有用。

```
[Route("api/news")]
[ApiVersion("1.0")]
[ApiVersion("2.0")]
public class NewsController : ControllerBase
{
    [HttpGet]
    public ActionResult<string> Get() => "Result from v1";

    [HttpGet, MapToApiVersion("2.0")]
    public ActionResult<string> GetV2() => "Result from v2";
}
```

在上例中,NewsController 提供了 1.0 和 2.0 两个版本,而要为其中的 Get 方法提供另一个版本,只要为新方法添加[MapToApiVersion]特性,同时添加相应版本的信息即可。

当 API 有多个版本时,意味着其中先前的版本将不再继续使用。为 Controller 添加 [ApiVersion]特性时,将该特性的属性 Deprecated 设置为 true 可将该接口标识为不再使用。

```
[ApiVersion( "2.0" )]
[ApiVersion( "1.0", Deprecated = true )]
[Route( "api/[controller]" )]
public class HelloWorldController : Controller
{
    [HttpGet]
    public string Get() => "Hello world!"

    [HttpGet, MapToApiVersion( "2.0" )]
    public string GetV2() => "Hello world v2.0!";
}
```

这并不是说这个接口不能再访问了,只是告诉客户端该接口在未来一段时间内(如 6 个月)将不再被提供。此时请求 API,结果如图 7-16 所示。

图 7-16　不再支持的版本列表

要完全移除某一版本的 API，只要将相应的 Controller 类文件从项目中移除，或将其标识 [NonController]特性即可，也可以注释相关代码。

上述所有示例中均使用[ApiVersion]、[MapToApiVersion] 特性为 Controller 和 Action 标识版本信息。除了特性外，ASP.NET Core MVC 还支持使用约定（Conventions）的方式来指定，主要是通过设置 ApiVersioningOptions 类的 Conventions 属性来实现的。

```
options.Conventions.Controller<Controllers.V1.ProjectController>()
    .HasApiVersion(new ApiVersion(1, 0))
    .HasDeprecatedApiVersion(new ApiVersion(1, 0));

options.Conventions.Controller<Controllers.V2.ProjectController>()
    .HasApiVersion(new ApiVersion(2, 0));
```

相比特性，这种方式的优点是能够集中地管理应用程序中所有 API 的版本信息，还可以灵活、动态地为 API 配置版本。

如果要在程序中获取客户端请求的版本信息，只需访问 HttpContext 对象的 GetRequestedApiVersion 方法即可。

```
[ApiVersion( "1.0" )]
[ApiVersion( "2.0" )]
public class Controller : Controller
{
    protected ApiVersion RequestedApiVersion => HttpContext.GetRequestedApiVersion();
}
```

7.4 HATEOAS

7.4.1 HATEOAS 简介

图 7-17 Richardson 成熟度模型

HATEOAS，全称 Hypermedia As The Engine Of Application State，即超媒体作为应用程序状态引擎。它作为 REST 统一界面约束中的一个子约束，是 REST 架构中最重要、最复杂的约束，也是构建成熟 REST 服务的核心。

Richardson 成熟度模型是根据 REST 约束对 API 成熟度进行衡量的一种方法，该成熟模型使用 3 个因素来决定服务的成熟度，即 URI、HTTP 方法和 HATEOAS。一个 API 应用程序越多地采用这些特性，就越成熟。根据上述 3 个因素，RESTful API 应用的成熟度分为 3 级，如图 7-17 所示。

各级成熟度的意义如下。

7.4 HATEOAS

（1）第 1 级：资源

一级成熟度的 API 引入资源的概念，将系统中的实体作为资源，并且每个资源都具有一个标识符，每个资源都由唯一的 URI 单独标识，如 api/authors/{id}。而所使用的 HTTP 方法只有一个，通常是 POST。

客户端

```
POST /api/authors
<requestAllAuthors />
```

服务器

```
HTTP/1.1 200 OK
<authors>
  <author id="1234" />
  ...
</authors>
```

（2）第 2 级：HTTP 动词

相比第 1 级，第 2 级的 API 正确地使用了 HTTP 方法和状态码，HTTP 方法用于对资源执行不同的操作，状态码用于表示操作的结果。大多数所谓的 RESTful API 都处于这个级别。

客户端

```
GET  /api/authors
```

服务器

```
200 Ok
(authors)
```

客户端

```
POST /api/authors
(author representation)
```

服务器

```
201 Created
(author)
```

（3）第 3 级：超文本驱动，即 HATEOAS

这是 Richardson 模型中最成熟的一个层次，达到这一成熟度的 API 不仅在响应中包含资源，也包含与之相关的链接，这些链接不仅使 API 易于被发现，而且通过这些链接能够发现当前资源所支持的动作，通过这些动作又能够驱动应用程序状态的改变。根据 Roy Thomas Fielding 的严格规定，REST API 必须是由超文本驱动的，因此，API 如果没有达到这一级的成熟度，那么就不是真正意义上的 RESTful API。

```
GET /api/authors
```

```
200 OK
{
    "items": [
            (authors)
    ],
    "_links": [
            {
                "href": "../authors?PageNumber=1&PageSize=10 ",
                "method": "GET",
                "rel": "self"
            },
            …
    ]
}
```

在图 7-17 中，成熟度级别为 0 的 API 不使用任何形式的资源、HTTP 方法和 HATEOAS 功能。这些服务具有单个 URI，并使用单个 HTTP 方法（通常为 POST），RPC 形式的接口属于这一种，严格地说，这一类 API 完全不是 RESTful API。

HATEOAS 使 API 在其响应消息中不仅提供资源，还提供 URL。这些 URL 能够告诉客户端如何使用 API，它们由服务器根据应用程序当前的状态动态生成，而客户端在得到响应后，通过这些 URL 就能够知道服务器提供哪些操作，并使用这些链接与服务器进行交互。响应中不仅包含资源，也包含 URL，这样使响应如同包含超链接的 HTML 网页一样具有超媒体的特征。同时，也正是这些超媒体链接担当了驱动应用程序状态的引擎，这也是 HATEOAS 名称的意义所在。

没有实现 HATEOAS 的 API 要求客户端必须知道 API 的每一个端点，也必须明白 API 端点之间的关系。此外，对于有些功能，必须等到客户端请求后才能够明白服务器是否支持某种操作，比如，当图书管理系统支持图书借阅功能时，客户端必须调用相关的接口才知道某一图书是否目前仍然可借；当系统不支持普通用户删除资源时，只有当客户端调用删除资源接口后，服务器返回 400 Bad Request 或 403 Forbidden 状态码时，客户端才知道不允许，原因是 API 仅返回资源，而不包含其他信息。在这种情况下，客户端必须足够"智能"，对 API 及其结构足够了解，才能够正常工作。这极大地增加了客户端与服务器之间的耦合，即使服务器做出一个很小的修改，客户端也必须跟着改变。

如果一个 API 实现了 HATEOAS，则上述所有的问题都能够解决。一个典型的 HATEOAS 响应如下所示。

```
{
    "id": "72d5b5f5-3008-49b7-b0d6-cc337f1a3330",
    "name": "Author 1",
    "age": 58,
    "birthPlace": "Beijing",
    "email": "author1@xxx.com",
    "_links": [
```

```json
        {
            "href": "https://localhost:5001/api/authors/72d5b5f5-3008-49b7-b0d6-cc337f1a3330",
            "method": "GET",
            "rel": "self"
        },
        {
            "href": "https://localhost:5001/api/authors/72d5b5f5-3008-49b7-b0d6-cc337f1a3330",
            "method": "DELETE",
            "rel": "delete author"
        },
        {
            "href": "https://localhost:5001/api/authors/72d5b5f5-3008-49b7-b0d6-cc337f1a3330/ books",
            "method": "GET",
            "rel": "author's books"
        }
    ]
}
```

以上响应消息中不仅包含了资源本身，也包含了与当前资源相关的链接信息，如删除作者以及获取作者所有的图书。每个链接包含 3 个属性——href、method 和 rel，它们的意义如下。

❑ href：用户可以检索资源或者改变应用状态的 URL。

❑ rel：描述 href 指向的资源和现有资源的关系。

❑ method：请求该 URL 要使用的 HTTP 方法。

当获取一本图书资源时，服务器能够判断该图书是否可以借阅，如果能够借阅，则在链接中包含请求借阅 API 的 URL，并请求该 API 时应使用的 HTTP 方法；如果这本书已经不支持借阅了，服务器在返回资源时就不会在链接中添加借阅 API 的 URL；如果一个已登录的用户并非管理员，则服务器应使所有资源的响应链接中均不包含删除资源的链接信息，对于管理员则提供该链接。客户端要做的是根据所包含的链接信息来提供功能。这样，应用程序的状态不是由客户端驱动，而是通过 API 来驱动的，更准确地说，是通过响应中的超媒体来驱动的。在这种情况下，如果服务器新增了功能，比如增加对一本书的评论功能或将一本书添加为收藏等，那么只要服务器在响应中包含这些链接，客户端在正常解析链接后向界面提供功能即可，比如，链接中的 rel 作为按钮的文本，而 href 则作为所要请求的 URL。

7.4.2 实现 HATEOAS

HATEOAS 本质上是在响应中添加了与所返回资源相关的链接，为了能够使所有的资源（包含资源集合）都包含链接列表，可以定义一个包含链接列表的基类，并使所有的资源对象都继承自该基类。

首先，在 Model 文件夹中创建 Link 类，其内容如下所示。

```
public class Link
{
    public Link(string method, string rel, string href)
    {
        Method = method;
        Relation = rel;
        Href = href;
    }

    public string Href { get; }
    public string Method { get; }

    [JsonProperty("rel")]
    public string Relation { get; }
}
```

Link 类包含了 3 个属性：Method，表示 HTTP 方法；Relation，表示所链接资源与当前资源的关系；Href，表示资源的 URL。Link 类的 Relation 属性标记了[JsonProperty]特性，该特性能够在序列化时为相应的属性提供自定义属性名。

继续在 Model 文件夹中创建 Resource 类，并为它添加 List<Link>类型的属性，将其作为所有资源的基类。

```
public abstract class Resource
{
    [JsonProperty("_links", Order = 100)]
    public List<Link> Links { get; } = new List<Link>();
}
```

Resource 类的 Links 属性同样应用了[JsonProperty]特性，其 Order 属性可以指定所标识属性序列化时的位置，上例中它的值为 100，_links 属性将会放在最后。接着，使 AuthorDto 类和 BookDto 类均继承自 Resource 类。

```
public class AuthorDto:Resource
{
    …
}
public class BookDto:Resource
{
    …
}
```

Resource 类仅能为资源本身添加链接列表属性，不能为资源集合添加。对于返回资源集合的接口，也需要为其增加链接列表属性。为了解决这一问题，可以创建一个自定义类，使该类封装资源集合和链接列表，而对于返回资源集合的接口，只要返回该对象即可。在 Model 文件夹中创建 ResourceCollection<T>类，并使它继承自 Resource 类。

```csharp
public class ResourceCollection<T> : Resource
    where T : Resource
{
    public ResourceCollection(List<T> items)
    {
        Items = items;
    }

    public List<T> Items { get; }
}
```

ResoueceCollecton<T>继承自 Resource 类，因此它包含了 List<Link>属性，其泛型类型参数为 Resource 类型，这就确保它的属性 Items 是一个 Resource 类型的列表。

此时，在 Controller 中，对于所有要返回资源以及资源集合的位置，只要在返回结果之前为其 Links 属性添加与之相关联的 Link 对象即可。

在 AuthorController 中添加 CreateLinksForAuthor 方法。

```csharp
private AuthorDto CreateLinksForAuthor(AuthorDto author)
{
    author.Links.Clear();
    author.Links.Add(new Link(HttpMethods.Get,
        "self",
        Url.Link(nameof(GetAuthorAsync), new { authorId = author.Id })));

    return author;
}
```

CreateLinksForAuthor 方法为传进来的 AuthorDto 对象的 Links 属性添加 Link 对象，上例添加了表示其自身的链接（rel 属性为 self）。在 AuthorController 中，对于作者资源，我们还定义了删除接口，并在 BookController 中定义了获取某一作者所有图书资源的接口。因此，当获取一个作者资源时，上述两个操作也应添加进来。在 CreateLinksForAuthor 中添加以下内容。

```csharp
private AuthorDto CreateLinksForAuthor(AuthorDto author)
{
    author.Links.Clear();
    author.Links.Add(new Link(HttpMethods.Get,
        "self",
        Url.Link(nameof(GetAuthorAsync), new { authorId = author.Id })));
    author.Links.Add(new Link(HttpMethods.Delete,
        "delete author",
        Url.Link(nameof(DeleteAuthorAsync), new { authorId = author.Id })));
    author.Links.Add(new Link(HttpMethods.Get,
        "author's books",
        Url.Link(nameof(BookController.GetBooksAsync), new { authorId = author.Id})));
```

```
    return author;
}
```

> **提示：**
> Url.Link 方法的第一个参数为 Action 的路由名称，通过 HTTP 方法特性的 Name 属性可以为 Action 指定路由名称，如[HttpGet(Name="<name>")]，上例中所有 Action 的路由名称均为其方法名。

接下来，对于所有要返回 AuthorDto 的位置均调用 CreateLinksForAuthor，其中包括 GetAuthorAsync、CreateAuthorAsync 以及 GetAuthorsAsync 三处。

```
public async Task<ActionResult<AuthorDto>> GetAuthorAsync(Guid authorId)
{
    …
    var authorDto = Mapper.Map<AuthorDto>(author);
    return CreateLinksForAuthor(authorDto);
}

public async Task<ActionResult> CreateAuthorAsync(AuthorForCreationDto authorForCreationDto)
{
    …
    var authorCreated = Mapper.Map<AuthorDto>(author);
    return CreatedAtRoute(nameof(GetAuthorAsync),
        new { authorId = authorCreated.Id },
        CreateLinksForAuthor(authorCreated));
}
```

在 GetAuthorsAsync 中返回资源集合，首先应为集合中的每一个资源添加链接列表。

```
var authorDtoList = Mapper.Map<IEnumerable<AuthorDto>>(pagedList);
authorDtoList = authorDtoList.Select(author => CreateLinksForAuthor(author));
```

接下来，也需要为资源集合本身添加链接列表，在 AuthorController 中添加 CreateLinksForAuthors 方法。

```
private ResourceCollection<AuthorDto> CreateLinksForAuthors(ResourceCollection
<AuthorDto> authors,
    AuthorResourceParameters parameters = null,
    dynamic paginationData = null)
{
    authors.Links.Clear();
    authors.Links.Add(new Link(HttpMethods.Get,
        "self",
        Url.Link(nameof(GetAuthorsAsync), parameters)));

    authors.Links.Add(new Link(HttpMethods.Post,
```

```csharp
            "create author",
            Url.Link(nameof(CreateAuthorAsync), null)));

    if (paginationData != null)
    {
        if (paginationData.previousePageLink != null)
        {
            authors.Links.Add(new Link(HttpMethods.Get,
                "previous page",
                paginationData.previousePageLink));
        }

        if (paginationData.nextPageLink != null)
        {
            authors.Links.Add(new Link(HttpMethods.Get,
                "next page",
                paginationData.nextPageLink));
        }
    }

    return authors;
}
```

CreateLinksForAuthors 方法接受 3 个参数,其中第 1 个参数是 ResourceCollection<AuthorDto>类型,表示资源集合对象,该方法的返回值也是此类型;第 2 个和第 3 个参数则为可空类型,分别表示路由时所要使用的参数以及分页元数据。后者主要用于在链接列表中也添加上一页、下一页的链接信息。所添加的链接中,除了自身以外,还包含创建资源的接口。接下来,在 GetAuthorsAsync 方法中调用该方法。注意,GetAuthorsAsync 当前的返回类型为 ActionResult<IEnumerable<AuthorDto>>,此时应将它修改为 ActionResult<ResourceCollection<AuthorDto>>,GetAuthorsAsync 方法的内容如下所示。

```csharp
public async Task<ActionResult<ResourceCollection<AuthorDto>>> GetAuthorsAsync(
    [FromQuery]AuthorResourceParameters parameters)
{
    ...
    var authorDtoList = Mapper.Map<IEnumerable<AuthorDto>>(pagedList);
    authorDtoList = authorDtoList.Select(author => CreateLinksForAuthor(author));

    var resourceList = new ResourceCollection<AuthorDto>(authorDtoList.ToList());
    return CreateLinksForAuthors(resourceList, parameters, paginationMetadata);
}
```

在 Postman 中请求 URL:https://localhost:5001/api/authors?pageNumber=1&pageSize=2。结果如图 7-18 所示。

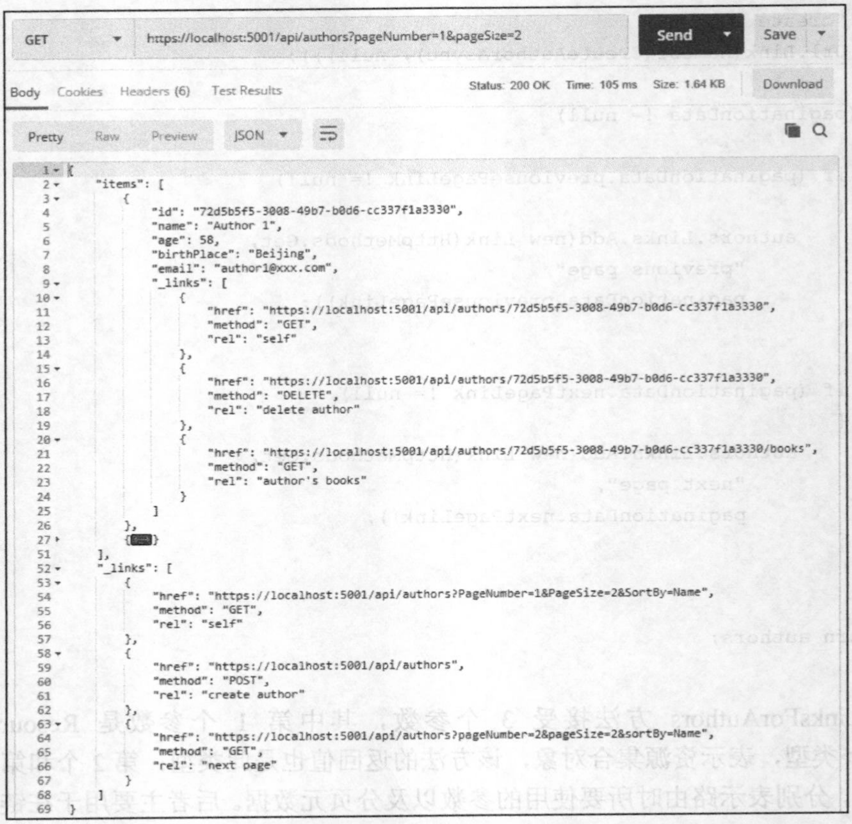

```
GET  ▼  https://localhost:5001/api/authors?pageNumber=1&pageSize=2          Send  ▼   Save  ▼

Body  Cookies  Headers (6)  Test Results              Status: 200 OK  Time: 105 ms  Size: 1.64 KB  Download

Pretty  Raw  Preview  JSON  ▼

 1  {
 2      "items": [
 3          {
 4              "id": "72d5b5f5-3008-49b7-b0d6-cc337f1a3330",
 5              "name": "Author 1",
 6              "age": 58,
 7              "birthPlace": "Beijing",
 8              "email": "author1@xxx.com",
 9              "_links": [
10                  {
11                      "href": "https://localhost:5001/api/authors/72d5b5f5-3008-49b7-b0d6-cc337f1a3330",
12                      "method": "GET",
13                      "rel": "self"
14                  },
15                  {
16                      "href": "https://localhost:5001/api/authors/72d5b5f5-3008-49b7-b0d6-cc337f1a3330",
17                      "method": "DELETE",
18                      "rel": "delete author"
19                  },
20                  {
21                      "href": "https://localhost:5001/api/authors/72d5b5f5-3008-49b7-b0d6-cc337f1a3330/books",
22                      "method": "GET",
23                      "rel": "author's books"
24                  }
25              ]
26          },
27          {...}
51      ],
52      "_links": [
53          {
54              "href": "https://localhost:5001/api/authors?PageNumber=1&PageSize=2&SortBy=Name",
55              "method": "GET",
56              "rel": "self"
57          },
58          {
59              "href": "https://localhost:5001/api/authors",
60              "method": "POST",
61              "rel": "create author"
62          },
63          {
64              "href": "https://localhost:5001/api/authors?pageNumber=2&pageSize=2&sortBy=Name",
65              "method": "GET",
66              "rel": "next page"
67          }
68      ]
69  }
```

图 7-18 实现了 HATEOAS 的接口

可以看到结果中包含了 items 和 _links 两部分，items 中列出了所有的资源，每一个资源不仅包含资源本身，也包含了与其状态相关的链接列表，_links 部分则包含了与资源集合相关的链接信息。

以相同的方式为 BookController 中的接口添加 HATEOAS 功能。这样，客户端只要知道 api/authors 接口，通过此接口就能知道如何创建一个作者资源、如何获取一个图书资源、如何获取作者所有的图书，以及如何操作图书的接口（如删除、更新及部分更新）。

不难看出，此时客户端仍然需要知道 api/authors 这一接口，为此我们可以创建一个更简单的入口点，通过该入口链接到 api/authors 接口。在 Controllers 文件夹中添加 RootController 类。

```
[Route("api")]
public class RootController : ControllerBase
{
    [HttpGet(Name = nameof(GetRoot))]
    public IActionResult GetRoot()
    {
        var links = new List<Link>();
```

```
        links.Add(new Link(HttpMethods.Get,
          "self",
          Url.Link(nameof(GetRoot), null)));

        links.Add(new Link(HttpMethods.Get,
            "get authors",
            Url.Link(nameof(AuthorController.GetAuthorsAsync), null)));

        links.Add(new Link(HttpMethods.Post,
            "create author",
            Url.Link(nameof(AuthorController.CreateAuthorAsync), null)));

        return Ok(links);
    }
}
```

RootController 包含了一个 Action，且以[HttpGet]特性标识，该方法返回一个链接列表，其中包括指向 api/authors 接口的链接，此时客户端只要知道 https://localhost:5001/api 接口，就可以通过它来逐步地访问整个 API 应用程序。

7.5 GraphQL

在设计并实现 API 时，除了使用 REST，GraphQL 也是一个非常不错的选择，它是近几年流行起来的，本节将介绍 GraphQL 以及它在项目中的实现。

7.5.1 GraphQL 简介

GraphQL，即 Graph 查询语言（Graph Query Language），于 2012 年由 Facebook 公司开发，并于 2015 年开源。作为查询语言，GraphQL 最主要的特点是能够根据客户端准确地获得它所需要的数据。以下是它的定义：

"GraphQL 既是一种用于 API 的查询语言，也是一个满足数据查询的运行时。GraphQL 对 API 中的数据提供了一套易于理解的完整描述，使客户端能够准确地获得它需要的数据，而且没有任何冗余，也让 API 更容易地迭代，它还能用于构建强大的开发者工具。"

作为 API 查询语言，GraphQL 提供了一种以声明的方式从服务器上获取数据的方法。与 REST 一样，GraphQL 是一套标准，与数据库以及编程语言无关。以下是一个 GraphQL 查询示例。

```
{
  authors {
    name,
    email
  }
}
```

GraphQL 的查询内容格式类似 JSON，上述查询的意义是从服务器上获取所有的作者，且仅返回每个作者的姓名和邮件地址即可，执行后的结果如下所示。

```
{
  "data": {
    "authors": [
      {
        "name": "Author 1",
        "email": "author1@xxx.com"
      },
      …
    ]
  }
}
```

从结果中可以看出，它包含了客户端所需要的信息。如果需要获取更多的信息，如资源的其他属性，甚至资源的子级资源，只要在请求信息中指明即可，执行一次查询均可以返回与查询相对应的数据。此外，从上例中可以看出，GraphQL 查询的结构和结果非常相似，因此即便不知道服务器的情况，客户端也能够预测查询返回的结果。

7.5.2　与 REST 相比

尽管 GraphQL 能够与 REST 实现同样的目的，但它们各自的实现方式以及特点有较大的差异，主要体现在以下方面。

（1）端点：对 REST 而言，每一个 URL 相当于一个资源，如果要得到不同的数据，需要访问不同的资源或 URL。而 GraphQL 仅包含一个用于响应客户端请求的端点，通过这一个端点就可以返回用户所需要的任何数据，并且随着需求与业务的增加，这种情况尤为明显，越来越多的 REST 端点将会增加测试与维护的成本，而 GraphQL 完全没有这个缺点。

（2）请求方式：REST 充分使用 HTTP 动词来访问不同的端点。对于 GraphQL，所有的请求都是向服务器的相同端点发送类似 JSON 格式的信息，以完成查询或修改的请求。请求的 Schema 决定了返回数据的格式。GraphQL 使用不同的 Schema 以及不同的类型（而非不同的端点）来提供灵活的请求内容。

（3）资源表现形式：对 REST 而言，得到的资源是事先定义好的固定数据结构，因此它较难满足客户端对数据不同形式的需求。而 GraphQL 能够根据客户端的请求灵活地返回所需要的形式。例如，在 Library.API 项目中，当客户仅需要得到所有作者的 Id 和 Name 属性时，REST 接口将会返回客户端不需要的信息，GraphQL 则能够根据客户端的请求返回需要的数据。当客户端希望得到所有作者以及他的图书信息时，REST 需要查询多次，即查询所有作者及相应作者的图书；而在 GraphQL 中，仅需一次查询就可以返回所有的数据。

（4）版本：GraphQL 是在客户端来定义资源的表现形式，因此服务端的数据结构会发生改变，但并不会影响客户端的使用。同时，即使服务器发生更改，它也支持向后兼容。

7.5.3 添加 GraphQL 服务

GraphQL 仅使用一个端点即可执行并响应所有 Graph 查询请求，因此它完全可以与 Library.API 项目中现有的 REST 端点共存，这样做的好处是能够弥补 RESTful API 的不足，但又不至于完全替代 RESTful API。因此，接下来我们将在现有的系统中添加 Graph 服务。

要在 ASP.NET Core 应用程序中提供 GraphQL 服务，需要使用 GraphQL for .NET 库，它是 GraphQL 以 .NET 形式的实现。GraphQL for .NET 以 NuGet 程序包的形式存在，在 NuGet 包管理器中搜索"GraphQL"，如图 7-19 所示。

图 7-19 GraphQL 包

> **提示：**
> GraphQL for .NET 属于开源项目，可以在 GitHub 中查看它的源码与介绍。

GraphQL 中有一个非常重要的概念——Schema，它定义了 GraphQL 服务提供的数据结构，表示请求方可以从服务上获取到什么类型的对象，以及该对象有什么字段。当执行查询时，必须指定一个 Schema。

要为 GraphQL 配置 Schema，主要包含 3 步：创建 GraphQL 类型、创建 GraphQL 查询对象、创建 Schema 类型。此外，由于所定义的 GraphQL 类型和 GraphQL 查询对象中都需要使用仓储接口查询数据，因而还需要把所有的创建类型添加到容器中。

在项目中添加一个文件夹 GraphQLSchema，在该文件夹中添加两个类——AuthorType 和 BookType，内容如下所示。

```
public class AuthorType : ObjectGraphType<Author>
{
    public AuthorType(IRepositoryWrapper repositoryWrapper)
    {
        Field(x => x.Id, type: typeof(IdGraphType));
        Field(x => x.Name);
        Field(x => x.BirthDate);
        Field(x => x.BirthPlace);
        Field(x => x.Email);
        Field<ListGraphType<BookType>>("books", resolve: context =>
        {
            return repositoryWrapper.Book.GetBooksAsync(context.Source.Id).Result;
```

```csharp
        });
    }
}
public class BookType : ObjectGraphType<Book>
{
    public BookType()
    {
        Field(x => x.Id, type: typeof(IdGraphType));
        Field(x => x.Title);
        Field(x => x.Description);
        Field(x => x.Pages);
    }
}
```

AuthorType 和 BookType 两个类都继承自 ObjectGraphType<TSourceType>，该类位于命名空间 GraphQL.Types 中，表示一个 GraphQL 对象类型，其泛型类型参数 TSourceType 则指明了该对象类型所指向的类型，即实体类，如上述代码中的 Author 类与 Book 类。当指明了 TSourceType 类型后，在派生类中就可以使用基类的 Field 方法访问该类型，并为该 GraphQL 对象向外暴露属性，这些属性将会用于 Graph 查询中。在 AuthorType 类和 BookType 类的构造函数中均使用 Field 方法向外公开了各自的所有属性，Field 方法有多个重载。在上面用到的重载中，第一个参数类型为 Expression<Func<TSourceType, TProperty>>，以 Lambda 表达式的形式指明了属性类型及其名称。在 AuthorType 类中，还添加了一个名为 books 的属性，其类型为 ListGraphType<BookType>，是 GraphQL 列表类型，即某一作者的所有图书。在 Field 方法中，通过设置 resolve 参数为其指定如何获取到相应的数据，因此 AuthorType 类包含了带有 IRepositoryWrapper 接口参数的构造函数；resolve 参数的类型为 Func<ResolveFieldContext<TSourceType>, object>，值为 Lambda 表达式，表达式的参数 context 的类型为 ResolveFieldContext<Author>，使用它的属性 Source 能够得到当前的 Author 对象。此外，在上述两个 GraphQL 类型中，Id 属性的类型应设置为 IdGraphTpye。

接下来创建 Graph 查询类，在 GraphQLSchema 文件夹中继续创建一个类 LibraryQuery，内容如下所示。

```csharp
public class LibraryQuery : ObjectGraphType
{
    public LibraryQuery(IRepositoryWrapper repositoryWrapper)
    {
        Field<ListGraphType<AuthorType>>("authors", resolve: context =>
            repositoryWrapper.Author.GetAllAsync().Result);

        Field<AuthorType>("author", arguments: new QueryArguments(new QueryArgument<IdGraphType>()
        {
            Name = "id",
```

```
        }),
            resolve: context =>
            {
                Guid id = Guid.Empty;
                if (context.Arguments.ContainsKey("id"))
                {
                    id = new Guid(context.Arguments["id"].ToString());
                }

                return repositoryWrapper.Author.GetByIdAsync(id).Result;
            });
        }
    }
```

LibraryQuery 继承自 ObjectGraphType 类，同样包含一个构造函数，并且在其中使用 Field 方法向外公开属性。上例中包含两个属性，分别为 authors 和 author，它们的类型分别为 ListGraphType<AuthorType>和 AuthorType，它们的值均通过仓储接口返回。authors 属性返回所有作者的信息，author 属性返回指定作者的信息，因此在定义 author 属性时，还在参数列表中添加了一个参数，该参数名称为 id，类型为 IdGraphType。该参数的值通过 resolve 参数所指定的 Lambda 表达式的参数 context 得到，类型为 ResolveFieldContext<object>，它包含名为 Arguments 的属性，其类型为 Dictionary<string, object>。

创建完 GraphQL 类型与查询后，接下来创建 Schema。在 GraphQLSchema 文件夹中添加一个类，名为 LibrarySchema，并使它继承自 Schema 类，该类同样位于 GraphQL.Types 命名空间下。LibrarySchema 类的内容如下所示。

```
public class LibrarySchema : Schema
{
    public LibrarySchema(LibraryQuery query, IDependencyResolver dependencyResolver)
    {
        Query = query;
        DependencyResolver = dependencyResolver;
    }
}
```

LibrarySchema 类定义了一个构造函数，接受两个参数，分别为其 Query 和 DependencyResolver 属性赋值。前者指明了该 Schema 所定义的查询；后者则指明了依赖项解析器，使用它能够为 GraphQL 类型获取所需要的依赖，而得到依赖的方式是通过使用依赖注入容器，也就是接下来马上要完成的。

当 GraphQL 类型、查询以及 Schema 都创建完成后，应将它们添加到依赖注入容器中。由于要添加的项目较多，为了维持 Startup 类及其方法 ConfigureServices 的简洁，可以为 IServiceCollection 接口添加一个扩展方法，并在该扩展方法中添加所有类型。

在项目中的 Extensions 文件夹中添加一个静态类，名为 GraphQLExtensions，内容如下所示。

```
public static class GraphQLExtensions
{
    public static void AddGraphQLSchemaAndTypes(this IServiceCollection services)
    {
        services.AddSingleton<AuthorType>();
        services.AddSingleton<BookType>();
        services.AddSingleton<LibraryQuery>();
        services.AddSingleton<ISchema, LibrarySchema>();
        services.AddSingleton<IDocumentExecuter, DocumentExecuter>();
        services.AddSingleton<IDependencyResolver>(provider => new FuncDependencyResolver(
            type => provider.GetRequiredService(type)));
    }
}
```

在扩展方法 AddGraphQLSchemaAndTypes 中,所有之前定义的类均被添加到容器中。其中,LibrarySchema 类继承自 Schema 类,且该类实现了接口 ISchema,因此在添加时指明其类型及实现。IDocumentExecuter 接口及其实现 DocumentExecuter 类用于执行 Graph 查询。IDependencyResolver 接口使用 FuncDependencyResolver 类作为其实现,它包含一个带参数(即 resolver)的构造函数,如下所示。

```
public FuncDependencyResolver(Func<Type, object> resolver);
```

该参数用于指定如何获取指定的依赖,值为一个 Lambda 表达式,该表达式使用 IServiceProvider 接口的 GetRequiredService 方法来从 ASP.NET Core 的依赖注入容器中获取指定类型的实现。

到目前为止,所有与 GraphQL 查询相关的类型已经创建完成。为了方便解析客户端请求中的 GraphQL 查询内容,继续在 GraphQLSchema 文件夹中添加一个类,名为 GraphQLRequest,内容如下所示。

```
public class GraphQLRequest
{
    public string Query { get; set; }
}
```

客户端请求中的正文内容将被序列化为该对象,其 Query 属性用于接收请求正文中的 GraphQL 查询。接下来在项目的 Controllers 文件夹中添加一个 Controller,名为 GraphQLController。

```
[Route("graphql")]
[ApiController]
public class GraphQLController : ControllerBase
{
    public GraphQLController(ISchema librarySchema, IdocumentExecuter documentExecuter
```

```csharp
    {
        LibrarySchema = librarySchema;
        DocumentExecuter = documentExecuter;
    }

    public IDocumentExecuter DocumentExecuter { get; }
    public ISchema LibrarySchema { get; }

    [HttpPost]
    public async Task<IActionResult> Post([FromBody]GraphQLRequest query)
    {
        var result = await DocumentExecuter.ExecuteAsync(options =>
        {
            options.Schema = LibrarySchema;
            options.Query = query.Query;
        });

        if (result.Errors?.Count > 0)
        {
            return BadRequest(result);
        }

        return Ok(result);
    }
}
```

与其他 Controller 类一样，GraphQLController 继承自 ControllerBase 类，并使用[Route]特性为其指定路由模板，值为 graphql。通过定义的构造函数，GraphQLController 能够从容器中得到 ISchema 以及 IDocumentExecuter 接口的实现，即 LibrarySchema 类和 DocumentExecuter 类。它包含一个 Post 方法，并且以[HttpPost]特性标识，该方法会解析 HTTP POST 请求的正文内容，并得到 GraphQLRequest 对象，然后调用 IDocumentExecuter 接口的 ExecuteAsync 方法来执行查询。调用该方法需要指明执行选项参数，如 Schema 以及查询内容。当它执行完成后会返回执行结果，类型为 ExecutionResult，如果执行失败，则在 Errors 属性中会列出来；如果执行成功，则其 Data 属性会包含查询结果。

运行程序，在 Postman 中以 POST 方式请求 URL：https://localhost:5001/graphql。然后，为该请求的正文添加如下内容。

```
{
 "query":
  "query{
    authors{
     id,
     name,
     birthPlace,
```

```
        birthDate
        books{
                title,
                pages
            }
        }
    }"
}
```

请求后的结果如图 7-20 所示。

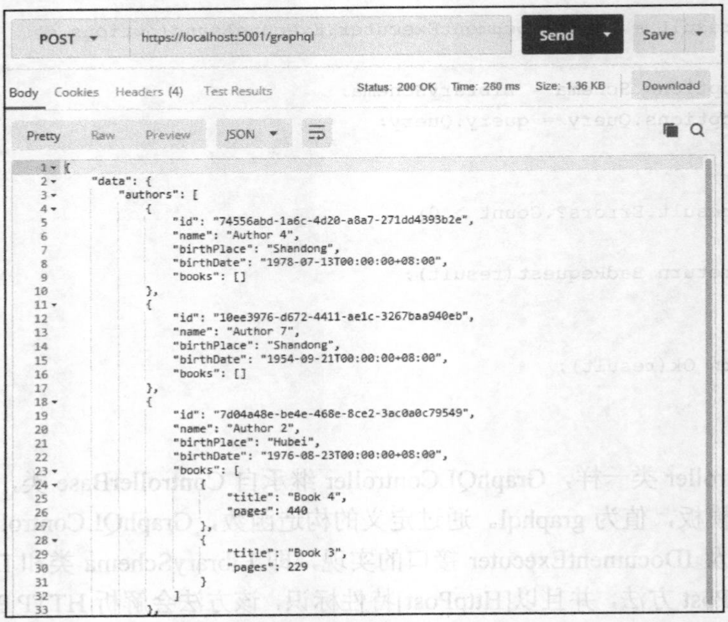
POST
https://localhost:5001/graphql
Send
Save
Body Cookies Headers (4) Test Results
Status: 200 OK Time: 280 ms Size: 1.36 KB
Download
Pretty Raw Preview JSON
{
"data": {
"authors": [
{
"id": "74556abd-1a6c-4d20-a8a7-271dd4393b2e",
"name": "Author 4",
"birthPlace": "Shandong",
"birthDate": "1978-07-13T00:00:00+08:00",
"books": []
},
{
"id": "10ee3976-d672-4411-ae1c-3267baa940eb",
"name": "Author 7",
"birthPlace": "Shandong",
"birthDate": "1954-09-21T00:00:00+08:00",
"books": []
},
{
"id": "7d04a48e-be4e-468e-8ce2-3ac0a0c79549",
"name": "Author 2",
"birthPlace": "Hubei",
"birthDate": "1976-08-23T00:00:00+08:00",
"books": [
{
"title": "Book 4",
"pages": 440
},
{
"title": "Book 3",
"pages": 229
}
]
},
图 7-20　GraphQL 查询结果

可以看到，查询结果与请求时的查询内容完全一致。这表明客户端可以根据需要在请求的查询中定义所需要的信息，通过一次查询，即可返回所有需要的数据。

在 LibraryQuery 类中还添加了对指定 author 的查询，若要执行该查询，需要客户端在请求中指定所需要的参数，在 POST 请求的正文中添加如下内容。

```
{
"query":
 'query{
    author(id:"72d5b5f5-3008-49b7-b0d6-cc337f1a3330"){
    id,
    name,
    books{
        title,
```

```
            pages
        }
    }
}'
}
```

> **提示：**
> 在 GraphQL 中指定字符串参数时必须使用双引号，不能使用单引号，因此会将 query 节的值用单引号包起来，而在内部需使用双引号。

请求后的结果如图 7-21 所示。

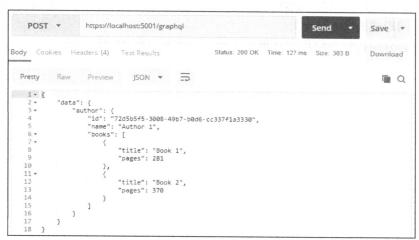

图 7-21　带参数的 GraphQL 查询结果

7.6　本章小结

本章介绍了一系列重要主题，包括缓存、并发、API 版本、HATEOAS 和 GraphQL，以及它们各自的实现方法。

整体而言，缓存是一种通过存储资源的备份，在请求时返回资源备份的技术，在应用程序中适当地使用缓存能够提高应用程序的性能。为 ASP.NET Core 应用程序实现缓存功能有多种方式，例如 HTTP 缓存、响应缓存中间件和使用分布式缓存等。

并发是多个请求方同时访问同一接口，在 RESTful API 应用中，当多个请求方同时更新资源时存在并发问题，后更新的数据会覆盖之前更新的数据，通过为程序实现开放式并发控制可以解决这一问题，这主要是通过在请求中添加 If-Match 消息头以及使用资源的 ETag 值实现的。

API 版本用于解决 API 应用程序遇到接口变动等而引起的变化。ASP.NET Core 应用程序提供了多种实现 API 版本的方法，例如使用 URL 路径、使用查询字符串、使用 HTTP 自定义消息头以及使用媒体类型参数等，在 Microsoft.AspNetCore.Mvc.Versioning 包中对这些方式均提供了支持。

　　HATEOAS，即超媒体作为应用程序状态引擎。作为 REST 的统一界面约束中的一个子约束，HATEOAS 是 REST 架构中最重要、最复杂的约束。根据 Richardson 成熟度模型，只有实现了 HATEOAS 的 API 才是真正意义上的 RESTful API。HATEOAS 的本质是 API 的响应消息中不仅包含资源，也包含与资源相关的 URL，并通过这些 URL 告诉请求方服务器当前所支持的方法，请求方可以请求这些 URL，并以此来驱动应用程序状态的改变。

　　GraphQL 是由 Facebook 开发的 API 查询语言，它最主要的特点是提供了一种以声明的方式从服务器获取数据的方式，客户端可以指定要获取的数据形式，服务器会返回与指定形式完全一致的数据。GraphQL 具有一些 REST 所不具备的优点，例如仅需一次请求即可返回所有需要的数据等。GraphQL 可以与 REST 并存，因此我们可以在 RESTful API 应用中添加 GraphQL 服务以满足不同形式的请求。

　　第 8 章将会介绍如何为应用程序增加各种安全方案以保护应用程序。

第 8 章 认证和安全

本章内容

对于每一个 Web 应用程序的设计与实现，安全都是一个极其重要的话题。如果没有为应用程序添加必要的安全功能，那么它会非常容易受到攻击，并因此造成严重的损失。安全涉及的内容非常多，首先，它包含认证与授权，前者指验证一个用户是否合法，后者指一个用户是否具有操作权限；其次，对于 Web 应用程序，安全也包含了 HTTPS、HSTS 和 CORS 等内容；同时，ASP.NET Core 提供了数据保护 API 用于对数据进行加密与解密，用户机密用于防止在代码中包含敏感信息。本章将一一对上述内容进行介绍，将这些内容应用到 RESTful API 应用程序后将会极大地提高其安全性，使其不受攻击。

8.1 认证

8.1.1 HTTP 认证

当应用程序开发完成后，如果没有为其添加用户登录和注册等功能，它是不安全的，这意味着任何用户都可以在不经过认证与授权的情况下访问它。一个完整的系统通常包含认证与授权，这样只有提供正确认证信息且具有操作权限的用户才能访问该系统，从而实现了对系统的保护。

认证（Authentication）和授权（Authorization）在概念上比较相似，且又有一定的联系，因此很容易混淆。认证是指验证用户身份的过程，即当用户要访问受保护的资源时，将其信息（如用户名与密码）发送给服务器并由服务器验证的过程；授权是验证一个已通过认证的用户是否有权限做某事的过程。简单来说，认证是验证一个用户是否为合法用户，授权是验证该用户是否有权限。

图 8-1 是一个典型的 HTTP 认证流程。当客户端访问受保护的资源时，服务器则返回 401 Unauthorized 状

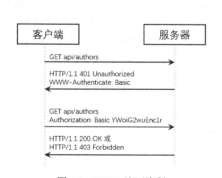

图 8-1　HTTP 认证流程

态码，同时，在响应中包含 WWW-Authenticate 消息头，它的值指明服务器使用的认证方式，上例为 Basic。而当客户端使用指定的认证方式，并提供正确的认证信息时，即在请求消息头中添加 Authorization 项，此时再访问该资源，服务器会对用户提供的信息进行验证。如果通过验证，则会返回 200 OK 状态码以及所请求的资源；如果所提供的用户信息并不具有访问该资源的权限时，则服务器会返回 403 Forbidden 状态码；如果所提供的用户信息不正确，则服务器仍然返回 401 Unauthorized 状态码。

其中，WWW-Authenticate 消息头的格式如下。

```
WWW-Authenticate: <type> [realm=<realm>]
```

<type>指明服务端使用的认证方式，如 Basic、Digest 和 Bearer 等。realm 用于描述受保护的数据，它的值是一个字符串。

Authorization 消息头的格式如下。

```
Authorization: <type> <credentials>
```

其中<type>为 HTTP 支持的认证方式，credentials 是用户提供的认证信息。

常见的 HTTP 认证方式如下。

（1）Basic 认证

Basic 认证，也称基本认证，是最简单的认证方式。它将用户名、密码以冒号分隔，并对组合后的字符串进行 Base64 编码。如当提供的用户名和密码分别为 tom 和 tom_pwd 时，使用 Basic 的认证方式如下。

```
Authorization: Basic dG9tOnRvbV9wd2Q=
```

Basic 认证方式并不安全，即使它使用 Base64 编码，也并非是为了对用户信息进行加密，而是为了使用户信息中可能存在的不兼容字符在通过编码后能够正确地传输。当请求被截获后，任何人都能够再将它解码，而得到用户的敏感信息。因此，强烈建议在 HTTPS 协议中使用 Basic 认证方式。HTTPS 的相关内容将会在 8.3 节中介绍。

（2）Digest 认证

Digest 认证，也称摘要认证，是对 Basic 认证的一种改进，它不再将 Base64 编码后的用户信息发送给服务器，而是将消息摘要发送给服务器。这个摘要值是客户端根据服务器返回的 nonce 值、用户的认证信息、请求的 URL、使用的 HTTP 方法以及 MD5 散列算法计算得到的。

服务器

```
HTTP/1.1 401 Unauthorized
WWW-Authenticate: Digest realm="localhost",
                  qop="auth,auth-int",
                  nonce="cmFuZG9tbHlnZW5lcmF0ZWRub25jZQ",
                  opaque="c29tZXJhbmRvbW9wYXF1ZXN0cmluZw"
```

客户端

```
GET /dir/index.html
```

```
Authorization: Digest username="Gandalf",
                realm="localhost",
                nonce="cmFuZG9tbHlnZW5lcmF0ZWRub25jZQ",
                uri="/dir/index.html",
                qop=auth, nc=00000001,
                cnonce="0a4f113b",
                response="5a1c3bb349cf6986abf985257d968d86",
                opaque="c29tZXJhbmRvbW9wYXF1ZXN0cmluZw"
```

上例中客户端请求的 response 值就是通过 MD5 算法得到的，当请求传递到服务器后，服务器也会使用同样的算法进行计算，并将计算的结果与请求中的 response 值进行对比。如果两者匹配，则认证通过，服务器返回 200 OK 状态码以及所请求的资源。尽管摘要认证比 Basic 认证要安全一些，它并不会在每次的请求直接包含用户的敏感信息，但它仍然容易受到中间人攻击。

（3）Bearer 认证

Bearer 认证主要用在 OAuth 2.0 认证方式中，用于访问由 OAuth 2.0 保护的资源。RFC 6750 中有 OAuth 2.0 框架的详细说明以及 Bearer Token 的用法。根据 RFC 6750，Bearer Token 作为一个安全 Token，任何人一旦拥有它，就能够访问受保护的资源，其使用格式如下。

```
Authorization: Bearer <bearer_token>
```

Bearer 认证除了可以用在 OAuth 2.0 认证中，还能够广泛地应用在常见的基于 Token 的认证中，它的认证流程如图 8-2 所示。

为了获取一个有效的 Token，客户端将用户名和密码等信息提交到服务器，服务器如果验证用户认证信息通过，则会为其生成相应的 Token；客户端收到该 Token 后，将它保存，并在随后每次的请求中携带它，服务器则会验证请求中的 Token 是否有效，并返回相应的结果。

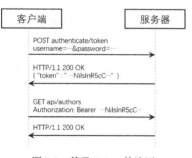

图 8-2　基于 Token 的认证

从以上流程中可以看出，基于 Token 的认证不像 Cookies 认证方式，服务器并不需要存储与客户端的会话 Session，因此它完全是无状态的，而且除去了客户端与 Web 应用程序之间的耦合，从而提高了应用程序的可扩展性。需要注意的是，尽管 Bearer Token 中并没有包含用户密码等敏感信息，但应用程序仍然需要保护 Token 不被窃取。因此与 Basic 认证一样，应在 HTTPS 中使用 Bearer 认证。

常见的 Token 类型有两种，一种是引用类型，另一种是自包含（或自编码）类型。前者通常为一串由服务器根据自己定义的规则所生成的字符串，并且通常存储在数据库中与用户信息关联。后者则是对用户信息（不包括密码）以及 Token 元数据等信息进行编码、加密后得到的结果。不像引用类型的 Token，自包含类型的 Token 本身已经包含了用户信息，因此服务器不需要再访问数据库获取，就能够得到用户信息以及该 Token 的属性（如有效时间等），JWT 是最为常见的自包含类型的 Token。

对于引用类型的 Token，由于服务器记录了 Token 与用户信息之间的关联关系，因此当服务器收到包含 Token 的请求后，它能够根据 Token 获取当前用户的信息进行进一步的处理。比如，当用户访问了不具有权限的资源时，尽管请求的 Token 有效，但当服务器验证了它所代表的用户并不具有权限时，会不允许其访问。而对于自包含类型的 Token，服务器在将其解码后得到用户的信息（如角色等），如果用户不具备访问该资源所需要的角色，则同样不允许其访问。

JWT，全名为 JSON Web Token，是一个开放标准（RFC 7519）。它作为一种 Token 格式，定义了一种紧凑的、自包含的方式，用于在多方之间安全地传输 JSON 格式的信息。由于所传输的信息会被签名，因此 Token 能够被验证并信任；它支持使用 HMAC 算法或者是 RSA 的公私密钥对进行签名。JWT 可用于多种目的，比如作为 Bearer Token 用来实现认证功能，这也是 JWT 最常见的用法；此外，它还可以用于安全地传递信息。

JWT 由 3 部分组成，分别是头部（Header）、负载（Payload）和签名（Signature），各部分之间以 . 分隔。一个典型的 JWT 的格式为：header.payload.signature。

JWT 的头部主要由两部分组成，即 Token 的类型和使用的算法名称，如 HMAC SHA256 或 RSA 等。

```
{
  "alg": "HS256",
  "typ": "JWT"
}
```

负载部分包括要传输的信息，通常由多个 Claim（声明）构成，Claim 是与实体（通常是用户）相关的信息以及其他元数据，每个 Claim 包括两部分：类型名与该 Claim 的值。在负载中 Claim 有 3 种类型：已注册、公共、私有。已注册类型的 Claim 由 JWT 预先定义，常见的类型如表 8-1 所示。

表 8-1　　　　　　　　　　　JWT 中已注册类型的 Claim

代码	名称	描述
iss	Issuer	签发者
sub	Subject	主题
aud	Audience	接收方
exp	Expiration time	过期时间
nbf	Not before	JWT 有效的开始时间
iat	Issue at	签发 JWT 时的时间
jti	JWT ID	JWT 的唯一标识符

提示：
之所以预定义的 Claim 通常都是 3 个字符，是为了保证 JWT 的紧凑性。

公共类型的 Claim 主要是常见且通用的 Claim，如 name、email 和 gender 等。这一类的 Claim 通常都已经在互联网数字分配机构（Internet Assigned Numbers Authority，IANA） JSON

Web Token Claims 中注册；私有类型的 Claim 则是自定义的，信息发送方与接收方约定好的 Claim。一个典型的 JWT 负载如下。

```
{
  "sub": "1234567890",
  "name": "John Doe",
  "Admin": true
}
```

签名部分通过使用头部指定的算法以及一个密钥，对 Base64 编码后的头部和负载加密而成。例如，当使用 HMAC SHA256 算法时，签名将由如下方式创建。

```
HMAC-SHA256(
  encodeBase64Url(header) + '.' +
  encodeBase64Url(payload),
  secret)
```

签名主要用于验证消息不会被篡改。最终，上述 3 部分的内容均使用 Base64 编码，并使用"."将各部分分隔，即为一个标准的 JWT，其创建方式如下。

```
encodeBase64Url(header).encodeBase64Url(payload).encodeBase64Url(signature)
```

一个典型的 JWT 内容如下。

```
eyJhbGciOiJIUzI1NiIsInR5cCI6IkpXVCJ9.eyJzdWIiOiIxMjM0NTY3ODkwIiwibmFtZSI6IkpvaG4gRG9l
IiwiQWRtaW4iOnRydWV9.RT0jJicHj4hzurXrxUNGmnTrstakOoNEjqoibxbBhG8
```

使用 JWT 能够以紧凑的方式传递用户信息，并通过签名保护其中的信息不会被修改。需要注意的是，它很容易被解码，因此不应在 Token 中包含敏感信息，如用户密码等。

8.1.2　实现基于 Token 的认证

在 ASP.NET Core 中使用基于 Token 的认证非常简单，这需要通过 JwtBearer 认证中间件实现，该中间件位于 Microsoft.AspNetCore.Authentication.JwtBearer 包中。然而，无论使用任何类型的认证，首先都应在 Startup 类中添加并配置认证服务，并将认证中间件添加到请求管道中。

在 Startup 类中添加如下代码。

```
public void ConfigureServices(IServiceCollection services)
{
    …
    services.AddAuthentication(defaultScheme: JwtBearerDefaults.AuthenticationScheme);
}

public void Configure(IApplicationBuilder app, IHostingEnvironment env)
{
    …
```

```
app.UseAuthentication();
app.UseMvc();
}
```

AddAuthentication 方法会向依赖注入容器添加认证服务和它所使用的其他服务，其参数 defaultScheme 用于指定当未指定具体的认证方案时将会使用的默认方案，上例为 Bearer 认证。AddAuthentication 方法的另一重载能够使用 AuthenticationOptions 类为认证过程中的每一个动作指明所使用的认证方案，如 DefaultAuthenticateScheme、DefaultChallengeScheme、DefaultSignInScheme、DefaultSignOutScheme、DefaultForbidScheme。如果没有为这些属性设置认证方案，则将使用 DefaultScheme 属性所指定的值。

AddAuthentication 方法返回 AuthenticationBuilder 对象，主要用于配置认证功能，使用该对象提供的 AddScheme 方法能够添加并配置认证方案。AddScheme 方法签名如下。

```
public virtual AuthenticationBuilder AddScheme<TOptions, THandler>(string
authenticationScheme, Action<TOptions> configureOptions)
    where TOptions : AuthenticationSchemeOptions, new()
    where THandler : AuthenticationHandler<TOptions>;
```

其中，泛型类型参数 TOptions 用于配置当前添加的认证方式，它是一个继承自 AuthenticationSchemeOptions 的类；THandler 用于指明该种认证方式的认证处理器，它继承自 AuthenticationHandler<TOptions>抽象类，所有与认证相关的操作都是由该类处理的。

对于不同的认证方式（如 Cookie 或 JwtBearer），ASP.NET Core 均在其实现的包中包含相应的扩展方法，以便添加相应类型的认证方式，例如：

```
services.AddAuthentication(defaultScheme: JwtBearerDefaults.AuthenticationScheme)
    .AddCookie()
    .AddJwtBearer();
```

上述代码中调用 AddCookie 方法与 AddJwtBearer 方法的本质都是调用 AuthenticationBuilder 类的 AddScheme 方法，并在各自的方法内指定了默认的认证方式名称、默认的认证配置和各自的认证处理器。

对于 Cookie 认证与 JwtBearer 认证，它们各自默认的名称分别为 CookieAuthenticationDefaults.AuthenticationScheme（该常量的值为 Cookies）和 JwtBearerDefaults. AuthenticationScheme（该常量的值为 Bearer），各自的认证配置类分别为 CookieAuthenticationOptions 和 JwtBearerOptions，各自的认证处理器分别为 CookieAuthenticationHandler 和 JwtBearerHandler。通过使用 AddCookie 方法和 AddJwtBearer 方法，不同的重载形式能够指定自定义名称和自定义认证配置。需要注意的是，指定的名称不能为空；如果使用了多种认证方式，所指定的名称彼此也不能相同。可以添加多个相同类型的认证方式，但指定的名称必须不同，例如：

```
services.AddAuthentication()
    .AddCookie("cookie1")
    .AddCookie("cookie2");
```

当添加 JwtBearer 认证方式时，JwtBearerOptions 对象能够配置该认证的选项，它的 TokenValidationParameters 属性用于指定验证 Token 时的规则。

```csharp
var tokenSection = Configuration.GetSection("Security:Token");

services.AddAuthentication(options =>
{
    options.DefaultAuthenticateScheme = JwtBearerDefaults.AuthenticationScheme;
    options.DefaultChallengeScheme = JwtBearerDefaults.AuthenticationScheme;
})
.AddJwtBearer(options =>
{
    options.TokenValidationParameters = new TokenValidationParameters
    {
        ValidateAudience = true,
        ValidateLifetime = true,
        ValidateIssuer = true,
        ValidateIssuerSigningKey = true,
        ValidIssuer = tokenSection["Issuer"],
        ValidAudience = tokenSection["Audience"],
        IssuerSigningKey = new SymmetricSecurityKey(Encoding.UTF8.GetBytes(tokenSection["Key"])),
        ClockSkew = TimeSpan.Zero
    };
});
```

TokenValidationParameters 类作为 Token 验证参数类，它包含了一些属性，这些属性如 ValidateAudience、ValidateIssuer、ValidateLifetime 和 ValidateIssuerSigningKey，它们都是布尔类型，用于指明是否验证相应的项；而 ValidIssuer 和 ValidAudience 属性则用于指明合法的签发者（Issuer）与接受方（Audience）。在上例中，它们的值都从配置文件中获取；IssuerSigningKey 属性的值用于指定进行签名验证的安全密钥，它的值为 SymmetricSecurityKey 对象，即对称加密密钥；ClockSkew 属性的值表示验证时间的时间偏移值。

上述代码会从配置文件中读取关于 Token 的信息，因此还需在 appsettings.json 中添加如下内容。

```json
"Security": {
  "Token": {
    "Issuer": "demo_issuer",
    "Audience": "demo_audience",
    "Key": "<your_secret_key>"
  }
}
```

接下来，为了使用 ASP.NET Core 的认证功能来保护资源，应为 Controller 或 Action 添加 [Authorize]特性，该特性能够实现在访问相应的 Controller 或 Action 时，要求请求方提供指定的认证方式，它位于 Microsoft.AspNetCore.Authorization 命名空间中。需要为 AuthorController 和 BookController 添加该特性。

```
[Authorize]
public class AuthorController : ControllerBase
{
}
[Authorize(AuthenticationSchemes = JwtBearerDefaults.AuthenticationScheme)]
 public class BookController : ControllerBase
{
}
```

如果使用了多个认证方式，则可以使用[Authorize]特性的 AuthenticationSchemes 属性指明当前 Controller 或 Action 要使用哪一种认证方式（如上例中的 BookController）；如果不设置，则会使用所添加认证时设置的默认方案；如果没有设置默认方案，则会出现 InvalidOperationException 异常，并提示未指定默认方案；此外，如果为 AuthenticationSchemes 属性指定了不存在的方案名称，也会出现 InvalidOperationException 异常。

此时，访问上述接口中的资源（如 api/authors）其结果如图 8-3 所示。

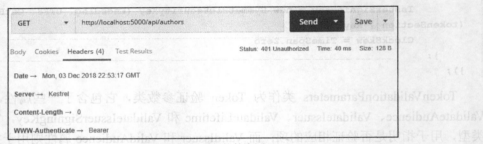

图 8-3　访问受保护的资源

可以看到，服务器返回 401 Unauthorized 状态码，在响应消息头中，WWW-Authenticate 的值为 Bearer，这指明客户端进行认证时应使用 Bearer 认证方式。

JwtBearer 中间件提供了对 JWT 的验证功能，然而并未提供生成 Token 的功能。要生成 Token，可以使用 JwtSecurityTokenHandler 类，它位于 System.IdentityModel.Tokens.Jwt 命名空间，它不仅能够生成 JWT，由于它实现了 ISecurityTokenValidator 接口，因此对 JWT 的验证也是由它完成的。接下来，我们将创建一个 Controller，它将会根据用户的认证信息生成 JWT，并返回给客户端。

在 Controllers 文件夹中创建一个 Controller，名为 AuthenticateController，内容如下。

```
[Route("auth")]
[ApiController]
public class AuthenticateController : ControllerBase
{
    public AuthenticateController(IConfiguration configuration)
    {
```

8.1 认证

```csharp
        Configuration = configuration;
    }

    public IConfiguration Configuration { get; }

    [HttpPost("token", Name = nameof(GenerateToken))]
    public IActionResult GenerateToken(LoginUser loginUser)
    {
        if (loginUser.UserName != "demouser"
            || loginUser.Password != "demopassword")
        {
            return Unauthorized();
        }

        var claims = new List<Claim>
        {
            new Claim(JwtRegisteredClaimNames.Sub,loginUser.UserName)
        };

        var tokenConfigSection = Configuration.GetSection("Security:Token");
        var key = new SymmetricSecurityKey(Encoding.UTF8.GetBytes(tokenConfigSection["Key"]));
        var signCredential = new SigningCredentials(key, SecurityAlgorithms.HmacSha256);

        var jwtToken = new JwtSecurityToken(
            issuer: tokenConfigSection["Issuer"],
            audience: tokenConfigSection["Audience"],
            claims: claims,
            expires: DateTime.Now.AddMinutes(3),
            signingCredentials: signCredential);

        return Ok(new
        {
            token = new JwtSecurityTokenHandler().WriteToken(jwtToken),
            expiration = TimeZoneInfo.ConvertTimeFromUtc(jwtToken.ValidTo, TimeZoneInfo.Local)
        });
    }
}
```

在 AuthenticateController 中的 GenerateToken 方法中，通过创建 JwtSecurityToken 对象，并使用 JwtSecurityTokenHandler 对象的 WriteToken 方法最终得到生成的 JWT。当创建 JwtSecurityToken 对象时，我们可以指定 issuer、audience 以及当前用户的 Claim 信息，此外，还可以指定该 Token 的有效时间。这里需要注意，由于 JWT 不支持销毁以及撤回功能，因此在设置它的有效时间时，应设置一个较短的时间（如上例中的 3 分钟），这样可以有效避免 Token 在意外被窃取后所带来的风险。

225

GenerateToken 方法接受 LoginUser 类型的参数，该参数的值通过请求消息的正文来获取。LoginUser 的定义如下。

```
public class LoginUser
{
    public string UserName { get; set; }
    public string Password { get; set; }
}
```

运行程序，在 Postman 中以 POST 方式请求 auth/token 接口，并在请求正文中添加用户的认证信息，其结果如图 8-4 所示。

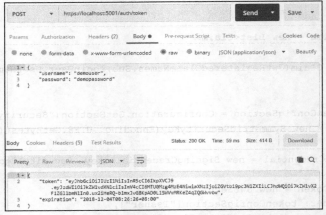

图 8-4　服务器生成并返回 JWT

结果不仅包含了服务器生成的 Token，也包含了其有效时间。复制其中的 Token 内容，并重新请求 api/authors 接口，在其请求消息头中添加 Authorization 项，它的值为 Bearer <token>，结果如图 8-5 所示。

图 8-5　访问受保护的资源

可以看到，服务器验证了 Token，并返回了相应的资源。如果请求的 Token 无效或已过期，则服务器会返回 401 Unauthorized 状态码。

对于受保护资源,应在每一次请求时均携带 Authorization 消息头。如果不希望为一个 Controller 或其中的某个 Action 添加认证功能,则应为其添加[AllowAnonymous]特性,该特性允许当前 Controller 或 Action 匿名访问,即不使用认证,例如:

```
[AllowAnonymous]
public async Task<ActionResult<ResourceCollection<AuthorDto>>> GetAuthorsAsync(…)
```

当服务器验证 Token 通过时,JwtBearer 认证处理器会通过 JwtSecurityTokenHandler 将 Token 转换为 ClaimsPrincipal 对象,并将它赋给 HttpContext 对象的 User 属性。ClaimsPrincipal 类代表一个用户,它包含一些重要的属性(如 Identity 和 Identities),它们分别返回该对象中主要的 ClaimsIdentity 对象和所有的 ClaimsIdentity 对象集合。ClaimsIdentity 类则代表用户的一个身份,一个用户可以有一个或多个身份;ClaimsIdentity 类则又由一个或多个 Claim 组成。Claim 类代表与用户相关的具体信息(如用户名和出生日期等),该类有两个重要的属性——Type 和 Value,它们分别表示 Claim 类型和它的值,它们的类型都是字符串;在 ClaimTypes 类中定义了一些常见的 Claim 类型名称。ClaimsPrincipal、ClaimsIdentity、Claim 和 ClaimTypes 这些类均位于 System.Security.Claims 命名空间中。

在上例中,我们使用了固定的用户名与密码,主要是为了说明如何实现 JWT Bearer 认证。在实际情况中,用户信息通常存储在数据库中,当用户要获取 Token 时,应用程序应访问数据库并验证用户提供的信息是否有效。在下一节中,我们将介绍并使用 ASP.NET Core Identity 来实现这一功能。

8.2 ASP.NET Core Identity

8.2.1 Identity 介绍

Identity 是 ASP.NET Core 中提供的对用户和角色等信息进行存储与管理的系统,它包含用户信息管理、用户密码加密及验证、密码重设与邮件确认、用户锁定、双重认证以及多重认证等功能,此外,它还可以集成第三方登录提供程序等,具有灵活的配置方式以及高度的可扩展性。Identity 的功能强大,但使用方式却非常简单,可以快速地为应用程序增加强大的用户管理功能。

用户(User)及角色(Role)是 ASP.NET Core Identity 中非常核心的两个概念,它们是 Identity 主要存储与管理的对象。作为 Identity 中的实体,用户表示参与认证的一个实体,包括用户名、电子邮件、手机号、密码、是否已锁定等信息;角色则如同分组一样,主要用来区分权限,不同的角色具有不同的权限,一个用户可以具有一个或多个角色。Identity 的结构如图 8-6 所示。

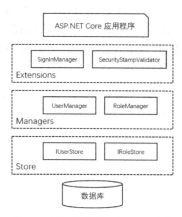

图 8-6 ASP.NET Core Identity 结构

从图 8-6 所示的结构中可以看出，Identity 由 3 层构成。其中，最底层为 Store 层，即存储层，包含 IUserStore<TUser>接口与 IRoleStore<TRole>接口，它们均位于 Microsoft.Extensions.Identity.Core 包中的 Microsoft.AspNetCore.Identity 命名空间下，这两个接口的定义极为相似。其中，IUserStore<TUser>接口的定义如下。

```
public interface IUserStore<TUser> : IDisposable where TUser : class
{
    Task<IdentityResult> CreateAsync(TUser user, CancellationToken cancellationToken);
    Task<IdentityResult> DeleteAsync(TUser user, CancellationToken cancellationToken);
    Task<TUser> FindByIdAsync(string userId, CancellationToken cancellationToken);
    Task<TUser> FindByNameAsync(string normalizedUserName, CancellationToken cancellationToken);
    Task<string> GetNormalizedUserNameAsync(TUser user, CancellationToken cancellationToken);
    Task<string> GetUserIdAsync(TUser user, CancellationToken cancellationToken);
    Task<string> GetUserNameAsync(TUser user, CancellationToken cancellationToken);
    Task SetNormalizedUserNameAsync(TUser user, string normalizedName, CancellationToken cancellationToken);
    Task SetUserNameAsync(TUser user, string userName, CancellationToken cancellationToken);
    Task<IdentityResult> UpdateAsync(TUser user, CancellationToken cancellationToken);
}
```

IUserStore<TUser>接口与 IRoleStore<TRole>接口分别用来管理用户与角色，在它们的定义中均包含了对各自的泛型参数 TUser 和 TRole 的查找、创建、更新、删除等数据读取与存储的操作。Tuser 和 TRole 分别是表示用户与角色的类。Microsoft.Extensions.Identity.Stores 包提供了 Identity 默认使用的用户类与角色类，即 IdentityUser 与 IdentityRole，它们同样位于 Microsoft.AspNetCore.Identity 命名空间下。在使用 Identity 时，我们应使用这两个类（或其派生类）来表示系统中的用户与角色，这样 IUserStore<TUser>接口与 IRoleStore<TRole>接口的方法将都是对这两个类的操作。

对于 IUserStore<TUser>接口与 IRoleStore<TRole>接口的实现将决定用户与角色数据是如何存储的，比如存储在数据库中或文件中，甚至存储在内存中。在 Microsoft.Extensions.Identity.Stores 包中定义了两种形式的 UserStoreBase 抽象类，它们均实现了 IUserStore<TUser>接口。

```
public abstract class UserStoreBase<TUser, TKey, TUserClaim, TUserLogin, TUserToken>
    : IUserLoginStore<TUser>,
    IUserStore<TUser>,
    IDisposable,
    IUserClaimStore<TUser>,
    IUserPasswordStore<TUser>,
    IUserSecurityStampStore<TUser>,
    IUserEmailStore<TUser>,
```

8.2 ASP.NET Core Identity

```
        IUserLockoutStore<TUser>,
        IUserPhoneNumberStore<TUser>,
        IQueryableUserStore<TUser>,
        IUserTwoFactorStore<TUser>,
        IUserAuthenticationTokenStore<TUser>,
        IUserAuthenticatorKeyStore<TUser>,
        IUserTwoFactorRecoveryCodeStore<TUser>
            where TUser : IdentityUser<TKey>
            where TKey : IEquatable<TKey>
            where TUserClaim : IdentityUserClaim<TKey>, new()
            where TUserLogin : IdentityUserLogin<TKey>, new()
            where TUserToken : IdentityUserToken<TKey>, new()
{
    …
}

public abstract class UserStoreBase<TUser, TRole, TKey, TUserClaim, TUserRole,
TUserLogin, TUserToken, TRoleClaim> : UserStoreBase<TUser, TKey, TUserClaim,
TUserLogin, TUserToken>,
        IUserRoleStore<TUser>,
        IUserStore<TUser>,
        IDisposable
            where TUser : IdentityUser<TKey>
            where TRole : IdentityRole<TKey>
            where TKey : IEquatable<TKey>
            where TUserClaim : IdentityUserClaim<TKey>, new()
            where TUserRole : IdentityUserRole<TKey>, new()
            where TUserLogin : IdentityUserLogin<TKey>, new()
            where TUserToken : IdentityUserToken<TKey>, new()
            where TRoleClaim : IdentityRoleClaim<TKey>, new()
{
    …
}
```

UserStoreBase 类有两种形式，第一种仅处理对用户的操作，第二种处理对用户与角色的操作，第二种形式继承自第一种形式。要实现对用户和角色数据的存储与访问，就需要创建继承自 UserStoreBase 抽象类的派生类。

Microsoft.AspNetCore.Identity.EntityFrameworkCore 包用于对 Identity 提供 EF Core 支持，能够帮助 Identity 通过 EF Core 将数据存储到数据库中。这个包中提供了两个继承自 UserStoreBase 抽象类的子类，即 UserOnlyStore 和 UserStore，它们分别继承自 UserStoreBase 类的两种不同形式，因此 UserOnlyStore 类仅管理用户数据，UserStore 类则管理用户与角色数据。此外，该包中还提供了一个实现了 IRoleStore<TRole>接口的类，即 RoleStore 类。不仅如此，这个包中还定义了两个 EF Core 操作数据库时所使用的 DbContext 类，即 IdentityUserContext 和 IdentityDbContext，它们均继承自 DbContext 类，前者仅处理用户数据，后者处理用户与角色数据。

Identity 的第二层为 Managers 层，它包括 UserManager 与 RoleManager 两个类，分别用于处理与用户和角色相关的业务操作，如验证用户密码、双重认证、生成用于激活用户或重置密码的 Token 等，它们依赖于 Stores 层。例如，UserManager 类的构造函数如下。

```
public class UserManager<TUser> : IDisposable
    where TUser : class
{
    public UserManager(IUserStore<TUser> store,
        IOptions<IdentityOptions> optionsAccessor,
        IPasswordHasher<TUser> passwordHasher,
        IEnumerable<IUserValidator<TUser>> userValidators,
        IEnumerable<IPasswordValidator<TUser>> passwordValidators,
        ILookupNormalizer keyNormalizer,
        IdentityErrorDescriber errors,
        IServiceProvider services,
        ILogger<UserManager<TUser>> logger);
}
```

UserManager 的构造函数包含多个参数，它们的意义分别如下。

- IUserStore<TUser> store：实现对用户的存储与读取操作。
- IOptions<IdentityOptions> optionsAccessor：访问在程序中添加 Identity 服务时的 IdentityOptions 配置。
- IPasswordHasher<TUser> passwordHasher：用于创建密码散列值以及验证密码。
- IEnumerable<IUserValidator<TUser>> userValidators：验证用户的规则集合。
- IEnumerable<IPasswordValidator<TUser>> passwordValidators：验证密码的规则集合。
- ILookupNormalizer keyNormalizer：用于对用户名进行规范化，从而便于查询。
- IdentityErrorDescriber errors：用于提供错误信息。
- IServiceProvider services：用于获取需要的依赖。
- ILogger<UserManager<TUser>> logger：用于记录日志。

由于 UserManager 依赖于上述服务，因此当在程序中要实现相关的操作，如创建用户、为用户添加一个角色或重置密码时，均通过 UserManager 提供的方法实现。另外，当在 Startup 类的 ConfigureServices 方法中添加 Identity 服务（通过 AddIdentity 方法或 AddIdentityCore 方法）时，UserManager 所依赖的服务以及它自己均会添加到容器中，因此如果要使用它，只需在相应的位置（如 Controller 中）使用构造函数将其注入即可。

Identity 的最上层，即 Extensions 层，提供了一些辅助类（如 SignInManager 类），它包含了一系列与登录相关的方法。

8.2.2　使用 Identity

要在程序中使用 Identity，首先需要安装相关的 NuGet 包，如下。

8.2 ASP.NET Core Identity

- Microsoft.AspNetCore.Identity
- Microsoft.AspNetCore.Identity.Core
- Microsoft.AspNetCore.Identity.Stores
- Microsoft.AspNetCore.Identity.EntityFrameworkCore

上述 NuGet 包均已包含在 Microsoft.AspNetCore.App 中，可直接使用。同时，在 Startup 类的 ConfigureServices 方法中应将 Identity 服务添加到容器中，此外，由于用户和角色等数据均存储在数据表中，因此还应该创建一个 EF Core 迁移，并通过该迁移在数据库中创建与 Identity 相关的数据表。

在 Entities 文件夹中添加 User 类和 Role 类，并使它们分别继承自 IdentityUser 类和 IdentityRole 类。

```
public class User : IdentityUser
{
    public DateTimeOffset BirthDate { get; set; }
}

public class Role : IdentityRole
{
}
```

在定义 User 类与 Role 类时，可根据需要添加自定义属性，如上例中的 BirthDate 属性。如果不需要自定义属性，则可以直接使用 Identity 提供的 IdentityUser 和 IdentityRole 这两个类。接下来，修改 LibraryDbContext，使其派生自 IdentityDbContext<TUser, TRole, TKey>类，TKey 类型参数是用户表与角色表主键字段的类型。

```
public class LibraryDbContext : IdentityDbContext<User, Role, string>
{
    …
}
```

接下来，在 Startup 类的 ConfigureServices 方法中添加 Identity 服务。

```
services.AddIdentity<User, Role>()
.AddEntityFrameworkStores<LibraryDbContext>()
```

AddIdentity 方法会向容器添加 UserManager、RoleManager，以及它们所依赖的服务，并且会添加 Identity 用到的 Cookie 认证。因此，上述代码应添加到 services.AddAuthentication(...) 之前，以避免该方法中添加的认证方式替换我们添加的 JWT Bearer 默认方式。AddIdentity 方法有两个重载，其中一个重载包含一个 Action<IdentityOptions>类型的参数，通过它可以配置 Identity 的选项，如用户邮件必须唯一、用户名中允许使用的字符、密码的长度，以及密码中是否必须包含数字等。

AddEntityFrameworkStores 方法会将 EF Core 中对 IUserStore<TUser>接口和 IroleStore<TRole>接口的实现添加到容器中。

添加 Identity 服务后，还应修改添加 DbContext 服务的代码为：

```
services.AddDbContext<LibraryDbContext>(
    config => config.UseSqlServer(Configuration.GetConnectionString("DefaultConnection"),
    optionBuilder => optionBuilder.MigrationsAssembly(typeof(Startup).Assembly.GetName().Name)));
```

上面代码中新增加的部分使用了 UseSqlServer 方法的另一个重载形式。其中，第二个参数使用 SqlServerDbContextOptionsBuilder 对象的 MigrationAssembly 方法为当前 DbContext 设置其迁移所在的程序集名称，这是由于 DbContext 与为其创建的迁移并不在同一个程序集中。

此时，在"程序包管理器控制台"中运行如下命令。

```
Add-Migration AddIdentity
Update-Database
```

图 8-7　Identity 相关的数据表

上述命令会创建一个名为 AddIdentity 的 EF Core 迁移，该迁移包含了创建与 Identity 相关的数据表操作，并将其修改应用到数据库中。当上述命令运行成功后，此时数据库的结果如图 8-7 所示。

可以看到，Library 数据库中多了若干个以 AspNet 开头的表，所有的用户、角色以及 Claim 等信息将存储在这些表中。接下来，在 AuthenticateController 中添加创建用户的方法，并修改原来对用户信息验证的逻辑。

首先，在 Models 文件中添加 RegisterUser 类，在创建用户时，请求中的信息将会反序列化为此类型。

```
public class RegisterUser
{
    [Required, MinLength(4)]
    public string UserName { get; set; }

    [EmailAddress]
    public string Email { get; set; }

    [MinLength(6)]
    public string Password { get; set; }

    public DateTimeOffset BirthDate { get; set; }
}
```

然后，在 AuthenticateController 中添加 AddUserAsync 方法，用于创建用户，为它添加 [HttpPost] 特性，并定义其路由模板值为 register。

```
[Route("auth")]
[ApiController]
```

```csharp
public class AuthenticateController : ControllerBase
{
    public AuthenticateController(
            UserManager<User> userManager,
            RoleManager<Role> roleManager,
            IConfiguration configuration)
    {
        UserManager = userManager;
        RoleManager = roleManager;
        Configuration = configuration;
    }

    public IConfiguration Configuration { get; }
    public RoleManager<Role> RoleManager { get; }
    public UserManager<User> UserManager { get; }

    [HttpPost("register", Name = nameof(AddUserAsync))]
    public async Task<IActionResult> AddUserAsync(RegisterUser registerUser)
    {
        var user = new User
        {
            UserName = registerUser.UserName,
            Email = registerUser.Email,
            BirthDate = registerUser.BirthDate
        };

        IdentityResult result = await UserManager.CreateAsync(user, registerUser.Password);
        if (result.Succeeded)
        {
            return Ok();
        }
        else
        {
            ModelState.AddModelError("Error", result.Errors.FirstOrDefault()?.Description);
            return BadRequest(ModelState);
        }
    }
    …
}
```

上述代码中对 AuthenticateController 的构造函数进行了修改，通过构造函数注入的方式将 UserManager<User>和 RoleManager<Role>两个对象注入进来。在 AddUserAsync 方法中，首先使用从 POST 正文中得到的 RegisterUser 对象创建 User 对象，然后通过 UserManager<User>对象的 CreateAsync 方法来完成对用户的创建操作。创建结果由 IdentityResult 对象表示，如果创建用户成功，则返回 200 OK 状态码；反之，则返回结果中所包含的错误信息。ASP.NET Core

Identity 会处理检查所有可能导致创建用户失败的情况,如用户名已经存在、密码不符合要求等。

接着添加一个根据用户信息生成 Bearer Token 的方法,为它命名为 GenerateTokenAsync,该方法与原来的 GenerateToken 方法相比,生成 Token 部分的内容相同,不同的是前面验证用户信息的部分,GenerateTokenAsync 方法的内容如下。

```
[HttpPost("token2", Name = nameof(GenerateTokenAsync))]
public async Task<IActionResult> GenerateTokenAsync(LoginUser loginUser)
{
    var user = await UserManager.FindByEmailAsync(loginUser.UserName);
    if (user == null)
    {
        return Unauthorized();
    }

    var result = UserManager.PasswordHasher.VerifyHashedPassword(user,
        user.PasswordHash,
        loginUser.Password);
    if (result != PasswordVerificationResult.Success)
    {
        return Unauthorized();
    }

    var userClaims = await UserManager.GetClaimsAsync(user);
    var userRoles = await UserManager.GetRolesAsync(user);
    foreach (var roleItem in userRoles)
    {
        userClaims.Add(new Claim(ClaimTypes.Role, roleItem));
    }

    var claims = new List<Claim>
    {
        new Claim(JwtRegisteredClaimNames.Sub, user.UserName),
        new Claim(JwtRegisteredClaimNames.Jti, Guid.NewGuid().ToString())
        new Claim(JwtRegisteredClaimNames.Email, user.Email)
    };

    claims.AddRange(userClaims);
    …
    // 此处为生成 Token 的代码,与 GenerateToken 方法中的内容相同
}
```

在上述方法中,首先验证用户是否存在以及用户信息是否正确,如果通过验证,则获取该用户相关的 Claim 以及角色,这些信息最终都会包含在生成的 Token 中。

运行程序,并请求 auth/register 接口来注册一个用户。当用户注册成功后,使用该用户的信息再请求 auth/token2 接口。此时,服务器首先对请求信息进行验证。如果验证通过,则会

返回包含该用户所有 Claim 相关的 Bearer Token，在后续访问需要认证的接口时，只要在请求消息头中添加 Authorization 消息头以及获取到 Token 即可。

最后，需要注意的是，要为应用程序提供用户、角色存储与管理功能。ASP.NET Core Identity 并不是唯一的选择，我们也可以自己实现用户与角色的存储和查询等功能，还可以使用 Azure Active Directory 来实现同样的功能。关于 Azure Active Directory 的详细信息，请到 Microsoft Azure 官网中自行搜索。

8.2.3 授权

本章开篇提到了认证与授权的区别：认证是为了验证用户是否合法，即验证用户的认证信息是否正确；授权是验证已通过认证的用户是否具有做某事的权限。ASP.NET Core 中支持多种形式的授权，如基于角色的授权、基于 Claim 的授权、基于策略的授权等，其中基于角色的授权是最常见、最基本的授权方式。前文已介绍了认证及其实现，本节来介绍授权及其实现。

在上一节中，我们在 AuthenticateController 中添加了 GenerateTokenAsync 方法，在该方法中生成 Token 时，除了获取用户本身的 Claim 信息外，还通过 UserManager 对象的 GetRolesAsync 方法获取当前用户的所有角色，并将它们添加到 Claim 列表中。因此生成的 Token 中包含用户的角色信息，这样当应用程序在验证 Token 成功后，就能够得到当前用户所具有的角色，从而实现基于角色的认证。

角色如同分组，一个用户可以具有多个角色，一个角色也可以包含多个不同的用户，要将用户添加到角色中，只要使用 UserManager<TUser> 类所提供的方法即可。然而在这之前，需要先使用 RoleManager<TRole> 类创建相应的角色。RoleManager<TRole> 类提供了用于创建、删除角色的方法，UserManager<TUser> 类提供了用于检查指定用户是否在某个角色中，以及将用户添加到指定的角色或从指定的角色中删除等方法。以下代码即为使用这两个类所提供的方法，确保正确无误地将指定的用户添加到指定的角色中。

```csharp
private async Task AddUserToRoleAsync(User user, string roleName)
{
    if (user == null || string.IsNullOrWhiteSpace(roleName))
    {
        return;
    }

    bool isRoleExist = await RoleManager.RoleExistsAsync(roleName);
    if (!isRoleExist)
    {
        await RoleManager.CreateAsync(new Role { Name = roleName });
    }
    else
    {
        if (await UserManager.IsInRoleAsync(user, roleName))
        {
            return;
        }
```

```
        await UserManager.AddToRoleAsync(user, roleName);
}
```

当创建用户或管理用户信息时,调用上述方法即可将用户添加到指定的角色中。

```
await AddUserToRoleAsync(user, "Administrator");
```

当把用户添加到某一角色中时,如果要使某一个接口仅被指定的角色访问,那么只要在为其添加[Authorize]特性时指定 Roles 属性即可,如下。

```
[Authorize(Roles = "Administrator")]
public class BookController: ControllerBase
{
    ...
}
```

如果用户不属于这个角色,那么服务器将返回 403 Forbidden 响应码,如图 8-8 所示。

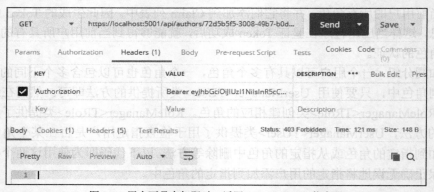

图 8-8 用户不具有权限时,返回 403 Forbidden 状态码

如果要同时允许多个角色访问,则可以使用逗号分隔角色名,这样只要具有其中某一个角色的用户即可访问该接口。

```
[Authorize(Roles = "Administrator,Manager")]
```

如果某个接口要求用户同时具有多个角色才能够访问,则可以为其添加多个带有 Roles 属性的[Authorize]特性,如下。

```
[Authorize(Roles = "Administrator")]
[Authorize(Roles = "Manager")]
public class BookController : ControllerBase
{
    ...
}
```

基于 Claim 的授权则要求用户必须具有某一个指定类型的 Claim，甚至可以要求该 Claim 的值必须为指定的值。要实现基于 Claim 的授权，需要创建授权策略并为其命名，然后在 [Authorize]特性中指定 Policy 属性。要创建授权策略，只需在 Startup.cs 类的 ConfigureServices 方法中添加并配置认证服务。

```
public void ConfigureServices(IServiceCollection services)
{
    …
    services.AddMvc();
    services.AddAuthorization(options =>
    {
        options.AddPolicy("ManagerOnly", builder => builder.RequireClaim("ManagerId"));
        options.AddPolicy("LimitedUsers", builder => builder.RequireClaim("UserId",
            new string[] { "1", "2", "3" }));
    });
}
```

在上述方法中添加了两个授权策略。其中，ManagerOnly 要求用户必须具有类型为 ManagerId 的 Claim，而 LimitedUsers 则要求用户必须具有类型为 UserId 的 Claim，且它的值必须为指定的值。

授权策略是通过 AuthorizationPolicyBuilder 类创建的，该类提供了多个方法，如 RequireClaim、RequireRole、RequireUserName 和 RequireAuthenticatedUser 等。它们分别指定了不同形式的条件，只有用户符合该条件时才被认为具有权限，使用 RequireRole 方法同样能够实现基于角色的授权。

当创建了授权策略后，在使用过程中，只要在添加[Authorize]特性时指定 Policy 属性即可。

```
[Authorize(Policy = "ManagerOnly")]
public class BookController: ControllerBase
{
    …
}
```

在创建授权策略时，除了使用上面简单的策略外，ASP.NET Core 还支持创建更为复杂的授权策略，这是通过 IAuthorizationRequirement 接口和 AuthorizationHandler<TRequirement>类实现的。其中，IAuthorizationRequirement 接口表示要拥有授权应具备的条件，AuthorizationHandler<TRequirement>类用于根据指定的条件进行判断，并决定用户是否满足该条件，它们均位于 Microsoft.AspNetCore.Authorization 命名空间中。

下例中的 RegisteredMoreThan3DaysRequirement 类实现了只有注册日期超过 3 天后才有权限访问。

```
public class RegisteredMoreThan3DaysRequirement :
    AuthorizationHandler<RegisteredMoreThan3DaysRequirement>,
    IAuthorizationRequirement
```

```csharp
protected override Task HandleRequirementAsync(AuthorizationHandlerContext context,
    RegisteredMoreThan3DaysRequirement requirement)
{
    if (!context.User.HasClaim(cliam => cliam.Type == "RegisterDate"))
    {
        return Task.CompletedTask;
    }

    var regDate = Convert.ToDateTime(
        context.User.FindFirst(c => c.Type == "RegisterDate").Value);

    var timeSpan = DateTime.Now - regDate;
    if (timeSpan.TotalDays > 3)
    {
        context.Succeed(requirement);
    }

    return Task.CompletedTask;
}
```

在 RegisteredMoreThan3DaysRequirement 类的 HandleRequirementAsync 方法中，通过 AuthorizationHandlerContext 的 User 属性（其类型为 ClaimsPrincipal）得到当前用户对象，并检查用户的 Claim 中是否包含 RegisterDate 项。如果存在，则将该日期与当前日期进行比较，如果条件符合，则调用 AuthorizationHandlerContext 类的 Succeed 方法来说明该条件已通过验证。

要使用自定义策略，只要将它添加到 AuthorizationPolicyBuilder 类的集合属性 Requirements （其类型为 IList<IAuthorizationRequirement>）中即可。

```csharp
services.AddAuthorization(options =>
{
    options.AddPolicy("RegisteredMoreThan3Days", builder =>
        builder.Requirements.Add(new RegisteredMoreThan3DaysRequirement()));
});
```

之后，在为相应的接口添加[Authorize]特性时，设置其 Policy 属性为指定的策略名称即可。

使用上述方式可以实现更复杂的授权策略。另外，在本质上，AuthorizationPolicyBuilder 类提供的 RequireClaim、RequireRole、RequireUserName 和 RequireAuthenticatedUser 等方法也是使用这种方式实现的。这些方法也是通过其 Requirements 属性中添加相应的条件实现的，如 ClaimsAuthorizationRequirement、RolesAuthorizationRequirement、Name AuthorizationRequirement 和 DenyAnonymousAuthorizationRequirement 等。

8.3 HTTPS

8.3.1 HTTPS 简介

HTTP 协议能够在客户端和服务器之间传递信息，它的特点是以明文方式发送内容，并不提供任何方式的数据加密。当攻击者截获了请求方与服务器之间所传输的信息后，就能够查看其内容，因此 HTTP 协议并不安全，它不适合传输敏感数据。

为了解决 HTTP 协议的这一缺陷，需要使用另一种协议：超文本传输安全协议（Hypertext Transfer Protocol Secure，HTTPS）。HTTPS 是 HTTP 的安全版本，它在 HTTP 的基础上加入了安全套接层（Secure Sockets Layer）SSL 协议，如图 8-9 所示。

HTTPS 将 HTTP 协议数据包放到 SSL/TLS 层加密后，在 TCP/IP 层组成 IP 数据报进行传输，以此保证传输数据的安全。而对于接收端，在 SSL/TSL 层将接收的数据包解密之后，再将数据传给 HTTP 协议层，这就是普通的 HTTP 数据。

HTTP 协议默认使用的端口是 80，HTTPS 协议默认使用的端口是 443。SSL 层依靠证书来验证服务器的身份，并在传输层为浏览器和服务器之间的通信加密。当在浏览器中访问 HTTPS 网站时，在地址栏中会出现一个锁形的图标，单击该图标就能够查看服务器上安装的 SSL 证书了，其中包含证书的颁

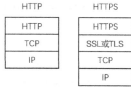

图 8-9 HTTP 与 HTTPS 协议

发机构、有效期、使用者和使用者公钥信息等。SSL 证书作为一种数字证书，由受信任的数字证书颁发机构在验证服务器身份后颁发，且具有服务器身份验证、数据传输加密以及密钥分发等功能，一个 HTTPS 网站需要与一个证书绑定。除了由国际公认的证书机构颁发证书以外，为了便于开发，我们还可以创建并使用自签名证书。在第 2 章中，我们在创建第一个 Web API 应用程序时已经看到了，在 Visual Studio 中首次运行启用了 HTTPS 的 ASP.NET Core 应用程序时，系统会弹出是否信任证书的警告。如果信任证书并同意安装证书，自签名证书将会安装到当前计算机中。安装证书后，就能够正常地访问本地 HTTPS 网站。

ASP.NET Core 能够为应用程序提供 HTTPS 支持，使客户端与应用程序之间的数据传输都基于更为安全的 HTTPS。在 ASP.NET Core 2.1 之前的版本中，尽管同样支持 HTTPS，但是配置方法要比 2.1 版本更复杂一些，并且默认是不启用的。自 ASP.NET Core 2.1 起，在默认情况下，所创建的 ASP.NET Core 应用程序都启用了 HTTPS。

当成功创建一个 ASP.NET Core 应用程序后，项目中 Startup 类的 Configure 方法中的内容如下。

```
public void Configure(IApplicationBuilder app, IHostingEnvironment env)
{
    if (env.IsDevelopment())
    {
        app.UseDeveloperExceptionPage();
```

```
        }
        else
        {
            app.UseHSTS();
        }
        app.UseHttpsRedirection();
}
```

在 launchSettings.json 配置文件中也包含了应用程序使用的 HTTPS 端口配置。

```
{
  "iisSettings": {
    "windowsAuthentication": false,
    "anonymousAuthentication": true,
    "iisExpress": {
      "applicationUrl": "http://localhost:59638",
      "sslPort": 44348
    }
  },
  …
  "Library.API": {
    "commandName": "Project",
    "launchUrl": "api/values",
    "environmentVariables": {
      "ASPNETCORE_ENVIRONMENT": "Production"
    },
    "applicationUrl": "https://localhost:5001;http://localhost:5000"
  }
}
```

Configure 方法中的代码使用两个中间件来保证应用程序始终使用 HTTPS 协议，即 HTTPS 重定向中间件和 HSTS 中间件。当运行 ASP.NET Core 应用程序时，无论是通过 IIS Express 方式，还是通过 dotnet run 方式，都可以看到程序支持 HTTPS 协议，如图 8-10 所示。

图 8-10　ASP.NET Core 应用程序支持 HTTPS

8.3.2 HTTPS 重定向中间件

HTTPS 重定向中间件会将所有的非安全请求（基于 HTTP 协议）重定向到安全的 HTTPS 协议上。具体来说，它使用 HttpsRedirectionOptions 对象中的配置来进行重定向。HttpsRedirectionOptions 类位于 Microsoft.AspNetCore.HttpsPolicy 命名空间下，其定义如下。

```
public class HttpsRedirectionOptions
{
    public int RedirectStatusCode { get; set; }
    public int? HttpsPort { get; set; }
}
```

RedirectStatusCode 用于设置重定向时的状态码，它的默认值为 307 Temporary Redirect，HttpsPort 属性则表示重定向 URL 中要用到的端口号。若要修改重定向选项，则可以在 ConfigureServices 方法中添加如下代码。

```
services.AddHttpsRedirection(option =>
{
    option.RedirectStatusCode = StatusCodes.Status307TemporaryRedirect;
    option.HttpsPort = 5001;
});
```

通常情况下不需要修改重定向配置，除非确定要修改 HTTPS 端口号或重定向状态码。如果没有配置 HTTPS 端口号（HttpsPort 属性的默认值为 null），ASP.NET Core 会尝试从 ASPNETCORE_HTTPS_PORT 环境变量中获取，如果不存在此环境变量，ASP.NET Core 就会尝试从程序运行时使用以 https:// 开始的 URL 中获取端口号。

在浏览器中请求 http://localhost:5000，结果如图 8-11 所示。可以看到，左侧显示了重定向消息以及 HTTPS 请求，右侧显示了重定向消息的具体内。响应消息头中包含了要重定向的位置，即 Location 消息头所指明的内容。

图 8-11　重定向请求

8.3.3 HSTS 中间件

HSTS 中间件使用 HSTS 来进一步保证客户端与服务器之间数据传输的安全。HSTS 全称 HTTP Strict-Transport-Security，即 HTTP 严格安全传输。作为一个 Web 安全策略机制，HSTS 的作用是强制客户端使用 HTTPS 与服务器建立连接。HSTS 的实现方式是在响应消息中添加 Strict-Transport-Security 消息头，该消息头可以使浏览器在接下来指定的时间内，强制当前域名只能通过 HTTPS 进行访问。如果浏览器发现当前链接不安全，则会强制拒绝用户的后续访问要求。Strict-Transport-Security 消息头的格式如下。

```
Strict-Transport-Security: <max-age=>[; includeSubDomains][; preload]
```

max-age 参数用来告诉浏览器，在指定时间内，这个网站必须通过 HTTPS 协议来访问。也就是对于来自该域名的 HTTP 地址，浏览器需要先在本地替换为 HTTPS 之后再发送请求，单位是秒。includeSubDomains 是可选参数，如果指定这个参数，则表明该网站所有子域名也必须通过 HTTPS 协议来访问。preload 是可选参数，只有在申请将当前网站的域名加入浏览器内置列表时，才需要使用它。

可以在 ConfigureServices 中使用 HstsOptions 对象来配置上述参数。

```
public void ConfigureServices(IServiceCollection services)
{
    …
    services.AddHsts(options =>
    {
        options.IncludeSubDomains = true;
        options.Preload = true;
        options.MaxAge = TimeSpan.FromDays(120);
    });
}
```

HstsOptions 类的定义如下。

```
public class HstsOptions
{
    public TimeSpan MaxAge { get; set; }
    public bool IncludeSubDomains { get; set; }
    public bool Preload { get; set; }
    public IList<string> ExcludedHosts { get; set; }
}
```

其中，MaxAge、IncludeSubDomains、Preload 与前面提到 Strict-Transport-Security 消息头的内容意义一样。MaxAge 默认值为 30 天。ExcludedHosts 属性是一个主机名称列表，出现在该列表中的主机将不会添加 Strict-Transport-Security 消息头，即不使用 HSTS 功能。该列表中默认包含 3 项：localhost、127.0.0.1 和[::1]。因此，本地服务器均不会使用 HSTS。为了查看 HSTS 效果，可以在配置 HstsOptions 时添加如下代码，以清除所有被排除的主机列表。

```
services.AddHsts(option =>
{
    option.MaxAge = TimeSpan.FromDays(5);
    option.Preload = true;
    option.IncludeSubDomains = true;
    option.ExcludedHosts.Clear();
});
```

此时，将当前的环境改为生产环境（将 ASPNETCORE_ENVIRONMENT 环境变量改为 Production），运行程序，访问其中的 API，结果如图 8-12 所示。

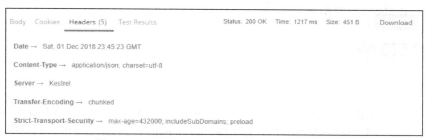

图 8-12　HSTS 以及 Strict-Transport-Security 消息头

之所以应该在生产环境中使用 HSTS，是因为 HSTS 配置会被浏览器缓存，因此不建议在开发环境中使用 HSTS，在 Startup 类中使用 HSTS 中间件时应添加对环境的判断。

HSTS 会强制客户端使用 HTTPS 与服务器建立连接，它解决了首次以 HTTP 方式访问网站，并且还未由服务器进行 HTTPS 重定向时不安全的请求可能会被劫持的问题。在启用了 HSTS 后，当用户发起 HTTP 请求时，浏览器在本地将其转换为 HTTPS 请求，省去了发送不安全的 HTTP 请求以及重定向的过程，从而使中间人攻击失效，如图 8-13 所示。

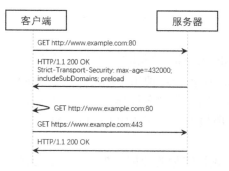

图 8-13　使用 HSTS 后直接发送 HTTPS 请求

因此，只要在 Strict-Transport-Security 消息头中 max-age 指定的有效期内，浏览器都会直接强制性地发起 HTTPS 请求。

需要注意的是，当网站没有使用 HSTS 时，如果浏览器发现当前网站的证书出现错误，或者浏览器和服务器之间的通信不安全，无法建立 HTTPS 连接时，浏览器通常会警告用户，但却又允许用户继续不安全地访问。而如果网站使用了 HSTS，浏览器发现当前连接不安全，则它不仅警告用户，并且不再给用户提供是否继续访问的选择，从而避免后续安全问题的发生。

另外，从图 8-13 中可以看出，即使使用了 HSTS，仍然存在安全隐患。当浏览器缓存中没有当前网站的 HSTS 信息时，或者第一次访问该网站时，依然需要一次明文的 HTTP 请求和重定向才能切换到 HTTPS，以及刷新 HSTS 信息。此外，当超过了 Strict-Transport-Security 消息头中 max-age 指定的有效期后，浏览器也会使用不安全的 HTTP 进行一次访问。尽管如此，HSTS 还是极大地提高了网站的安全性。

8.4 数据保护

8.4.1 数据保护 API

Web 应用程序通常需要存储安全敏感数据，ASP.NET Core 提供了数据保护 API，用于加密和解密数据功能。类似在 ASP.NET 中的功能，即过 machine.config 中的 Machine Key 来保护数据，数据保护 API 更灵活，并且它的出现也旨在替换原来的方式。在 ASP.NET Core 中，数据保护 API 与 ASP.NET Core 内置的依赖注入容器相结合，在应用程序中能够非常方便地使用它们。事实上，在 ASP.NET Core 的认证功能中就使用了数据保护 API。

数据保护 API 主要包含两个接口：IDataProtectionProvider 与 IDataProtector。它们均位于 Microsoft.AspNetCore.DataProtection 命名空间下。IDataProtectionProvider 接口主要用于创建 IDataProtector 类型的对象，定义如下。

```
public interface IDataProtectionProvider
{
    IDataProtector CreateProtector(string purpose);
}
```

使用该接口创建 IDataProtector 对象时，需要指定其目的，它的值是一个字符串，如 purpose1、ProtectConnectionString 等，使用不同的目的将会创建不同的 IDataProtector 对象。通常情况下，建议使用命名空间和类型名称作为目的字符串，即创建 IDataProtector 对象的方法所在的命名空间以该方法所属类的类名（如 Contoso.MyClass），这样有助于区别不同位置的 IDataProtector 对象。

IDataProtector 接口用于执行实际的数据保护操作，它包含 Protect 与 Unprotect 方法，分别用于对明文数据进行加密，以及对密文进行解密，定义如下。

```
public interface IDataProtector : IDataProtectionProvider
{
    byte[] Protect(byte[] plaintext);
    byte[] Unprotect(byte[] protectedData);
}
```

8.4 数据保护

}

Protect 与 Unprotect 方法均接受并返回 byte[]类型的数据。另外，由于 IDataProtector 接口继承了 IDataProtectionProvider 接口，因此使用 IDataProtector 类型的对象也能够调用 CreateProtector 方法继续创建相同类型的对象，从而形成具有层次的 IDataProtector 对象。为了方便使用上述两个接口，在相同的命名空间中还包含了为它们定义的扩展方法。

```
public static class DataProtectionCommonExtensions
{
    public static IDataProtector CreateProtector(this IDataProtectionProvider provider,
IEnumerable<string> purposes);
    public static IDataProtector CreateProtector(this IDataProtectionProvider provider,
string purpose, params string[] subPurposes);
    public static string Protect(this IDataProtector protector, string plaintext);
    public static string Unprotect(this IDataProtector protector, string protectedData);
}
```

其中，前两个方法用于根据多个目的字符串来创建 IDataProtector，后两个方法使 IDataProtector 的 Protect 与 Unprotect 方法能够接受并返回字符串。

加密需要密钥，对于数据保护 API，开发人员不需要管理密钥，而是由数据保护 API 来管理。当调用数据保护 API 时，它会生成密钥，并根据不同的环境在不同的位置保存密钥，密钥默认的有效期为 90 天。ASP.NET Core 的数据保护功能默认使用的加密算法为 AES256，另外，它还使用了 HMAC-SHA256 散列算法，用于确保数据的准确性与完整性。

8.4.2 使用数据保护 API

要在程序中使用数据保护 API，同样需要先在 Startup 类的 ConfigureServices 方法中添加服务。

```
public void ConfigureServices(IServiceCollection services)
{
    services.AddDataProtection();
}
```

之后，在需要的位置（如 Controller 中），将 IDataProtectionProvider 接口注入即可。

```
[Route("api/[controller]")]
[ApiController]
public class ValuesController : ControllerBase
{
    private List<Student> students = new List<Student>();

    public ValuesController(IDataProtectionProvider dataProtectionProvider)
    {
```

```csharp
        DataProtectionProvider = dataProtectionProvider;
        students.Add(new Student { Id = "1", Name = "Jim" });
    }

    public IDataProtectionProvider DataProtectionProvider { get; }

    [HttpGet]
    public ActionResult<IEnumerable<Student>> Get()
    {
        var protector = DataProtectionProvider.CreateProtector("ProtectResourceId");
        var result = students.Select(s => new Student
        {
            Id = protector.Protect(s.Id),
            Name = s.Name
        });

        return result.ToList();
    }

    [HttpGet("{id}")]
    public ActionResult<Student> Get(string id)
    {
        var protector = DataProtectionProvider.CreateProtector("ProtectResourceId");
        var rawId = protector.Unprotect(id);
        var targetItem = students.FirstOrDefault(s => s.Id == rawId);
        return new Student { Id = id, Name = targetItem.Name };
    }
}
```

在上述示例中，在 Controller 的构造函数中将 IDataProtectionProvider 接口注入进来。然后在 Get()方法中，通过该接口的 CreateProtector 方法创建一个 IDataProtector 对象，所传入的参数 ProtectResourceId 用于指明它的目的是保护资源的 ID。在后续的代码中，通过它的 Protect 方法对明文 ID 值进行加密，并返回最终的对象列表。在获取单个资源的接口 Get(string id)中，则使用通过相同目的创建的 IDataProtector 对象对路由参数 id 进行解密，然后从列表中找到相应的资源，并返回。上述程序运行后，请求 api/values，结果如下：

[{"id":"CfDJ8CnQUToMHAVGkhurFnlEOywiYLTWactXSf8hESuvibABsFkE6p3Xo20ugAMpy3p27MhchBEw6G4gXpSgymPtUCWdCcnLWk4Tcjq-K1RMmSs18ZFCaoK91KfbmvHtkpgjrQ","name":"Jim"}]

可以看到，资源的 ID 属性已经不再是容易辨认的明文了，这种方式有效地保护了资源的 ID 值。使用 IDataProtector 对数据进行解密时必须使用与加密数据时相同的目的字符串，如果不相同，则会抛出 CryptographicException 异常，如图 8-14 所示。另外，如果目的相同，但使用 Unprotect 对内容已经被修改过的密文解密，同样会抛出该异常。

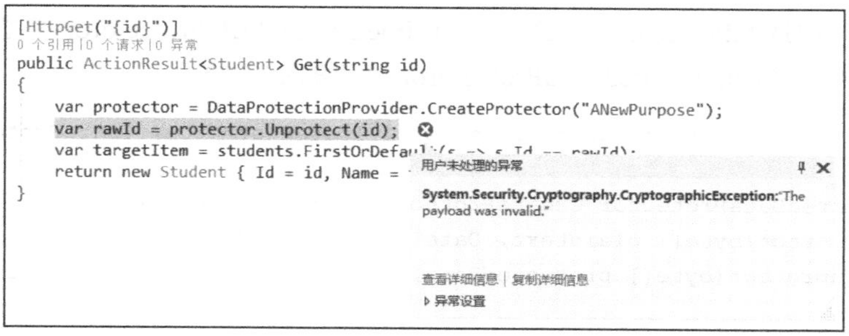

```
[HttpGet("{id}")]
public ActionResult<Student> Get(string id)
{
    var protector = DataProtectionProvider.CreateProtector("ANewPurpose");
    var rawId = protector.Unprotect(id);
    var targetItem = students.FirstOrDefault(s => s.Id == rawId);
    return new Student { Id = id, Name = ...
}
```

图 8-14 使用不同目的字符串时导致的异常

由于 IDataProtector 接口同样可用于创建 IDataProtector 对象，因此以下代码能够创建具有层次的 IDataProtector 对象。

```
var protectorA = DataProtectionProvider.CreateProtector("A");
var protectorB = protectorA.CreateProtector("B");
var protectorC = protectorB.CreateProtector("C");
```

需要注意的是，在对数据解密时，必须使用与加密时相同的方式创建的 IDataProtector 对象。当使用 protectorC 对数据进行加密时，也必须使用相同方式创建的 IDataProtector 对象进行解密。为了更方便地创建具有层次的 IDataProtector 对象，可以使用如下 IdataProtectionProvider 接口的扩展方法。

```
DataProtectionProvider.CreateProtector("Parent", "Child");
```

如果使用上述 protectorC 对象加密信息，则可以使用如下方式进行解密。

```
var content = protectorC.Protect("Hello");

var protector = DataProtectionProvider.CreateProtector("A", "B", "C");var rawContent = protector.Unprotect(content);
```

使用 protectC 加密的内容，可以使用 CreateProtector("A", "B", "C")创建的 IDataProtector 进行解密。这种具有层次的 IDataProtector 在根据不同版本或不同用户保护数据时非常方便，例如：

```
var protectV1 = DataProtectionProvider.CreateProtector("DemoApp.ValueController", "v1");
var protectV2 = DataProtectionProvider.CreateProtector("DemoApp.ValueController", "v2");
```

在某些情况下，尽管数据已经加密，但为了安全，需要为其设置一个有效时间。即当超过了所设置的时间范围时，密文无效，并且解密失败，这在向用户发送重置密码或激活账号的场景中很有用处。在 Microsoft.AspNetCore.DataProtection.Extensions 包中，为 IDataProtector 接口定义了一个扩展方法。

```
public static ITimeLimitedDataProtector ToTimeLimitedDataProtector(this IdataProtector protector);
```

该方法能够将 IDataProtector 对象转化为 ITimeLimitedDataProtectoror 类型的对象，为密文增加有效时间信息。ITimeLimitedDataProtectoror 接口的定义如下。

```csharp
public interface ITimeLimitedDataProtector : IDataProtector, IDataProtectionProvider
{
    ITimeLimitedDataProtector CreateProtector(string purpose);
    byte[] Protect(byte[] plaintext, DateTimeOffset expiration);
    byte[] Unprotect(byte[] protectedData, out DateTimeOffset expiration);
}
```

它同时继承了 IDataProtector 接口和 IDataProtectionProvider 接口，CreateProtector 方法返回 ITimeLimitedDataProtector 类型的对象，Protect 与 Unprotect 方法均多了一个 DateTimeOffset 类型的参数来表示有效期。其中，Protect 方法中的 expiration 参数用于设置密文的有效期，Unprotect 方法中的 expiration 参数用于在成功解密后获取密文中所包含的有效期信息。在同样的命名空间（Microsoft.AspNetCore.DataProtection）下，还定义了 ITimeLimitedDataProtector 接口的若干个扩展方法，它们的目的都是为该接口提供更灵活的使用方式。

```csharp
public static class DataProtectionAdvancedExtensions
{
    public static byte[] Protect(this ITimeLimitedDataProtector protector, byte[] plaintext, TimeSpan lifetime);
    public static string Protect(this ITimeLimitedDataProtector protector, string plaintext, DateTimeOffset expiration);
    public static string Protect(this ITimeLimitedDataProtector protector, string plaintext, TimeSpan lifetime);
    public static string Unprotect(this ITimeLimitedDataProtector protector, string protectedData, out DateTimeOffset expiration);
}
```

以下示例中展示了 ITimeLimitedDataProtector 的使用方法。

```csharp
public void TimeLimitedDataProtectorTest()
{
    var protector = DataProtectionProvider.CreateProtector("testing")
        .ToTimeLimitedDataProtector();
    var content = protector.Protect("Hello", DateTimeOffset.Now.AddMinutes(10));
    // 等待一段时间
    try
    {
        var rawContent = protector.Unprotect(content, out DateTimeOffset expiration);
    }
    catch (CryptographicException ex)
    {
        Logger.LogError(ex.Message, ex);
    }
}
```

需要注意的是，与密文被修改等情况一样，当使用 Unprotect 方法解密时，如果密文已经过期，则同样会抛出 CryptographicException 异常，因此上例中使用 try-catch 进行异常捕获。

Microsoft.AspNetCore.DataProtection 包中还提供了 EphemeralDataProtectionProvider 类，作为 IDataProtectionProvider 接口的一个实现，它的加密和解密功能具有"一次性"的特点，当密文不需要持久化时，可以使用这种方式。所有的键都存储在内存中，且每个 EphemeralDataProtectionProvider 实例都有自己的主键。

```
public void EphemeralDataProtectionTest()
{
    const string Purpose = "DemoPurpose";

    EphemeralDataProtectionProvider provider = new EphemeralDataProtectionProvider();
    var protector = provider.CreateProtector(Purpose);
    var content = protector.Protect("Hello");
    var rawContent = protector.Unprotect(content);

    EphemeralDataProtectionProvider provider2 = new EphemeralDataProtectionProvider();
    var protector2 = provider2.CreateProtector(Purpose);
    rawContent = protector2.Unprotect(content);   // 这里会出现异常
}
```

上例中创建了两个 EphemeralDataProtectionProvider 对象，它实现了 IDataProtectionProvider 接口，其使用方式与前面介绍的使用方式一样。对于第二个 EphemeralDataProtectionProvider 对象，尽管创建了 IDataProtector 时，使用了相同的目的字符串，但由于是不同的实例，因此尝试解密第一个对象加密的内容时，将会出错，抛出 CryptographicException 异常。

8.4.3 配置数据保护

在默认情况下，数据保护 API 有自身的默认配置，如密钥的保存位置、密钥有效期、所使用的算法等。

前面已经提到了密钥默认的有效期以及用到的算法。对于密钥的保存位置，根据应用程序运行环境的不同，密钥的保存位置也不相同。如果能够访问用户文件夹(%USERPROFILE%)，那么密钥会保存在用户的本地应用程序数据文件夹中，即 %LOCALAPPDATA%\ASP.NET\DataProtection-Keys。如果当前操作系统为 Windows，那么密钥还会使用 Window DPAPI 进行加密。如果应用程序运行在 IIS 中，那么密钥会保存在注册表中，并且仅能够被当前工作进程账号访问。如果应用程序运行在 Azure 中，则密钥会存储在当前机器的 %HOME%\ASP.NET\DataProtection-Keys 文件夹中，Azure 会负责在运行该应用程序的机器之间同步这个文件夹。如果上述情况都不满足，则密钥不会持久化，当应用程序结束运行后，所有生成的密钥都会丢失。

保存密钥的文件名为 key-{guid}.xml，其中 guid 是密钥 ID，该文件的内容通常如下。

```
<?xml version="1.0" encoding="utf-8"?>
```

```xml
<key id="8eea2270-fbf2-4765-96d3-8eadafd29749" version="1">
  <creationDate>2018-12-07T08:03:46.4545776Z</creationDate>
  <activationDate>2018-12-07T08:03:46.4471214Z</activationDate>
  <expirationDate>2019-03-07T08:03:46.4471214Z</expirationDate>
  <descriptor deserializerType="Microsoft.AspNetCore.DataProtection.AuthenticatedEncryption.ConfigurationModel.AuthenticatedEncryptorDescriptorDeserializer, Microsoft.AspNetCore.DataProtection, Version=2.2.0.0, Culture=neutral, PublicKeyToken= adb9793829ddae60">
    <descriptor>
      <encryption algorithm="AES_256_CBC" />
      <validation algorithm="HMACSHA256" />
      <encryptedSecret decryptorType="Microsoft.AspNetCore.DataProtection.XmlEncryption.DpapiXmlDecryptor, Microsoft.AspNetCore.DataProtection, Version=2.2.0.0, Culture=neutral, PublicKeyToken= adb9793829ddae60" xmlns="http://schemas.asp.net/2015/03/dataProtection">
        <encryptedKey xmlns="">
          <!-- This key is encrypted with Windows DPAPI. -->
          <value>AQAAANCMnd8……ugH5Q==</value>
        </encryptedKey>
      </encryptedSecret>
    </descriptor>
  </descriptor>
</key>
```

其中包含的信息有：密钥的 ID、密钥创建日期、激活日期、有效期、使用的算法，以及已经使用 Window DPAPI 加密的密钥。

如果要修改密钥的保存位置，则可以调用 IDataProtectionBuilder 接口的 PersistKeysToFileSystem 方法。

```
public void ConfigureServices(IServiceCollection services)
{
    services.AddDataProtection()
        .PersistKeysToFileSystem(new DirectoryInfo("data_keys"));
}
```

此时，在运行程序后，密钥文件会保存在应用程序所在文件夹的 data_keys 文件夹下。同样，使用 PersistKeysToRegistry 方法能够修改密钥在注册表中的位置。

如果要修改密钥的有效期，则可以调用 SetDefaultKeyLifetime 方法，比如将默认值 90 天改为 30 天。

```
public void ConfigureServices(IServiceCollection services)
{
    services.AddDataProtection()
        .SetDefaultKeyLifetime(TimeSpan.FromDays(30));
}
```

如果要修改默认的加密算法与散列算法，则可以调用 UseCryptographicAlgorithms 方法。

```
public void ConfigureServices(IServiceCollection services)
{
    services.AddDataProtection()
        .UseCryptographicAlgorithms(
            new AuthenticatedEncryptorConfiguration()
            {
                EncryptionAlgorithm = EncryptionAlgorithm.AES_256_CBC,
                ValidationAlgorithm = ValidationAlgorithm.HMACSHA256
            });
}
```

AuthenticatedEncryptorConfiguration 对象的 EncryptionAlgorithm 和 ValidationAlgorithm 分别表示用到的对称加密算法和用于验证信息完整性的 HMAC 散列算法。此外，还可以使用 UseCustomCryptographicAlgorithms 方法来指定自定义的算法。

数据保护系统使应用程序之间彼此隔离，即在不同的应用程序中使用相同的密钥与相同的目的创建的 IDataProtector 所生成的密文并不相同，且不能彼此解密。如果希望密文在多个应用程序之间共享，则应调用 SetApplicationName 方法来设置应用程序的名称，并使要共享密钥的应用程序具有同样的名称。

```
public void ConfigureServices(IServiceCollection services)
{
    services.AddDataProtection()
        .SetApplicationName("shared app name");
}
```

8.4.4 用户机密

在开发应用程序过程中，我们通常会用到一些敏感信息，如数据库连接字符串、密码和 Token 等。这一类信息不应直接写在源代码中，常见的方法是将它们写在配置文件中。然而，即使写在配置文件中也是不安全的，因为配置文件与代码文件一样，同样受源代码管理工具的控制，一旦签入代码库，就能够被其他人看到，尤其当代码被托管到公共存储库（如 GitHub）时，是很不安全的。

在 ASP.NET Core 中，使用两种方式能够解决上述问题，分别是环境变量与用户机密。它们都能避免直接将敏感信息写在代码或配置文件中，这主要因为它们都是在项目的外部存储信息。当应用程序运行时，能够通过 ASP.NET Core 的配置系统从外部读取这些敏感信息。

在第 3 章中我们已经看到，在默认情况下，ASP.NET Core 项目的 Program 类通过 WebHost.CreateDefaultBuilder()方法来创建 WebHost，该方法在创建 WebHost 时进行一系列初始化操作。在这个过程中，会从不同的位置加载配置信息并添加到 ASP.NET Core 的配置系统中，这些位置包括如下。

❑ appSettings.json 和 appsettings.{Environment}.json。

第 8 章 认证和安全

- 如果当前环境为开发环境，加载与当前项目关联的用户机密。
- 环境变量。
- 命令行参数。

在上述加载过程中，顺序是很重要的，如果出现相同的配置项，则后加载的配置项的值会覆盖先加载的值，即环境变量与用户机密中的值会覆盖 appSettings.json 配置文件中的同名配置项。因此，可以在当前系统中添加环境变量，通过环境变量为应用程序提供密码等信息，这样就无须将敏感信息记录在配置文件中了。需要注意的是，由于环境变量所存储的值是明文的，因此也需要注意它的安全。

用户机密则以另一种方式在项目外存储敏感信息。在 Visual Studio 中，右击"解决方案管理器"中的"项目名称"，在快捷菜单中选择"管理用户机密"，如图 8-15 所示。

图 8-15 "管理用户机密"功能

此时，Visual Studio 会打开一个 secrets.json 的 JSON 文件，其内容为空，同时在当前项目文件（*.csproj）中，多出了如下节点。

```
<Project Sdk="Microsoft.NET.Sdk.Web">
  <PropertyGroup>
    <TargetFramework>netcoreapp2.2</TargetFramework>
    <UserSecretsId>7943a360-ac50-4d75-8e79-6a7b1454f019</UserSecretsId>
  </PropertyGroup>
  ...
</Project>
```

在 Windows 操作系统中，secrets.json 文件的位置是%APPDATA%\Microsoft\ UserSecrets\ <user_secrets_id>\secrets.json。其中，<user_secrets_id>是项目文件中增加的<UserSecretsId>节点的值，这个值通常是一个 GUID。在其他操作系统中，secrets.json 文件的位置位于~/.microsoft/ usersecrets/<user_secrets_id>/secrets.json。

secrets.json 文件主要用来存储敏感数据，即用户机密。尽管它被称为"用户机密"，事实上，这些数据都是开发人员在开发时用到的，与真正的用户并无关系。需要注意的是，用户机密主要是针对开发环境的，因此在使用时，需确保当前的环境为开发环境，即 ASPNETCORE_ENVIRONMENT 的值应为 Development。secrets.json 文件的格式为 JSON，它与 appSettings.json 的使用方式一样，可以将开发时用到的敏感数据保存到这里，例如：

```
{
```

```
  "Library": {
    "ConnectionString": "Server=(localdb)\\mssqllocaldb;Database=Movie-1;Trusted_Connection=True;MultipleActiveResultSets=true",
    "ServiceApiKey": "12345"
  }
}
```

当应用程序的运行环境是开发环境时，该文件内容就会在程序启动时添加到当前应用的配置系统中。因此如果要访问其中的信息，只要在需要的位置注入 IConfiguration 接口即可。

```
public ValuesController(IConfiguration configuration)
{
    Configuration = configuration;
    var apiKey = Configuration["Library:ServiceApiKey"];
}
```

当添加了多个配置项时，也可以将配置项映射为一个 POCO 类，这与在程序中使用 appsettings.json 配置文件是一样的。如果应用程序没有使用 WebHost.CreateDefaultBuilder 方法来创建 WebHost，那么要使用这一功能时，需要显式地为应用程序添加配置提供程序，将用户机密添加到配置系统中，需要调用 AddUserSecrets 方法。

```
public Startup(IHostingEnvironment env)
{
    var builder = new ConfigurationBuilder()
        .SetBasePath(env.ContentRootPath)
        .AddJsonFile("appsettings.json",
                    optional: false,
                    reloadOnChange: true)

    if (env.IsDevelopment())
    {
        builder.AddUserSecrets<Startup>();
    }

    Configuration = builder.Build();
}
```

Visual Studio 为用户机密的使用与管理提供了更便利的操作方式，除了 Visual Studio 外，使用 .NET Core CLI 工具同样也可以创建并管理用户机密。如果要使用 .NET Core CLI 实现同样的目的，那么首先应编辑项目文件（*.csproj），在其中的 <TargetFramework> 节点下添加 <UserSecretsId> 节点，它的值可以为任意值，为了避免重复，一般使用 GUID 值。修改完项目文件后，此时在命令提示符中切换到项目文件所在的位置，就可以使用 dotnet user-secrets 命令添加、删除、查看 secrets.json 文件中的配置项，以下命令将在其中添加或更新（当指定的项已经存在时）一个配置项。

第8章 认证和安全

```
dotnet user-secrets set "Library:ServiceApiKey" "12345"
```

除了使用 dotnet user-secrets set 命令设置配置项外，其他支持的命令如表 8-2 所示。

表 8-2　　　　　　　　　　用户机密相关的命令

命　　令	描　　述
dotnet user-secrets list	列出所有的配置项
dotnet user-secrets remove	移除指定的配置项
dotnet user-secrets clear	清除所有配置项

使用 dotnet user-secrets <command> --help 命令可以查看相应命令的帮助信息。

8.5 CORS

8.5.1 CORS 简介

CORS，全称 Cross-Origin Resource Sharing（跨域资源共享），是一种允许当前域的资源能被其他域访问的机制。通常情况下，由于同域安全策略（Same-origin Policy），浏览器会禁止这种跨域请求。所谓同域，是指两个 URL 有相同的协议、主机和端口，如图 8-16 所示。

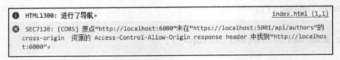

图 8-16　URL 中的域信息

如果这 3 项中有 1 项不同，那么该资源就会被认为来自不同的域，则浏览器不允许访问，如图 8-17 所示。同域安全策略能够有效地保护网站中的敏感数据不被第三方网站访问。

图 8-17　浏览器的限制对不同域资源的访问

然而，这种限制有时过于严格。对于现代的 Web 应用程序，跨域访问资源很常见，例如在一个单页面应用（Single Page Application，SPA）中访问 API 接口。而 CORS 则能解决这个问题，通过使用 CORS，使被访问的 API 应用能够显式地允许哪些源能够访问它的资源，从而不受同域安全策略的限制。

对于跨域资源访问，CORS 会将它们分为两种类型：简单请求和非简单请求。简单请求之所以"简单"，是因为它不存在"预检"过程。一个请求如果满足以下所有条件，就是简单请求如下内容。

- 请求方法为 GET、HEAD、POST 三者之一。
- 如果请求方法为 POST，则 Content-Type 消息头的值只允许为这 3 项：application/x-

www-form-urlencoded、multipart/form-data、text/plain。
- 不包含自定义消息头。

如果不满足其中任何一个条件,如请求方法为 PUT 和 DELETE 等,则该请求为非简单请求。

对于简单请求,浏览器直接发出 CORS 请求,并在请求消息头中添加 Origin 项,它的值为当前域的信息(协议+域名+端口)。所被请求的服务器会判断这个源是否包含在所允许跨源访问的列表中,如果该列表包含请求域,则允许访问。此时,服务器会在响应消息头中添加 Access-Control-Allow-Origin,它的值为请求域,用来告诉浏览器允许该源访问,如图 8-18 所示。

图 8-18 简单 CORS 请求与响应

提示:
如果服务器允许任何源访问,则 Access-Control-Allow-Origin 的值为*。

如果响应消息头中并不包含 Access-Control-Allow-Origin,则说明服务器并不允许当前源访问。需要注意的是,尽管请求失败,但仍有可能得到的响应是 200 OK,就如在上例中,如果服务器不支持 http://localhost:6000,其响应的状态仍为 200 OK,但消息头中却不会包含 Access-Control-Allow-Origin。浏览器所检查的依据为是否包含 Access-Control-Allow-Origin 消息头,以及它的值是否为(或包含)当前源。

非简单请求要比简单请求略为复杂一些。所谓非简单请求,是指在向服务器发送实际请求之前,先发送一个 OPTIONS 方法的请求,以确认发送正式请求是否安全,如图 8-19 所示。

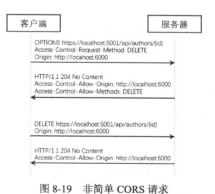

图 8-19 非简单 CORS 请求

上例中包含两个请求,其中第一个是"预检"请求,它在实际请求之前,是一个 OPTIONS

请求，并且包含 Access-Control-Request-Method 消息头，该消息头的意义是询问服务器是否支持该方法。而在服务器对"预检"请求的响应中，则包含了 Access-Control-Allow-Methods 消息头，它的值也是 DELETE，用来告诉客户端"服务器支持此方法"，因此浏览器会发送实际请求。如果服务器不支持客户端所请求的方法，则响应中不会包含 Access-Control-Allow-Methods 消息头，因此预检请求失败，浏览器也不会继续发送实际请求。

刚才我们提到，如果请求中包含自定义消息头，属于非简单请求，因此浏览器也会先发送预检请求。此时浏览器在请求时，会在预检请求中添加消息头 Access-Control-Request-Headers，其值为要包含的自定义消息头名称；如果服务器支持，则在返回的响应消息头中包含 Access-Control-Allow-Headers。由此可见，CORS 不仅限制源，也限制请求方法和 HTTP 消息头。表 8-3 列出了跨域请求与响应中所有可能用到的消息头。

表 8-3   CORS 请求与响应消息头

请求消息头	响应消息头
Origin	Access-Control-Allow-Origin
Access-Control-Request-Method	Access-Control-Allow-Method
Access-Control-Request-Headers	Access-Control-Allow-Headers
—	Access-Control-Expose-Headers
—	Access-Control-Allow-Credentials
—	Access-Control-Max-Age

Access-Control-Expose-Headers、Access-Control-Allow-Credentials、Access-Control-Max-Age 这 3 个消息头都是可选的，它们的值由服务器指定。Access-Control-Expose-Headers 的值是服务器暴露给请求方的消息头名称列表，默认情况下仅有以下 6 个简单消息头会返回给请求方：Cache-Control、Content-Language、Content-Type、Expires、Last-Modified、Pragma。Access-Control-Expose-Headers 则可以指定要返回的其他消息头，它们将在响应中返回给请求方。Access-Control-Allow-Credentials 的值为布尔值，CORS 请求默认不发送 Cookie 和 HTTP 认证信息。如果要把 Cookie 等信息发到服务器，需要服务器同意。如果服务器返回的响应消息头中不包含 Access-Control-Allow-Credentials: true，则浏览器会拒绝该响应。Access-Control-Max-Age 消息头则指明"预检"请求的缓存时间，它的值是一个数值，单位为秒。

整个 CORS 通信过程都是浏览器自动完成的，不需要用户参与。浏览器一旦发现请求跨源，就会自动添加上述 CORS 消息头。因此实现 CORS 通信的关键是服务器，只要服务器实现了 CORS 功能，就允许跨源请求。

8.5.2　实现 CORS

要为 ASP.NET Core 应用程序添加 CORS 功能，需要使用 Microsoft.AspNetCore.Cors 包，它提供 CORS 中间件和[EnableCors]特性，既能够为应用程序提供 CORS 支持，也能够为 MVC 中的 Controller 或 Action 添加 CORS 功能。无论使用哪种方式，都应首先在 ConfigureServices

8.5 CORS

方法中添加 CORS 服务到容器中。

```
public void ConfigureServices(IServiceCollection services)
{
    …
    services.AddCors();
}
```

当添加 CORS 服务后，此时在 Configure 方法中使用 UseCors 方法可以使 CORS 中间件为整个应用程序提供 CORS 功能。需要注意的是，CORS 中间件应添加在任何可能会用到 CORS 功能的中间件之前。

```
public void Configure(IApplicationBuilder app)
{
    …
    app.UseCors(builder => builder.WithOrigins("https://localhost:6001"));
    app.UseMvc();
}
```

在上例中，CorsPolicyBuilder（builder 变量的类型）对象用于创建 CORS 策略，CORS 策略决定了服务器支持何种方式的 CORS 请求。CorsPolicyBuilder 对象中包含多个方法，WithOrigins 方法添加了允许 CORS 访问的源，该方法接受一个或多个字符串形式的 URL。需要注意的是，所指定的 URL 末尾不能包含/，否则会导致匹配失败。如果要允许任何源访问，则可以使用 AllowAnyOrigin 方法，类似的方法还有如下两种。

❑ WithMethods/AllowAnyMethod：允许 CORS 访问的 HTTP 方法，或允许任何方法。
❑ WithHeaders/AllowAnyHeaders：允许 CORS 访问的 HTTP 消息头，或允许任何消息头。

当完成上述配置后，应用程序已支持简单 CORS 请求，以 GET 方法请求 api/authors，结果如图 8-20 所示。

图 8-20 简单 CORS 请求

除了在 UseCors 方法中创建 CORS 策略外，还可以在添加 CORS 服务时通过 CorsOptions

对象创建一个或多个策略。

```
services.AddCors(options =>
{
    options.AddPolicy("AllowAllMethodsPolicy", builder => builder
        .WithOrigins("https://localhost:6001")
        .AllowAnyMethod());

    options.AddPolicy("AllowAnyOriginPolicy", builder => builder
        .AllowAnyOrigin());

    options.AddDefaultPolicy(builder => builder.WithOrigins("https://localhost:6001")
    );
});
```

在上例中，CorsOptions 对象的 AddPolicy 方法用于添加一个指定名称的 CORS 策略，AddDefaultPolicy 方法用于添加一个默认的 CORS 策略。当创建了多个策略后，使用 UseCors 方法中就可以指定要使用的策略名称。

```
app.UseCors("AllowAllMethodsPolicy");
```

如果 UseCors 方法并未指定策略名称，则将使用默认策略。上述代码中创建的 AllowAllMethodsPolicy 策略支持任何 HTTP 方法访问，下例使用了 DELETE 方法删除一个资源，请求与响应结果如图 8-21 所示。

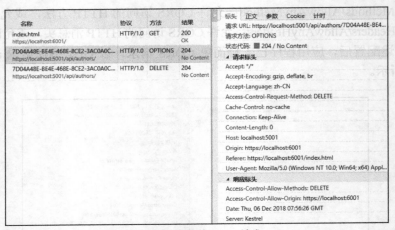

图 8-21　非简单 CORS 请求

可以看出，对于非简单请求，浏览器先发送了一个 OPTIONS 预检请求，在请求消息头中包含了 Access-Control-Request-Method 项，它的值为 DELETE。由于服务器使用的 CORS 策略支持任意 HTTP 方法，因此在预检请求的响应中，包含了 Access-Control-Allow-Methods 项，它的值也是 DELETE。因此浏览器继续发送实际请求，即请求删除资源的接口。

使用 CORS 中间件能够为整个应用程序添加 CORS 功能，如果仅希望为 MVC 应用程序中的某个 Controller 或某个 Action 添加 CORS，那么就需要使用[EnableCors]特性，此时应将 CORS 中间件从请求管道中移除。

```
[EnableCors]
[Route("api/authors")]
[ApiController]
public class AuthorController : ControllerBase
{
    ...
    [EnableCors("AllowAllMethodsPolicy")]
    [HttpDelete("{authorId}", Name = nameof(DeleteAuthorAsync))]
    public async Task<ActionResult> DeleteAuthorAsync(Guid authorId)
    {
        …
    }
}
```

上述代码与使用 CORS 中间件的效果相同，唯一不同的是，使用[EnableCors]特性仅为当前 Controller 添加 CORS 功能。如果在 Controller 与 Action 中同时添加了[EnableCors]特性，在 Action 上应用的[EnableCors]特性将覆盖 Controller 上所使用的特性。如果仅需要为 Controller 中的某个 Action 添加 CORS 支持，则不必为该 Controller 添加[EnableCors]特性，仅为 Action 添加即可。与[EnableCors]特性相反，[DisableCors]特性能够使 Controller 或 Action 禁用 CORS 支持。当为 Controller 添加了[EnableCors]特性，却又不希望其中某个 Action 支持 CORS 访问时，则可以为该 Action 添加[DisableCors]特性。

8.6 限流

为了防止 API 被恶意滥用，应考虑对 API 的请求进行限流，例如限制每个用户 10 分钟内最多请求 100 次。如果在规定的时间内收到来自某个用户的大量请求，则应对其返回 429 Too Many Requests 状态码来告诉请求方发送了过多的请求，从而有效地保护应用程序不被恶意攻击。此外，通过以下自定义响应头还可以进一步向请求方提供限流信息。

- X-RateLimit-Limit：同一个时间段所允许的请求的最大数目。
- X-RateLimit-Remaining：在当前时间段内剩余的请求的数量。
- X-RateLimit-RetryAfter：超出限制后能够再次正常访问的时间。

在 ASP.NET Core 中，由于所有的请求都会经由请求管道中的中间件来处理，因此实现限流可以借助于中间件。通过在请求管道中添加一个自定义中间件，在该自定义中间件中判断传入的请求是否已经超过限流所规定的限制，并根据判断结果决定是继续处理还是拒绝请求。下例中的自定义中间件实现了限流功能，它限制每分钟内使用同一方法对同一个资源仅能发起 10 次请求。

```csharp
public class RequestRateLimitingMiddleware
{
    private const int Limit = 10;
    private readonly RequestDelegate next;
    private readonly IMemoryCache requestStore;

    public RequestRateLimitingMiddleware(RequestDelegate next, IMemoryCache requestStore)
    {
        this.next = next;
        this.requestStore = requestStore;
    }

    public async Task Invoke(HttpContext context)
    {
        var requestKey = $"{context.Request.Method}-{context.Request.Path}";
        int hitCount = 0;

        var cacheOptions = new MemoryCacheEntryOptions()
        {
            AbsoluteExpiration = DateTime.Now.AddMinutes(1)
        };

        if (requestStore.TryGetValue(requestKey, out hitCount))
        {
            if (hitCount < Limit)
            {
                await ProcessRequest(context, requestKey, hitCount, cacheOptions);
            }
            else
            {
                context.Response.Headers["X-RateLimit-RetryAfter"] = cacheOptions.AbsoluteExpiration?.ToString();
                context.Response.StatusCode = StatusCodes.Status429TooManyRequests;
            }
        }
        else
        {
            await ProcessRequest(context, requestKey, hitCount, cacheOptions);
        }
    }

    private async Task ProcessRequest(HttpContext context, string requestKey, int hitCount, MemoryCacheEntryOptions cacheOptions)
    {
        hitCount++;
```

```
        requestStore.Set(requestKey, hitCount, cacheOptions);

        context.Response.Headers["X-RateLimit-Limit"] = Limit.ToString();
        context.Response.Headers["X-RateLimit-Remaining"] = (Limit - hitCount).
ToString();
        await next(context);
    }
}
```

上述的中间件的实现中借用了内存缓存来记录以某一方法对某一资源访问的次数，当首次访问或未超过限制时均会继续处理请求，并更新当前访问次数，同时在响应中添加 X-RateLimit-Limit、X-RateLimit-Remaining 消息头。如果超过了限制，则设置响应的状态码为 429 Too Many Requests，并设置 X-RateLimit-RetryAfter 消息头以提示用户再次尝试访问的时间。

由于中间件中使用了内存缓存，因此确保在 Startup 类的 ConfigureServices 方法中将其服务添加进来。

```
services.AddMemoryCache();
```

在 Configure 方法中，将中间件添加到请求管道中。注意，需要将它放在处理 API 请求之前。

```
public void Configure(IApplicationBuilder app)
{
    …
    app.UseMiddleware<RequestRateLimitingMiddleware>();
    app.UseMvc();
}
```

图 8-22 显示了增加了限流中间件后访问 API 得到的响应，左侧显示了未超限制时的结果，右侧显示了超过限制时的结果。

图 8-22 限流结果

RequestRateLimitingMiddleware 中间件仅是简单地实现了限流功能。如果为应用程序添加更复杂、更高级的限流功能，可借助于第三方库，如 AspNetCoreRateLimit。AspNetCoreRateLimit 包含了 IpRateLimitMiddleware 和 ClientRateLimitMiddleware 中间件，能够根据 IP 地址或客户端 ID 对请求方进行限流，同时它也支持对不同的接口设置不同的访问限制。AspNetCoreRateLimit 属于开源库，读者可以在 GitHub 中找到相应资料。

8.7 本章小结

通过本章的学习，我们掌握了多种用于保护 ASP.NET Core Web API 应用程序的方法。

为应用程序添加认证，保护应用程序仅被提供给合法用户信息的客户端所访问。HTTP 协议支持多种认证方式，其中通过 Bearer 认证能够实现基于 Token 的认证。JWT 是一种常见且主流的 Token 格式。在 ASP.NET Core 中，实现基于 Token 的认证主要是 JwtBearer 组件。

Identity 是 ASP.NET Core 提供的一个用于管理用户信息和角色信息的库，由多个 NuGet 包构成，使用它能够轻松地为应用程序实现用户管理功能。

由于 HTTP 并不安全，因此 Web 应用程序应该使用更安全的 HTTPS 协议。ASP.NET Core 提供了 HTTPS 重定向中间件和 HSTS 中间件，能够有效地保护应用程序的请求与响应数据。

ASP.NET Core 提供了数据保护 API，能够实现对敏感数据的加密与解密，使用方法也非常简单，ASP.NET Core 也为其提供了丰富的配置。用户机密是一种为了避免在代码中存储敏感信息的方法，它的用法与标准的配置功能完全相同。

CORS 全称为跨域资源共享，是一种允许当前域的资源能被其他域访问的机制，用于解决浏览器的同域策略的限制问题。在 ASP.NET Core 中，通过 CORS 特性或中间件均能够实现 CORS，使 API 被不同的源访问。

到目前为止，应用程序已经基本具备所有需要的功能，然而为了确保它能够正确并按预期运行，还需要对它进行测试，第 9 章将介绍测试与文档。

第 9 章 测试和文档

本章内容

应用程序开发完成后,为了确保它能够正确运行并满足预先确定的需求,必须对其进行测试。测试是软件开发中一个必不可少的组成部分,也是比较容易被忽视的一部分。本章首先讨论测试的重要性,以及测试的分类。接下来,本章会重点介绍如何为 ASP.NET Core 项目实现单元测试和集成测试。

API 文档对使用该 API 应用程序的其他开发人员非常重要。本章最后会介绍如何使用 Swagger 为 API 应用程序创建友好的交互式文档。

9.1 测试

9.1.1 测试简介

测试是软件生命周期中的一个非常重要的阶段,对于保证软件的可靠性具有极其重要的意义。在应用程序的开发过程中,为了确保它的功能与预期一致,必须对其进行测试。这样做不仅能够确保功能正确执行,同时能够帮助开发人员尽早地发现并改正系统中所存在的缺陷(Bug),从而提高软件的可靠性。测试应该覆盖到软件的所有功能,全面、细致的测试会在很大程度上节省软件开发的成本;反之,不足的测试势必会使软件包含一些未发现的缺陷而投入运行,使用户承担软件缺陷所造成的危险。

要对软件进行测试,就需要选择合适的测试方法。常见的测试方法很多,根据不同的维度,可以把测试方法分为不同的类别。

从观察结构的透明性方式上,分为白盒测试、黑盒测试和灰盒测试。白盒测试也称结构测试,它是一种在已知程序的内部逻辑的前提下,对程序内部结构进行验证的方法;黑盒测试又称功能测试,它将软件视为"黑盒",在对程序内部实现未知的前提下,按照需求和预期结果对程序的功能进行测试;灰盒测试,介于前面二者之间,它将白盒测试和黑盒测试结合在一起,在已知程序内部逻辑的情况下对软件进行功能测试。

从测试执行方式上,分为手动测试和自动化测试。手工测试要求测试人员与最终使用软件的用户一样,对软件功能进行实际操作并验证;自动化测试则是通过专业的测试软件、测试脚本或自动化测试用例对软件进行测试。自动化测试对持续交付和持续测试非常重要。

从测试所涉及的层次上,分为单元测试、集成测试和系统测试。单元测试是指验证代码段(如方法或函数)功能的测试,通常由开发人员编写相应的测试方法,以验证代码执行后与预期结果是否一致;集成测试用于验证具有依赖关系的多个模块或组件是否能够正常工作;系统测试是对整个系统进行全面测试,以确认系统正常运行并符合需求。图 9-1 所示为单元测试、集成测试和系统测试之间的关系。

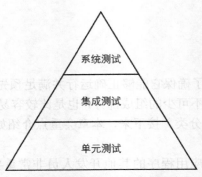

图 9-1　不同测试方法之间的关系

从图 9-1 中可以看出,最底层的单元测试数量最多,可以对程序中所有主要的、有意义的逻辑进行测试。同时,它的运行成本最低,当代码有更改时,应该执行单元测试来保证代码更改后仍然正确运行。中间层的集成测试在数量上相比单元测试要少,这是因为它主要关注的是多个组件之间是否能够正常运行。最上层的系统测试则是从真实的用户角度来测试整个系统,因此通常情况下,只有当系统部署时才会进行系统测试,并且它的运行成本也是最高的。

9.1.2　单元测试

单元测试由开发人员完成,主要用来测试程序中的类以及其中的方法是否能够正确运行。在添加单元测试方法时,应遵循 Arrange-Act-Assert 模式,使测试方法的代码更加规范。Arrange-Act-Assert 模式指明了每个测试方法由以下 3 部分组成。

- ❑ Arrange:为测试进行准备操作,如设置测试数据、变量和环境等。
- ❑ Act:执行要测试的方法,如调用要测试的函数和方法。
- ❑ Assert:断言测试结果,验证被测试方法的输出是否与预期的结果一致。

要添加单元测试或集成测试时,首先应创建测试项目。在创建测试项目时,Visual Studio 提供的测试项目的模板包括 MSTest 测试项目、NUnit 测试项目和 xUnit 测试项目,如图 9-2 所示。

不同的测试项目模板分别使用了不同的测试框架,这也是它们唯一的不同之处,因此无论使用哪一个项目模板创建,其中的项目结构和主要逻辑都是相同的,不同的只是对于测试框架的用法。我们使用 xUnit 测试框架,为项目命名为 Library.API.Testing。项目创建完成后,将默认的 UnitTest1.cs 删除，并添加一个新类，名为 AuthorController_UnitTests，该类主要包含针对 AuthorController 中方法的测试方法。

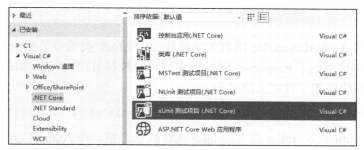

图 9-2　Visual Studio 中提供的测试项目模板

要测试 AuthorController 中的方法，首先应对 AuthorController 类进行实例化，并在每个测试方法中调用它相应的方法以完成测试。然而 AuthorController 的构造函数中引用了多个其他依赖项，如 IRepositoryWrapper 和 IMapper 等，可以使用 Moq 库来模拟。Moq 是一个简单易用的、用来模拟真实组件的库，在单元测试中常常使用它来模拟被测试对象用到的依赖。以下为 AuthorController_UnitTests 类的内容以及它的构造函数。

```csharp
public class AuthorController_UnitTests
{
    private AuthorController _authorController;
    private Mock<IDistributedCache> _mockDistributedCache;
    private Mock<IHashFactory> _mockHashFactory;
    private Mock<ILogger<AuthorController>> _mockLogger;
    private Mock<IMapper> _mockMapper;
    private Mock<IRepositoryWrapper> _mockRepositoryWrapper;
    private Mock<IUrlHelper> _mockUrlHelper;

    public AuthorController_UnitTests()
    {
        _mockRepositoryWrapper = new Mock<IRepositoryWrapper>();
        _mockMapper = new Mock<IMapper>();
        _mockLogger = new Mock<ILogger<AuthorController>>();
        _mockDistributedCache = new Mock<IDistributedCache>();
        _mockHashFactory = new Mock<IHashFactory>();
        _mockUrlHelper = new Mock<IUrlHelper>();
        _authorController = new AuthorController(_mockRepositoryWrapper.Object,
            _mockMapper.Object,
            _mockLogger.Object,
            _mockDistributedCache.Object,
            _mockHashFactory.Object);

        _authorController.ControllerContext = new ControllerContext
```

```
        {
            HttpContext = new DefaultHttpContext()
        };
    }
}
```

可以看到,对 AuthorController 用到的依赖均使用 Mock 类模拟了相应的对象。此外,在 AuthorController 中也用到了 Response 属性,该属性可以控制 HTTP 响应,如在 GetAuthorsAsync 方法中使用它为响应添加了自定义消息头。

```
Response.Headers.Add("X-Pagination", JsonConvert.SerializeObject(paginationMetadata));
```

已实例化的 AuthorController 的 Response 属性默认为空。在 AuthorController_UnitTests 构造函数中,为 AuthorController 对象的 ControllerContext 属性设置了一个 ControllerContext 对象,该对象的 HttpContext 属性的值为 DefaultHttpContext 对象。设置之后,AuthorController 对象的 Request 与 Response 属性将不再为空,分别是 DefaultHttpRequest 和 DefaultHttpResponse 对象。

此时,在 AuthorController_UnitTests 中创建的 AuthorController 对象就可以正常使用了,接下来可以继续添加测试方法。下面的测试方法是对 GetAllAuthorAsync 方法的测试。

```
[Fact]
public async Task Test_GetAllAuthors()
{
    // Arrange
    var author = new Author
    {
        Id = Guid.NewGuid(),
        Name = "Author Test 1",
        Email = "author1@xxx.com",
        BirthPlace = "Beijing"
    };

    var authorDto = new AuthorDto()
    {
        Id = author.Id,
        Name = author.Name,
        BirthPlace = author.BirthPlace,
        Email = author.Email
    };

    var authorList = new List<Author> { author };
    var authorDtoList = new List<AuthorDto> { authorDto };

    var parameters = new AuthorResourceParameters();
    var authors = new PagedList<Author>(authorList,
```

```
                totalCount: authorList.Count,
                pageNumber: parameters.PageNumber,
                pageSize: parameters.PageSize);

        _mockRepositoryWrapper.Setup(m => m.Author.GetAllAsync(It.IsAny<AuthorResourcePar
ameters>()))
            .Returns(Task.FromResult(authors));
        _mockMapper.Setup(m => m.Map<IEnumerable<AuthorDto>>(It.IsAny<IEnumerable<Author>
>()))
            .Returns(authorDtoList);
        _mockUrlHelper.Setup(m => m.Link(It.IsAny<string>(), It.IsAny<object>()))
            .Returns("demo url");
        _authorController.Url = _mockUrlHelper.Object;

        // Act
        var actionResult = await _authorController.GetAuthorsAsync(parameters);

        // Assert
        ResourceCollection<AuthorDto> resourceCollection = actionResult.Value;
        Assert.True(1 == resourceCollection.Items.Count);
        Assert.Equal(authorDto, resourceCollection.Items[0]);

        Assert.True(_authorController.Response.Headers.ContainsKey("X-Pagination"));
}
```

上面的测试方法遵循了 Arrange-Act-Assert 的模式。在准备数据阶段，定义了一个 Author 集合及其对应的 AuthorDto 集合，同时实例化了 AuthorResourceParameters 对象和 PagedList<Author> 对象，然后为 Mock 对象的方法设置要返回的结果，用到的方法包括 GetAllAsync（根据查询参数获取所有作者）和 Map（对象映射）。此外，由于在实现 HATEOAS 时用到了 AuthorController 的 Url 属性（其类型为 IUrlHelper）的 Link 方法来生成指定路由的 URL，因此需要为_mockUrlHelper 设置 Link 方法要返回的内容，并将它的值 IUrlHelper 赋给 AuthorController 的 Url 属性。当数据准备好之后，调用待测试的方法，并得到该方法的返回值。之后使用 Assert 类提供的静态方法来验证结果是否符合预期。在上例中，验证结果中包含了资源数目、所返回的资源与准备的资源是否一致，以及响应消息头中是否包含分页元数据。

9.1.3 集成测试

集成测试能够确保应用程序的组件正常工作，包括应用程序支持的基础结构，如数据库和文件系统等。ASP.NET Core 提供了用于集成测试的组件，其中包含了用于测试的 WebHost 和内存测试服务器 TestServer。与单元测试不同，这里所有的依赖都是模拟出来的，在集成测试中，应使用与生产环境中一样的真实组件，如数据库和第三方库等。

进行集成测试时，应为项目添加 Microsoft.AspNetCore.Mvc.Testing 包。要安装它，除了通过 NuGet 包程序管理器安装以外，还可以直接编辑 Library.API.Testing.csproj，并在其中添加以下内容来安装。

```xml
<PackageReference Include="Microsoft.AspNetCore.Mvc.Testing" Version="2.2.0" />
```

保存项目文件后，Visual Studio 会自动还原用新添加的包。

Microsoft.AspNetCore.Mvc.Testing 包依赖 Microsoft.AspNetCore.Mvc.Core 和 Microsoft.AspNetCore.TestHost 两个包，能够将依赖项文件（*.deps.json）复制到测试项目的 bin 目录下，并设置在测试项目中所创建的 WebHost 的内容目录（ContentRoot）为待测试项目的内容目录，使原来项目中的文件能够直接为测试项目所用。此外，它也提供了 WebApplicationFactory 类，用于创建内存中的测试服务器，其定义和主要成员如下所示。

```csharp
public class WebApplicationFactory<TEntryPoint> : IDisposable where TEntryPoint : class
{
    public TestServer Server { get; }
    public IReadOnlyList<WebApplicationFactory<TEntryPoint>> Factories { get; }
    public WebApplicationFactoryClientOptions ClientOptions { get; }
    public HttpClient CreateClient();
    public HttpClient CreateClient(WebApplicationFactoryClientOptions options);
    protected virtual void ConfigureClient(HttpClient client);
    protected virtual void ConfigureWebHost(IWebHostBuilder builder);
    protected virtual TestServer CreateServer(IWebHostBuilder builder);
    protected virtual IWebHostBuilder CreateWebHostBuilder();
    protected virtual IEnumerable<Assembly> GetTestAssemblies();
}
```

WebApplicationFactory 类的泛型类型参数 TEntryPoint 表示被测试应用程序的入口，通常为 Startup 类。WebApplicationFactory 类的 CreateClient()方法能够创建 HttpClient 对象，在测试方法中，正是通过 HttpClient 对象所提供的方法对接口进行请求来完成测试。

为了方便测试，xUnit 提供了 IClassFixture<TFixture>接口，该接口并未包含任何成员，主要目的是标识一个类为测试类，并为测试类提供所需要的依赖。其中泛型参数 TFixture 为要向测试类提供的依赖，它必须是一个类，且具有一个公共无参构造函数。当运行测试时，为了使测试方法能够使用它，TFixture 会首先被实例化。要在测试类中得到 TFixture 实例，只要在测试类的构造函数中添加一个 TFixture 类型的参数即可。为了使每个测试方法都能够访问 WebApplicationFactory<TEntryPoint>对象，并使用它来创建 HttpClient，我们可以使测试类实现 IClassFixture<TFixture>接口。

在测试项目中添加一个类 AuthorController_IntegrationTests，并使它实现 IclassFixture <WebApplicationFactory<Startup>>接口，该类主要包含了针对 AuthorController 中各个方法的集成测试。

```csharp
public class AuthorController_IntegrationTests : IClassFixture<WebApplicationFactory<Startup>>
{
    private readonly WebApplicationFactory<Startup> _factory;
```

```csharp
    public AuthorController_IntegrationTests(WebApplicationFactory<Startup> factory)
    {
        _factory = factory;
    }
}
```

AuthorController_IntegrationTests 构造函数中的 factory 参数将会在该类实例化时由 xUnit 自动创建并注入。

下面是对 AuthorController 中 GetAuthorByIdAsync 方法的测试。

```csharp
[Theory]
[InlineData("1029db57-c15c-4c0c-80a0-c811b7995cb4")]
[InlineData("74556abd-1a6c-4d20-a8a7-271dd4393b2e")]
public async Task Test_GetAuthorById(string authorId)
{
    // Arrange
    var client = _factory.CreateClient();

    // Act
    var response = await client.GetAsync($"api/authors/{authorId}");

    // Assert
    response.EnsureSuccessStatusCode();
    Assert.Equal("application/json; charset=utf-8", response.Content.Headers.ContentType.ToString());
    Assert.Contains(authorId, await response.Content.ReadAsStringAsync());
}
```

与单元测试形式一样，上面的测试方法由 Arrange-Act-Assert 组成，在准备数据阶段创建了 HttpClient 对象，接下来调用它的 GetAsync 方法对 api/authors/{authorId} 接口进行测试。GetAsync 会使用 GET 方法对指定的 URL 进行请求，返回值为 HttpResponse 类型，表示 HTTP 响应。在验证阶段，首先调用 HttpResponse 对象的 EnsureSuccessStatusCode 方法，验证响应的状态码是否属于 200~299 区间表示操作成功的状态码，接着验证了响应的消息头中的 Content-Type 值是否与预期一样，最后验证响应的内容中是否包含与请求时一致的 authorId。

下面的测试方法分别验证了请求不存在资源时是否返回 404 Not Found 状态码，以及当请求一个格式不正确的资源 Id 时是否返回 400 Bad Request 状态码。

```csharp
[Fact]
public async Task Test_GetAuthorByNotExistId()
{
    // Arrange
    var client = _factory.CreateClient();

    // Act
```

```csharp
    var response = await client.GetAsync($"api/authors/{Guid.NewGuid().ToString()}");

    // Assert
    Assert.Equal(HttpStatusCode.NotFound, response.StatusCode);
}

[Theory]
[InlineData("a")]
[InlineData("12")]
public async Task Test_GetAuthorByNotInvalidId(string authorId)
{
    // Arrange
    var client = _factory.CreateClient();

    // Act
    var response = await client.GetAsync($"api/authors/{authorId}");

    // Assert
    Assert.Equal(HttpStatusCode.BadRequest, response.StatusCode);
}
```

到目前为止，所有测试到的接口均不需要认证，而对于涉及认证的接口，需要在数据准备阶段先完成必要的操作，如获取 Bearer Token 等。下面的测试方法首先验证了当客户端不指定认证信息时，是否返回 401 Not Authorized 状态码。

```csharp
[Fact]
public async Task Test_CreateAuthor_Unauthorized()
{
    // Arrange
    var client = _factory.CreateClient();
    var authorDto = new AuthorDto
    {
        Name = "Test Author",
        Email = "author_testing@xxx.com",
        BirthPlace = "Beijing",
        Age = 50
    };
    var jsonContent = JsonConvert.SerializeObject(authorDto);

    // Act
    var response = await client.PostAsync("api/authors", new StringContent(content:
jsonContent,
        encoding: Encoding.UTF8,
        mediaType: "application/json"));

    // Assert
```

```
        Assert.Equal(HttpStatusCode.Unauthorized, response.StatusCode);
    }
```

上例对创建作者接口进行了测试，执行测试之前，请确保已经为该接口添加了[Authorize]特性。

如果要获取一个 Bearer Token，则需要以 POST 方法请求 auth/token 或 auth/token2，并在请求时提供用户名与密码。因此首先在 AuthorController_IntegrationTests 中添加一个 LoginUser 对象，并在构造函数中将其实例化。

```
private readonly LoginUser _loginUser;

public AuthorController_IntegrationTests(CustomWebApplicationFactory<Startup> factory)
{
    _factory = factory;
    _loginUser = new LoginUser
    {
        UserName = "demouser",
        Password = "demopassword"
    };
}
```

接下来为 HttpClient 添加扩展方法 TryGetBearerTokenAsync，用于为指定的用户获取 Bearer Token。

```
public static class HttpClientExtensions
{
    public static async Task<(bool result, string token)> TryGetBearerTokenAsync(
        this HttpClient httpClient,
        LoginUser loginUser)
    {
        var userCredentialInfo = new StringContent(
            content: JsonConvert.SerializeObject(loginUser),
            encoding: Encoding.UTF8,
            mediaType: "application/json");
        var response = await httpClient.PostAsync("auth/token", userCredentialInfo);
        var tokenResult = await response.Content.ReadAsAsync<TokenResult>();
        if (tokenResult == null)
        {
            return (false, null);
        }
        else
        {
            return (true, tokenResult.Token);
        }
    }
}
```

```csharp
public class TokenResult
{
    public DateTimeOffset Expiration { get; set; }
    public string Token { get; set; }
}
```

该方法使用传入的用户信息请求 auth/token 接口,并从结果中得到了 Bearer Token。接下来添加对 CreateAuthor 接口的正常测试,在调用 HttpClient 对象的 PostAsync 方法之前在请求中添加 Authorizaiton 消息头,并使它的值为 Bearer <bearer_token>。

```csharp
[Fact]
public async Task Test_CreateAuthor()
{
    // Arrange
    var client = _factory.CreateClient();
    var authorDto = new AuthorDto
    {
        Name = "Test Author",
        Email = "author_testing@xxx.com",
        BirthPlace = "Beijing",
        Age = 50
    };

    var jsonContent = JsonConvert.SerializeObject(authorDto);
    var bearerResult = await client.TryGetBearerTokenAsync(_loginUser);
    if (!bearerResult.result)
    {
        throw new Exception("Authentication failed");
    }

    client.DefaultRequestHeaders.Add(HeaderNames.Authorization, $"Bearer {bearerResult.token}");

    // Act
    var response = await client.PostAsync("api/authors", new StringContent(content: jsonContent,
        encoding: Encoding.UTF8,
        mediaType: "application/json"));

    // Assert
    Assert.Equal(HttpStatusCode.Created, response.StatusCode);
}
```

AuthorController_IntegrationTests 中所使用的 WebApplicationFactory<Startup> 对象会使 WebHost 与实际生产环境完全一致,比如使用在 Startup 类中所指定的数据库。然而在通常情

况下，为了确保测试方法中所创建以及操作的数据不会影响到生产环境中的数据库，在测试项目中使用测试数据库是很有必要的。WebApplicationFactory<TEntryPoint>类中提供了几个 virtual 类型的方法，如 CreateWebHostBuilder 和 ConfigureWebHost 等，来方便在派生类中对这些方法进行重写，以实现自定义的逻辑。

在测试项目中创建 CustomWebApplicationFactory<TStartup>类，使它继承自 WebApplicationFactory<Startup>类，并为其重写 ConfigureWebHost 方法。

```
public class CustomWebApplicationFactory<TStartup> : WebApplicationFactory<Startup>
{
    protected override void ConfigureWebHost(IWebHostBuilder builder)
    {
        builder.ConfigureServices(services =>
        {
            var serviceProvider = new ServiceCollection()
                .AddEntityFrameworkInMemoryDatabase()
                .BuildServiceProvider();

            services.AddDbContext<LibraryDbContext>(options =>
            {
                options.UseInMemoryDatabase("LibraryTestingDb");
                options.UseInternalServiceProvider(serviceProvider);
            });

            var sp = services.BuildServiceProvider();
            using (var scope = sp.CreateScope())
            {
                var scopedServices = scope.ServiceProvider;
                var db = scopedServices.GetRequiredService<LibraryDbContext>();

                db.Database.EnsureCreated();
            }
        });
    }
}
```

ConfigureWebHost 方法有一个 IWebHostBuilder 类型的参数，使用该参数的 ConfigureServices 方法可以配置依赖注入容器，并向容器中添加所需要的服务，例如在上述代码中所添加的 EF Core 内存数据库服务。此外，由于在 LibraryDbContext 类中所重写的方法，在创建内存数据库时也会直接向数据库中添加与之前相同的数据。接下来，只要修改 AuthorController_IntegrationTests 类所实现的接口为 IClassFixture <CustomWebApplicationFactory <Startup>>即可。

```
public class AuthorController_IntegrationTests : IClassFixture <CustomWebApplicationF
actory <Startup>>
```

```
{
    public AuthorController_IntegrationTests(CustomWebApplicationFactory<Startup> factory)
    {
        …
    }
    …
}
```

再次运行该类中的所有测试方法，所有的操作数据都是 EF Core 所创建的内存数据库。

9.2 文档

9.2.1 Swagger 简介

在 API 应用程序中，API 文档十分重要，它描述了应用程序中所有可访问的端点以及每个接口所支持的 HTTP 方法、接受的参数和响应结果，这会极大地方便 API 的调用方。除了能够方便阅读外，API 文档还应该能够被机器识别，这有助于自动生成访问 API 应用程序的客户端代码，减轻 API 调用方的工作量。然而对于开发人员来说，如果不借助外部工具，书写 API 文档无疑是一件非常困难的事，不仅容易出错，而且维护成本很高。幸运的是，借助于一些成熟的 API 文档工具，将 API 应用程序文档化不再是一件难事。

Swagger，也称 OpenAPI，是一个与语言无关的规范，被广泛用于实现 API 文档化，它能够描述 RESTful API，并为 API 生成人与计算机都容易理解的文档。在 Swagger 中，最重要的是 Swagger 规范，即 swagger.json，它由 Swagger 工具根据 Web API 应用程序生成，内容包含 Swagger 文档的基本信息、Web API 应用程序中所有的接口以及每个接口支持的 HTTP 方法等。同时，Swagger UI 也是根据 swagger.json 的内容而生成并展示的。Swagger UI 是一个 Web 页面，它友好地提供了 Swagger 规范中所包含的 API 接口信息，以及对 API 的交互操作。

Swashbuckle.AspNetCore 和 NSwag 是 Swagger 对于.NET 的实现，它们都是开源项目，能够生成 Swagger 规范，并且均包含 Swagger UI 功能。下面以常用的 Swashbuckle.AspNetCore 为例，介绍如何为 ASP.NET Core Web API 应用程序生成文档。在"程序包管理控制台"中输入下述命令来安装 Swashbuckle。

```
Install-Package Swashbuckle.AspNetCore
```

接下来，在 Startup 类的 ConfigureServices 方法中添加 Swagger 生成器。

```
using Swashbuckle.AspNetCore.Swagger;
public void ConfigureServices(IServiceCollection services)
{
    services.AddSwaggerGen(c =>
    {
```

```
        c.SwaggerDoc("v1", new Info
        {
            Title = "Library API",
            Version = "v1"
        });
    });
}
```

在 ConfigureServices 中使用 AddSwaggerGen 注册 Swagger 生成器时，通过 SwaggerGenOptions 类也可以指定 Swagger 文档的基本信息，如标题和版本等。

在 Configure 方法中添加 Swagger 中间件和 SaggerUI 中间件。

```
public void Configure(IApplicationBuilder app, IHostingEnvironment env)
{
    …
    app.UseSwagger();
    app.UseSwaggerUI(c =>
    {
        c.SwaggerEndpoint("/swagger/v1/swagger.json", "Library API V1");
    });
    app.UseMvc();
}
```

运行程序，访问 https://localhost:5001/swagger/v1/swagger.json，如图 9-3 所示。该页面会显示 Swagger 生成的 JSON 文档，访问 https://localhost:5001/swagger 可以看到 SwaggerUI，它是 Swagger 文档更友好的展示方式。

图 9-3 使用 Swagger UI 展示生成的文档

该界面由文档标题、接口和模型（Model）3 部分组成，其中接口部分包含每个 Controller 及其 Action。单击其中的一个 Action，能够显示调用该接口的参数、响应内容和状态码。调用方根据接口的这些信息，就能够清楚如何使用 API；模型部分包含了应用程序中所有用到的数据模型或实体类。

如果不希望在 Swagger 文档中展示某个 Controller 或其中的某个 Action，则可以为它添加 [ApiExplorerSettings]特性，将其 IgnoreApi 属性设置为 true。

```
[ApiExplorerSettings(IgnoreApi = true)]
public class NewsController : ControllerBase
{
}
```

Swagger UI 默认的 URL 是 http://<host>/swagger，如果想改变其 URL，则可以修改 SwaggerUIOptions 对象的 RoutePrefix 属性，默认值为 swagger。

```
app.UseSwaggerUI(c =>
{
    c.RoutePrefix = string.Empty;
    c.SwaggerEndpoint("/swagger/v1/swagger.json", "Library API V1");
});
```

上例将 RoutePrefix 属性改为空字符串，运行程序后，使用 http://<host>即可访问 Swagger UI。

9.2.2 XML 注释

Swagger 文档能够包含在代码中的 XML 注释，这会进一步增加 Swagger 文档的可读性。在 Startup 类的 ConfigureServices 方法中，使用 SwaggerGenOptions 类的 IncludeXmlComments 方法能够将项目生成的 XML 注释文档包含到 Swagger 文档中。在默认情况下，Visual Studio 创建的项目并没有开启生成 XML 注释文档的功能。在"解决方案资源管理器"中右击项目名称，选择"编辑*.csproj"选项，在打开的编辑器中添加如下内容能够使项目自动生成 XML 注释文档。

```
<PropertyGroup>
    <GenerateDocumentationFile>true</GenerateDocumentationFile>
</PropertyGroup>
```

> **提示：**
> 除了编辑文件外，还可以在项目属性窗口中的"生成"页上勾选"XML 文档文件"来启用上述功能。

需要注意的是，当启用生成 XML 注释文档后，在 Visual Studio 的"错误列表"中会出现大量的 CS1591 警告，如图 9-4 所示。

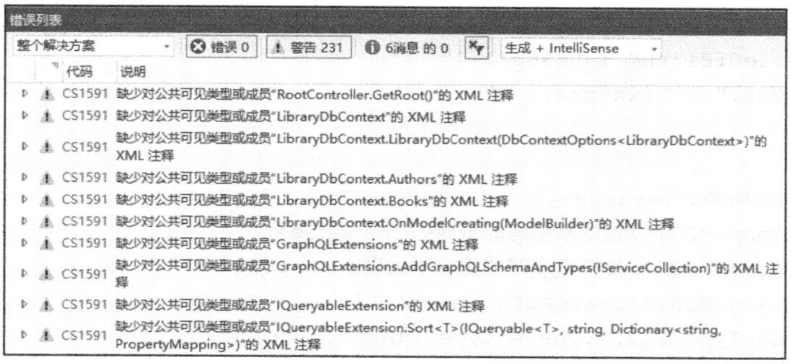

9.2 文档

图 9-4 CS1591 警告

这是因为这些位置没有添加 XML 注释，可以在上述节点添加<NoWarn>节点来避免出现警告。

```
<PropertyGroup>
  <GenerateDocumentationFile>true</GenerateDocumentationFile>
  <NoWarn>$(NoWarn);1591</NoWarn>
</PropertyGroup>
```

为了使 Swagger 文档能够更详细地显示接口的意义，应尽可能地为 Controller 以及其中的 Action 添加描述其功能的 XML 注释。接下来修改 ConfigureService 方法，使 Swagger 文档中包含 XML 注释文档的内容。

```csharp
public void ConfigureServices(IServiceCollection services)
{
    services.AddSwaggerGen(c =>
    {
        c.SwaggerDoc("v1", new Info { Title = "Library API", Version = "v1" });

        var xmlFile = Path.ChangeExtension(typeof(Startup).Assembly.Location, ".xml");
        c.IncludeXmlComments(xmlFile);
    }
}
```

下例为 AuthorController 中的 CreateAuthorAsync 方法添加 XML 注释。

```
/// <summary>
/// 添加一个作者
/// </summary>
/// <param name="authorForCreationDto">作者</param>
/// <remarks>
/// 添加作者的请求:
///
///     POST api/authors
///     {
///        "name" : "Author1",
```

```
///             "birthplace" : "Beijing",
///             "dateOfBirth" : "1980/1/1",
///             "email" : "xxx@xxx.com"
///         }
/// </remarks>
/// <returns>添加结果</returns>
/// <response code="201">返回新创建的资源</response>
/// <response code="400">提交请求时的信息不正确</response>
[HttpPost(Name = nameof(CreateAuthorAsync))]
[ProducesResponseType(201, Type = typeof(AuthorDto))]
[ProducesResponseType(400, Type = typeof(void))]
public async Task<ActionResult> CreateAuthorAsync(AuthorForCreationDto
authorForCreationDto)
```

上面的注释包含了<summary>、<param>和<returns>等信息，分别表示方法的描述、参数和返回值。此外，还包含了<remarks>和<response>节点，<remarks>可以对<summary>节点中的内容进行补充说明，还能包含 JSON 或 XML 格式的内容，这些内容将会在 Swagger 中友好地显示。运行程序后，上述接口在 Swagger 文档中的显示如图 9-5 所示，在标题中包含了 XML 注释中<summary>部分的内容，标题下方显示了<remark>部分的内容；在 Parameters、Code 区域也显示了关于参数的注释信息以及接口所有可能返回的状态码。

图 9-5　包含 XML 注释的接口

上例中还使用了[ProducesResponseType]特性，能够显式地为 Action 指定所有可能的响应状态码及返回值。

除了手动地使用[ProducesResponseType]特性列出所有可能返回的状态码外，ASP.NET Core 还提供了 Web API 约定，它对常见的 HTTP 方法提供了基本的响应返回值，Web API 约定可以应用到 Action 上，也可以应用到 Controller 上。使用 Web API 约定，上例可以修改为：

```
[HttpPost(Name = nameof(CreateAuthorAsync))]
[ApiConventionMethod(typeof(DefaultApiConventions),
            nameof(DefaultApiConventions.Create))]
public async Task<ActionResult> CreateAuthorAsync(AuthorForCreationDto
authorForCreationDto)
```

9.3 本章小结

测试对应用程序的重要性不言而喻。本章首先介绍了测试的重要性以及不同的测试方法，根据观察结构的透明性，测试方法包括白盒测试、黑盒测试和灰盒测试；根据测试的执行方式，测试方法包括手动测试和自动化测试；根据测试所涉及的层次，测试方法包括单元测试、集成测试和系统测试等。之后，我们介绍了如何对 ASP.NET Core 应用程序进行单元测试和集成测试，在实现过程中，测试方法均采用 Arrange-Act-Assert 模式，这样更清晰、更规范。

API 应用程序应具有详尽的文档，帮助其他开发人员理解并正确地调用该 API 应用。Swagger，又称 OpenAPI，被广泛地用于实现 API 文档化，并且能够为 API 生成易于人与计算机理解的文档。作为 Swagger 对于 .NET 的实现，Swashbuckle.AspNetCore 与 NSwag 都能够很方便地集成到 API 应用程序中，生成 Swagger 规范与 Swagger UI。本章介绍了如何使用 Swashbuckle.AspNetCore 来实现这一操作。

第 10 章将介绍如何将已经经过测试的应用程序部署到不同的位置，以便投入使用。

第 10 章 部署

本章内容

Web 应用程序在经过开发和测试后,就可以部署到生产环境中投入使用。ASP.NET Core 具有跨平台等特点,能够使应用程序很容易地部署到不同的环境中,例如 Windows 的 IIS、Docker 容器以及 Azure 云平台中。本章将分别介绍如何实现上述部署操作。

10.1 部署到 IIS

当应用程序开发完成,并通过必要的测试后,需要部署到生产环境中,这样用户才可以使用它。ASP.NET Core 具有模块化和跨平台等特点,能够部署到 IIS、Docker 和 Azure 云平台等不同的位置。

10.1.1 发布应用

ASP.NET Core 应用程序支持部署到 IIS 中,之后它将作为应用程序的反向代理服务器和负载均衡器,向应用程序中转传入的 HTTP 请求。

默认情况下,ASP.NET Core 项目的 Program 类使用如下方式创建 WebHost。

```
public static IWebHostBuilder CreateWebHostBuilder(string[] args) =>
    WebHost.CreateDefaultBuilder(args)
        …
```

在 CreateDefaultBuilder 方法中将会调用 UseIIS 方法和 UseIISIntegration 方法,前者用于 IIS 进程内托管方式,后者用于 IIS 进程外托管方式。其中,UseIIS 方法会启动 CoreCLR,并在 IIS 工作进程(w3wp.exe 或 iisexpress.exe)内托管应用。ASP.NET Core 2.2 默认支持进程内托管,与进程外托管方式相比,进程内托管应用程序能够大大提升请求吞吐量。

无论使用哪一种部署方式,都应该先发布应用。所谓发布应用,是指使用.NET Core 提供的工具生成可以用于部署到不同位置的应用程序类库文件,发布应用时会编译项目,并添加必要的配置文件。发布 ASP.NET Core 应用程序有两种方式,分别是使用 Visual Studio 中的发布向导以及使用.NET Core CLI 命令。本节我们将使用第一种方式,在下一节中将项目部署到 Docker 时,将使用第二种方式发布应用。

10.1 部署到 IIS

要使用 Visual Studio 中的发布向导，只需在 Visual Studio 中右击项目，从快捷菜单中选择"发布"选项，即可打开发布界面与发布向导对话框。Visual Studio 的发布向导提供了丰富的选项，支持将应用程序部署到不同的位置，如 Azure 应用服务、IIS 和文件夹等，如图 10-1 所示。

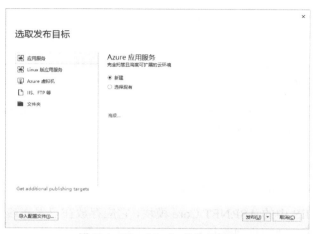

图 10-1　Visual Studio 的发布向导

这里我们选择左侧的"IIS、FTP 等"选项，单击"发布"按钮，之后会弹出"发布"窗口，在其中选定发布方法为"文件系统"，并为"目标位置"选择一个文件夹作为发布的位置。切换到"设置"选项卡，可以配置发布时的一些选项，以及数据库连接字符串和 EF Core 迁移等信息，如图 10-2 所示，根据实际情况填写即可。

图 10-2　发布应用时的配置

单击"保存"按钮会将上述所做的修改保存为一个发布配置文件，在以后发布应用时可以继续使用，接着单击"发布"按钮，即可将该配置发布应用到指定的位置。

应用发布后，在发布文件夹中包含了应用程序编译后的类库以及相关的配置文件，还包含了一个名为 web.config 的文件，它的内容如下所示。

```xml
<?xml version="1.0" encoding="utf-8"?>
<configuration>
  <location path="." inheritInChildApplications="false">
    <system.webServer>
      <handlers>
        <add name="aspNetCore" path="*" verb="*" modules="AspNetCoreModuleV2" resourceType= "Unspecified" />
      </handlers>
      <aspNetCore processPath="dotnet" arguments=".\Library.API.dll" stdoutLogEnabled="false" stdoutLogFile=".\logs\stdout" />
    </system.webServer>
  </location>
</configuration>
<!--ProjectGuid: 4957FA24-888A-4CB2-96AB-6F9863B7699D-->
```

该文件用于配置 IIS 中的 ASP.NET Core 模块，它应存放在已发布应用程序的内容目录中，该目录与在 IIS 中添加网站的物理路径相同，并且不能删除该文件。

10.1.2 IIS 配置

要使用 IIS，首先应确保当前计算机已经安装了 IIS 以及 IIS 管理控制台。如果还没有安装 IIS，则可以在"控制面版"中单击"程序和功能"选取，通过"启用或关闭 Windows 功能"对话框来完成。

当 IIS 安装完成后，打开 IIS 管理控制台，IIS 默认会包含一个已经创建好的网站，名为"Default Web Site"。为了避免新创建网站使用的端口与默认网站的端口冲突，可以将这个默认网站删除或停用，这是因为我们要使用 80 端口作为新创建网站的接口。接下来添加一个新网站，名为"Library.API"，如图 10-3 所示。

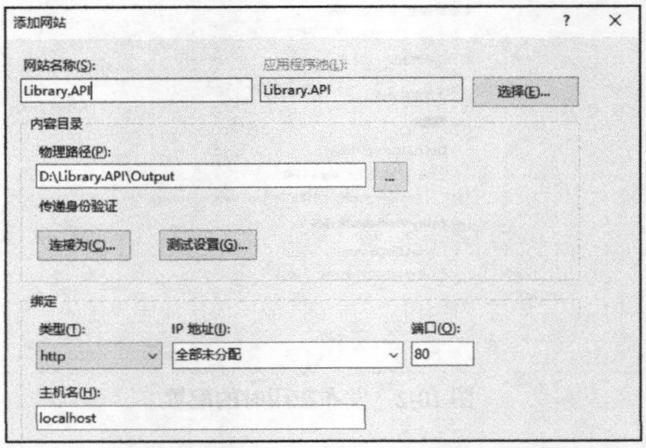

图 10-3 在 IIS 中添加新网站

在上述对话框中，把其中的"物理路径"改为应用发布时的输出目录，并填写网站名称以及主机名，单击"确定"按钮即可完成网站的创建。此时如果访问 http://localhost，将会弹出 HTTP 500.19 Internal Server Error 的错误。这是因为还未安装.NET Core 托管捆绑包（Hosting Bundle），捆绑包中包含.NET Core 运行时、.NET Core 库以及 ASP.NET Core 模块，其中 ASP.NET Core 模块作为 IIS 的一个原生模块，将允许 ASP.NET Core 应用在 IIS 中运行。

.NET Core 托管捆绑包可以在 https://dotnet.microsoft.com/download/dotnet-core/2.2 页面中下载，在该页面找到最新版本的"Runtime & Hosting Bundle"链接即可下载并安装，如图 10-4 所示。

图 10-4 .NET Core 托管捆绑包

安装完成后，重新打开 IIS 管理控制台，并打开新创建网站的"模板"功能，可以看到 AspNetCoreModuleV2 模块已经出现在模块列表中了，如图 10-5 所示。

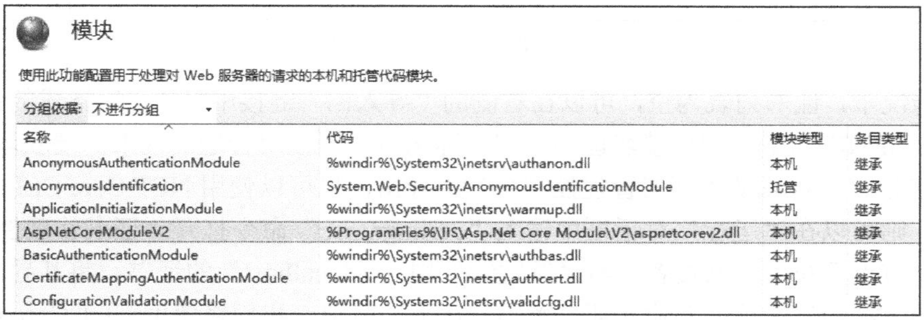

图 10-5 AspNetCoreModuleV2 模块

此时再访问网站，将会打开 Swagger 文档页面，这说明网站已经正常运行了。另外，由于 ASP.NET Core 使用.NET Core 运行时不需要使用.NET CLR，因此还应该在 IIS 的"应用程序池"中修改当前网站的应用程序池，将".NET CLR 版本"修改为"无托管代码"，如图 10-6 所示。

第 10 章　部署

图 10-6　修改网站的应用程序池

10.1.3　HTTPS 配置

目前，应用程序仅能够通过 HTTP 方式访问，尽管它本身支持 HTTPS，但要使它在 IIS 中支持 HTTPS，还需要进行一些配置，这些配置包含证书设置、HTTPS 绑定和 HTTPS 重定向。

在 IIS 管理控制台中单击左侧的根节点，在右边的窗口中找到"服务器证书"，并通过该功能管理 IIS 服务器上的所有证书，如图 10-7 所示。

图 10-7　IIS 中的服务器证书列表

默认情况下，证书列表为空，可以在右侧的"导入…"链接中导入.pfx 格式的证书。这里我们使用 ASP.NET Core 的自签名证书，在实际场景中应使用合适的证书。要获取 APS.NET Core 自签名证书，可以从"证书管理控制台"中导出，也可以使用.NET Core CLI 命令。如果使用前者，则可以在"运行"对话框中输入"certmgr.msc"命令打开"证书管理控制台"，并在"个人"节点下找到"颁发者"与"颁发给"均为"localhost"的证书，将其导出，导出时应勾选"导出私钥"选项，并输入证书密码。在下一节中，我们将使用.NET Core CLI 命令导出证书。

证书导出成功后，即可在 IIS 中的"服务器证书"处将其导入，导入成功后，它将会出现在"服务器证书"列表中。接下来，在 IIS 中切换到 Library.API 网站，并为它添加一个"网站绑定"，绑定类型选择"https"，并选择刚才导入的 SSL 证书，单击"确定"按钮即可，如图 10-8 所示。

10.1 部署到 IIS

图 10-8 添加 https 类型的绑定

此时，网站已经同时支持 HTTP 与 HTTPS 两种访问方式。然而，目前还存在的一个问题，当我们使用 HTTP 协议访问时，IIS 并不会进行 HTTPS 重定向，为了使其支持这一功能，需要安装"URL 重写"工具。它也是一个 IIS 模块，能够定义 URL 重写规则，从而实现 HTTPS 重定向。该工具可以在 Microsoft 官网中下载，下载并安装完成后，在 IIS 中的网站功能区域中会出现"URL 重写"，如图 10-9 所示。

图 10-9 "URL 重写"工具

双击打开"URL 重写"工具，并添加一个"空白规则"，为规则定义一个名称，并设置其模式为(.*)，在条件区域中添加一个条件，将该条件的"条件输入""检查输入字符串是否"和"模式"分别设置为{HTTPS}、与模式匹配和^OFF$。在操作区域，将操作类型设置为"重定向"，将"重定向到 URL"设置为"https://{HTTP_HOST}/{R:1}"，并将重定向类型设置为"临时 307"，最后单击右侧的"应用"按钮即可使该规则生效。创建后的规则如图 10-10 所示。

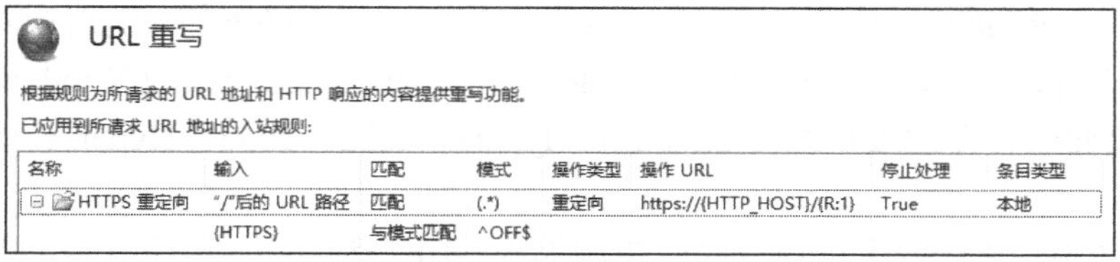

图 10-10 HTTPS 重定向规则

此时，当前网站已支持 HTTPS 重定向，在浏览器中访问 http://localhost 时，会自动重定向到 https://localhost。

10.2 部署到 Docker

10.2.1 Docker 简介

Docker 是一个开源项目，诞生于 2013 年初，最初是 dotCloud 公司内部的一个项目，基于 Google 公司推出的 Go 语言实现。该项目后来加入了 Linux 基金会，遵从了 Apache 2.0 协议，项目代码在 GitHub 上进行维护。

Docker 自开源后受到业内广泛的关注和讨论，它的目标是提供轻量级的操作系统虚拟化解决方案。作为一个轻量级的容器，Docker 能够为应用程序提供标准的运行环境，它的速度非常快，可以在很短的时间内启动和关闭，且对系统资源的开销很低。由于容器使用沙箱机制，多个容器实例之间互不影响，因而可以将应用程序同时部署到多个容器中并同时运行。

Docker 使用"客户端-服务器架构"模式，客户端和服务端既可以运行在一个机器上，也可以通过 Socket 或者 RESTful API 来进行通信。Docker Daemon 作为服务端，接收来自客户的请求，管理、创建并运行 Docker 容器。Docker 客户端为用户提供一系列可执行的命令，用户使用这些命令能够与 Docker Daemon 进行交互。

镜像（Image）与容器（Container）是 Docker 中两个非常重要的概念。简单来说，镜像是用于创建容器的模板，Docker 容器则是通过镜像创建的应用程序实例。它们如同高级编程语言中的类与对象一样，通过类创建对象，同样，容器也是通过镜像创建的。镜像能够通过其他现有的镜像创建，如基于微软提供的包含了 ASP.NET Core 2.2 运行时的 microsoft/dotnet:2.2-aspnetcore-runtime 镜像。正如一个类可以创建多个对象一样，一个镜像也能够创建多个容器，容器与容器之间彼此隔离，互不影响。镜像与容器的创建均可以通过 Docker 提供的命令创建，创建 Docker 镜像还需要一个名为 Dockerfile 的文件，该文件包含一些 Docker 能够理解的指令，通过这些指令，Docker 能够完成创建镜像的操作。

要使用 Docker，首先应该安装 Docker，它支持多个平台，包含 Windows、Linux 和 macOS 系统。以下以 Windows 10 为例，介绍如何将 ASP.NET Core 应用程序部署到 Docker 中。在 Docker 的官方网站上可以下载"Docker for Windows"。

在 Windows 操作系统中安装并使用 Docker，应首先启用 Hyper-V 功能，Hyper-V 能够使 Linux 容器运行在 Windows 系统上，这是 Docker 安装与运行所必需的。需要注意的是，Windows 家庭版不支持 Hyper-V 功能；如果使用 Windows 家庭版，应先升级为 Windows 10 专业版，Windows 10 企业版、专业版和教育版均支持 Hyper-V 功能；此外，Hyper-V 还要求处理器为 64 位。

要在系统中启用 Hyper-V，可以选择"控制面板"中的"程序和功能"命令，并打开"Windows 功能"对话框，在其中选择"Hyper-V"选项，如图 10-11 所示。

10.2 部署到 Docker

启用 Hyper-V 后，运行下载下来的 Docker for Windows 安装程序，即可安装 Docker。安装完成后从系统的"开始"菜单中找到"Docker for Windows"，运行该程序以启动 Docker。Docker 启动成功后，在任务栏的系统托盘处会显示它正在运行的图标，并弹出如图 10-12 所示的对话框。

图 10-11　选择"Hyper-V"

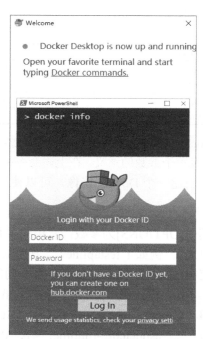

图 10-12　Docker 成功运行的提示对话框

对于 Windows 或 macOS 系统，Docker 会安装 Linux 虚拟机，以便在 Windows 和 macOS 操作系统中能够运行并创建基于 Linux 的容器。Docker 支持切换为不同的平台（如 Windows 平台），这样能够运行并创建基于该平台的容器，要切换只要右击系统托盘中的 Docker 图标，选择"Switch to Windows containers"选项即可，之后 Docker 会弹出图 10-13 所示的对话框进行确认。

图 10-13　切换为 Windows 容器确认对话框

10.2.2 Docker 命令

Docker 提供了一系列用于操作镜像和容器的命令，表 10-1 中列出了用于操作 Docker 镜像的命令。

表 10-1　　　　　　　　　　用于操作 Docker 镜像的命令

命令	描述
docker build	根据 Dockerfile 创建镜像
docker images	列出当前系统中的镜像
docker pull	从 Docker 仓储下载镜像到本地
docker push	将本地镜像发布到仓储，发布之前应使用 docker login 先登录
docker tag	为镜像指定一个标签
docker rmi	从当前系统中删除指定的镜像

Docker 中的每一个命令都可以通过--help 参数查看其帮助信息，如命令格式、命令支持的参数，以及每个参数的意义。在上述命令中，比较常用的命令包括 docker build 和 docker images 等。

要创建一个 Docker 镜像，可以使用 docker build 命令，它的格式为：

```
docker build [OPTIONS] PATH | URL | -
```

其中[OPTIONS]为参数，常用的参数为-t 或--tag，它们的意义是为镜像指定一个名称和标签（可选）。例如-t testapi:new，其中 testapi 是镜像的名称，冒号以及冒号后的 new 用于为镜像指定标签。一个镜像可以有多个不同的标签，每个标签用于不同的目的。具有不同标签的镜像，其内容一般也不同，例如 microsoft/dotnet 镜像包含以下常用的标签。

- ❑ 2.2-sdk：包含.NET Core 2.2 SDK，用于编译.NET Core 应用。
- ❑ 2.2-aspnetcore-runtime：包含 ASP.NET Core 2.2 运行时，用于部署 ASP.NET Core 应用。
- ❑ 2.2-runtime：包含.NET Core 运行时，用于部署.NET Core 控制台应用。

在创建镜像时，如果不指定标签，则其默认值为 latest。docker build 命令中的 PATH 项用于指明创建镜像时工作的上下文目录，这对于创建镜像时查找所需要的文件是必需的。比如，当没有使用-f 参数指定 Dockerfile 文件时，Docker 会去 PATH 目录下查找名为 Dockerfile 的文件。

可以使用 docker images 命令查看当前系统中已有的镜像，执行该命令名，所有的镜像都会列出来，如图 10-14 所示。

```
D:\DEV>docker images
REPOSITORY                      TAG                     IMAGE ID        CREATED         SIZE
microsoft/dotnet                2.2-aspnetcore-runtime  17ccc4e8f8af    3 days ago      260MB
microsoft/mssql-server-linux    latest                  314918ddaedf    3 weeks ago     1.35GB
microsoft/dotnet                2.2-sdk                 ea6f66a1e7b7    4 weeks ago     1.73GB
```

图 10-14　使用 docker images 命令查看本地镜像

创建镜像时，必须指定一个 Dockerfile。前面曾提到 Dockerfile 文件包含了若干个指令，这些指令描述了创建 Docker 镜像的步骤，以下是一个常见的 Dockerfile 示例。

```
FROM microsoft/dotnet:2.2-aspnetcore-runtime
WORKDIR /app
```

```
COPY . .
EXPOSE 80
EXPOSE 443
ENTRYPOINT ["dotnet", "TestApi.dll"]
```

Dockerfile 中常用的命令如表 10-2 所示。

表 10-2　　　　　　　　　　　Dockerfile 中常用的命令

命　　令	描　　述
FROM	Dockerfile 中的第一个命令，指定当前要创建的镜像所使用的基础镜像
WORKDIR	为后续的 Dockerfile 命令设置工作目录
COPY	将文件从本机复制到镜像中，最终所复制的文件会出现在通过镜像创建的容器中
EXPOSE	为容器公开端口，使它能够接受来自外部的网络请求
RUN	执行命令，通常用来配置容器运行的环境
ENV	为容器提供环境变量
ENTRYPOINT	设置要运行的命令，当容器启动时，会执行该命令

因此，上述 Dockerfile 的意义是创建一个基于 ASP.NET Core 2.2 运行时环境的镜像，并为其设置工作目录为 app（如果不存在，则会创建该目录），将本机中当前目录的所有文件复制到容器中的 app 目录，并为容器公开 80 与 443 这两个端口。最后，为容器设置入口点，即当运行容器时要使用 dotnet 命令启用程序。

提示：

Visual Studio 开发环境对 ASP.NET Core 应用程序提供了 Docker 支持，能够为项目创建 Dockerfile 文件。在 Visual Studio 中创建 ASP.NET Core 应用程序时，"新建 ASP.NET Core Web 应用程序"窗提供了"启用 Docker 支持"的选项。另外，对于一个已经存在的 ASP.NET Core 应用程序，也可以右击项目，从快捷菜单中选择"添加"→"Docker 支持"命令为项目添加 Dockerfile。

要使镜像能够实际有用，就需要通过它来创建并运行容器。Docker 同样提供了一系列与容器相关的命令，使用这些命令可以完成创建容器和启用容器等操作，表 10-3 列出了常用的容器操作命令。

表 10-3　　　　　　　　　　　用于操作 Docker 容器的命令

命　　令	描　　述
docker create	根据指定的镜像创建容器
docker start	启动指定的容器
docker run	创建并启用容器，等同于 docker create 和 docker start 两个命令
docker stop	停止指定的容器
docker rm	从当前系统中删除指定的容器
docker ps	列出当前系统中正在运行的容器
docker logs	查看指定容器生成的日志
docker exec	在运行的容器中执行命令或启动交互式会话

docker create 与 docker start 命令分别用来创建和启动容器，而 docker run 命令则同时具有前两个命令的功能，如下例中前两个命令与第 3 个命令功能是相同的。

```
docker create -p 5000:80 --name testapi_1 testapi
docker start testapi_1
docker run -p 5000:80 --name testapi_1 testapi
```

创建容器时常用的参数如表 10-4 所示。

表 10-4   docker create 命令和 docker run 命令支持的参数

参 数	描 述
--name	指定容器的名称
-p, --publish	将主机的端口映射到容器的端口
--rm	当容器停止运行后，使 Docker 自动删除该容器
-v, --volume	为容器中的指定目录提供数据卷
-e, --env	为容器提供环境变量
-i	以交互模式运行容器，通常与-t 同时使用

要创建容器，必须指定镜像，如上例中的 testapi。如果指定的镜像不存在，则 Docker 会首先从 Docker 仓储中获取镜像。下例中创建并运行基于 hello-world 镜像的容器，若本地不存在 hello-world 镜像，则 Docker 会从 library/hello-world 位置中获取，如图 10-15 所示。

图 10-15   Docker 获取本地不存在的镜像

10.2.3　Docker 实践

在理解了 Docker 常用的命令和 Dockerfile 的基础上，本节将通过一个简单的示例来进一步讲解在 Docker 中创建镜像与容器等操作。

容器的目的是为应用程序提供运行环境，接下来，首先应准备一个 ASP.NET Core 应用程序，然后将它部署到容器中并运行。使用如下命令创建一个名为 TestApi 的 ASP.NET Core Web API 应用程序。

10.2 部署到 Docker

```
dotnet new api -o TestApi
```

创建项目完成后，在 TestApi 目录中执行以下命令。

```
dotnet publish -c Release -o Output
```

该命令将编译程序，并以 Release 方式发布程序到当前目录的 Output 目录中。至此，要部署的应用程序已经准备完成。由于应用程序支持 HTTPS，若要部署到容器中内，还需要为应用程序提供 SSL 证书，我们可以使用 dotnet dev-certs https 命令生成一个证书，命令如下所示。

```
dotnet dev-certs https -ep %USERPROFILE%\.aspnet\https\localhost.pfx -p YourCertPwd
--trust
```

其中，-ep 参数指明了证书导出的位置与名称，-p 参数指明了导出私钥时要使用的密码，--trust 参数指明了在当前平台上信任该证书。命令执行成功后，指定名称的证书导出到当前用户目录（如 C:\Users\Admin）下的.aspnet\https 目录中。

证书导出成功后，切换到 Output 目录，在该目录下创建一个名为 Dockerfile 的文件，内容如下所示。

```
FROM microsoft/dotnet:2.2-aspnetcore-runtime
WORKDIR /app
COPY . .
EXPOSE 80
EXPOSE 443
ENTRYPOINT ["dotnet", "TestApi.dll"]
```

Dockerfile 创建完成后，就可以使用 docker build 命令创建镜像了，继续在 Output 目录下执行命令。

```
docker build -t testapi .
```

命令执行结果如图 10-16 所示。

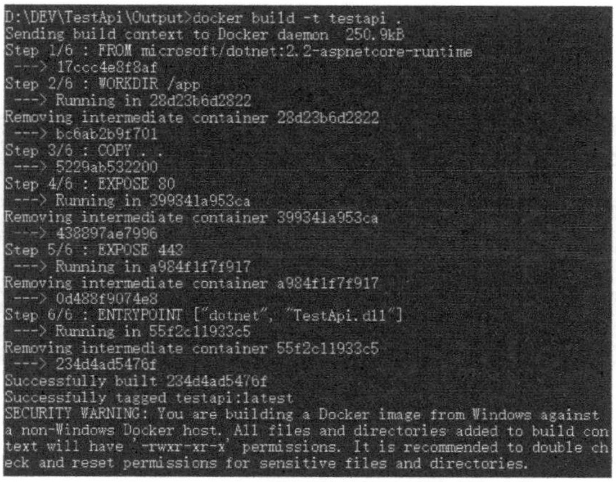

图 10-16 根据 Dockerfile 创建镜像

可以看到 Docker 会逐步地执行 Dockerfile 中的命令，最终完成创建镜像。需要注意的是，如果本地不包含 Dockerfile 中指定的基础镜像，那么 Docker 会先获取它，根据网络情况，这会需要一段时间。另外，镜像创建完成后，Docker 还会给出一个关于目录和文件权限的安全警告，见图 10-16 中最后的信息，这是因为我们在 Windows 中创建了基于 Linux 容器的镜像，可以忽略该警告。

镜像创建完成后，就可以使用 docker run 命令来创建并运行容器了，继续执行如下命令。

```
docker run --rm -it -p 5000:80 -p 5001:443 -e ASPNETCORE_URLS="https://+;http://+" -e
ASPNETCORE_HTTPS_PORT=5001 -e ASPNETCORE_Kestrel__Certificates__Default__Password=
"YourCertPwd" -e ASPNETCORE_Kestrel__Certificates__Default__Path=/root/.aspnet/https/
localhost.pfx -v %USERPROFILE%\.aspnet\https:/root/.aspnet/https/ testapi
```

该命令包含多个参数，这些参数为运行容器提供了必要的条件，如端口映射、环境变量和容器卷挂载目录，通过环境变量提供了 HTTPS 证书的位置与密码、HTTPS 端口号等信息。关于这些参数的详细说明，请查看 docker run 命令的帮助信息。

上述命令会将本机中%USERPROFILE%\.aspnet\https 目录作为容器的数据卷，如果该目录所在的驱动器还没有设置对容器共享，那么 Docker 会弹出图 10-17 所示的询问对话框。

图 10-17　Docker 共享驱动器对话框

单击对话框中的"Share it"按钮，会将 C 盘共享，这样容器就能够访问其中的目录了。上述操作也可以在 Docker 的设置窗口中完成，右击任务栏上系统托盘处的 Docker 图标，从快捷菜单中选择"Settings"选项，在 Docker 设置对话框中的"Shared Drives"选项卡可以设置对容器共享的驱动器。

命令成功执行后的结果如图 10-18 所示。

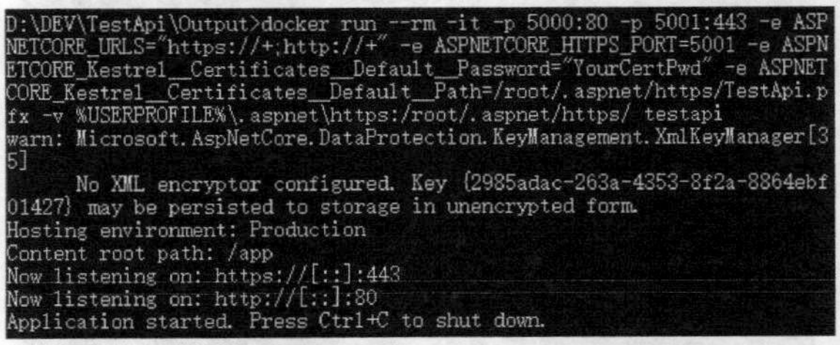

图 10-18　成功创建并启动容器

此时，容器已正常运行，在浏览器中输入 http://localhost:5000/api/values，将会显示应用程序中 ValueController 返回的结果。如果在命令行提示符中执行 docker ps 命令，则会显示容器已经正在运行。

前面提到，一个镜像可以创建多个容器，我们可以继续使用上述命令创建另一个容器，唯一需要修改的是其中映射的端口号以及 ASPNETCORE_HTTPS_PORT 环境变量所指明的端口号。图 10-19 显示了当运行两个容器时，可以通过不同的 URL 访问应用程序。

图 10-19　访问两个运行容器内的应用程序

上例中的应用程序比较简单，如果应用程序比较复杂，例如使用了数据库等服务，则需要按顺序创建多个容器，即先创建用于运行程序依赖服务的容器，再创建程序自身的容器。同时，还应使用 Docker 网络，该网络使多个容器之间能够通信。此外，为了防止程序创建的数据丢失，还应使用 Docker 数据卷，这样数据将会被存储在容器外部，即使容器被删除，数据也不受影响。Docker 网络与 Docker 数据卷分别可以使用 docker network 命令和 docker volume 命令管理并创建。

10.2.4　Docker Compose 简介

当应用程序依赖多个服务时，如数据库和缓存等，要将其部署到容器中，也可以使用 Docker 命令以及 Docker 网络实现，但是会比较烦琐且极容易出错。为此，Docker 提供了 Docker Compose，也称为 Docker 容器编排，它是一个用来描述复杂的应用程序的工具，这些复杂应用通常需要创建多个容器，并使用 Docker 数据卷与 Docker 网络等；此外，它还可以编排并管理多个容器，能够简化部署复杂应用程序到容器的操作，且不易出错。

要描述一个应用程序及其所依赖的服务，需要一个 Docker Compose 配置文件，格式为 YAML 格式，然后使用 docker-compose 命令就能够根据该文件创建镜像以及启动容器。Docker Compose 配置文件格式如下（为了简单，以下文件并不完整，仅包含部分内容）。

```
version: '3.4'

services:
  testapi:
    build:
      context: .
      dockerfile: ./Dockerfile
    depends_on:
```

```
        - db
  db:
    image: microsoft/mssql-server-linux
    ports:
      - "1433:1433"
    environment:
      - ACCEPT_EULA=Y
      - SA_PASSWORD=YourDbPwd!@0
    volumes:
      - D:\sqldata:/var/opt/mssql/data
```

配置文件以 version 开始，说明其版本号，之后在 services 部分包含了多个服务以及每个服务的具体信息，如创建镜像时使用的上下文目录、Dockerfile、基础镜像、端口映射和环境变量等。此外，它还包含服务与服务之间的依赖关系（使用 depends_on 关键字指定），如上例中的 testapi 服务依赖 db 服务。除了指明服务以外，还可以通过 volumes 与 networks 指定容器要使用的数据卷和网络。

当创建好 Docker Compose 文件后，就可以使用 docker-compose 命令对该配置文件进行处理，docker-compose 命令如表 10-5 所示。

表 10-5　　　　　　　　　　　　　　Docker Compose 命令

命　　令	描　　述
docker-compose build	处理 yml 文件内容，并为服务创建镜像
docker-compose up	创建容器、网络和数据卷，并启动容器
docker-compose stop	停止由 Docker Compose 创建的容器
docker-compose down	停止容器、网络和数据卷，并删除它们
docker-compose ps	列出 Docker Compose 创建的容器
docker-compose scale	改变运行容器的数量

10.2.5　Docker Compose 实践

接下来，我们将 Library.API 项目部署到 Docker 上，由于 Library.API 依赖于 SQL Server 数据库以及 Redis 分布式缓存，因此可以以 Docker Compose 配置文件中描述所依赖的服务。除了 Docker Compose 配置文件外，还应为项目创建 Dockerfile 文件。

在 Library.API 项目中添加一个文件，名为 Dockerfile，其内容如下所示。

```
FROM microsoft/dotnet:2.2-sdk AS build
WORKDIR /src
COPY *.csproj .
RUN dotnet restore
COPY . .
RUN dotnet publish -c Release -o /output

FROM microsoft/dotnet:2.2-aspnetcore-runtime
COPY --from=build /output .
```

```
EXPOSE 80
EXPOSE 443
ENTRYPOINT ["dotnet","Library.API.dll"]
```

上述 Docker 文件比之前创建的 Dockerfile 复杂一些，它包含两个 FROM 命令。包含两个以上 FROM 命令的 Dockerfile 称为"多阶段构建 Dockerfile"。第一个 FROM 命令指定了基础镜像为.NET Core 2.2 SDK，该命令行最后的 AS 关键字用于为构建阶段命名。上例中所指定的名称为 build，之后的命令会将项目文件复制到容器中，并运行 dotnet restore 命令为项目获取所依赖的 NuGet 包，然后将当前目录所有文件复制到容器中，最后运行 dotnet publish 命令编译项目并发布。而第二个 FROM 命令则使用 ASP.NET Core 2.2 运行时为基础镜像，并从第一个镜像的 output 目录中复制项目发布后的文件。在复制文件时，使用--from 参数可以指定复制源所属的阶段名称，然后向外公开 80 端口与 443 端口，最后使用 ENTRYPOINT 命令指定容器启动时要运行的命令。可以看到，上述 Dockerfile 文件包含了对项目的编译与部署，这对持续集成与持续开发很有帮助。

Dockerfile 创建完成后，在相同的位置添加 docker-compose.yml 文件，内容如下所示。

```
version: '3.4'

services:
  library_api:
    build:
      context: .
      dockerfile: ./Dockerfile
    ports:
      - "5000:80"
      - "5001:443"
    depends_on:
      - sqldb
      - redis_cache
    environment:
      - ASPNETCORE_URLS=https://+;http://+
      - ASPNETCORE_HTTPS_PORT=5001
      - ASPNETCORE_Kestrel__Certificates__Default__Password=YourCertPwd
      - ASPNETCORE_Kestrel__Certificates__Default__Path=/root/.aspnet/https/localhost.pfx
      - ConnectionStrings__DefaultConnection=Server=sqldb;User=sa;Password=YourDbPwd!@0;Database=Library;
      - Caching__Host=redis_cache

    volumes:
      - ${USERPROFILE}\.aspnet\https:/root/.aspnet/https

  sqldb:
```

```
    image: microsoft/mssql-server-linux
    ports:
      - "1433:1433"
    environment:
      - ACCEPT_EULA=Y
      - SA_PASSWORD=YourDbPwd!@0
    volumes:
      - ${USERPROFILE}\Data:/var/opt/mssql/data
  redis_cache:
    image: redis
    ports:
      - "16379:6379"
```

上述配置文件中包含了 3 个服务，即 library_api、sqldb 和 redis_cache。其中，library_api 服务依赖后面两个服务。在描述 library_api 服务时，设置了若干个环境变量，这些变量除了指定 HTTPS 证书以及 HTTPS 端口相关的信息外，还指定了数据库连接字符串以及 Redis 缓存服务名称。这些信息将会覆盖项目 appsettings.json 配置文件中的同名配置项，并且数据库连接字符串中的服务器名称和 Redis 缓存服务名称均为该配置文件中指定的相应服务的名称，即 sqldb 和 redis_cache。

sqldb 和 redis_cache 服务均使用 image 关键字指明其基础镜像，分别为 microsoft/mssql-server-linux 和 redis。其中，microsoft/mssql-server-linux 是 SQL Server 的 Linux 版本。sqldb 服务还设置了两个环境变量 ACCEPT_EULA 和 SA_PASSWORD，ACCEPT_EULA 是创建 SQL Server 容器所必须的，且它的值必须为 Y，即接受软件许可协议；SA_PASSWORD 用于设置超级管理员 sa 账号的密码，它还使用了 volumes 关键字指定数据卷，这样应用程序创建的数据将会存储在容器外部。

创建完 docker-compose.yml 文件后，在当前目录（即项目所在目录）中运行如下命令。

```
docker-compose build
```

该命令会处理 Docker Compose 配置文件并创建镜像，如果本地不存在 docker-compose.yml 或 Dockerfile 中指定的基础镜像，则 Docker 会先获取它。docker-compose 命令使用-f 参数可指定配置文件的名称，如果不指定，则默认为当前目录中的 docker-compose.yml。此外 docker-compose build 命令支持--force-rm 和--no-cache 参数，前者会删除在构建镜像过程中创建的中间容器，后者指定在构建镜像时不使用缓存。

当上述命令执行成功后，继续运行如下命令。

```
docker-compose up
```

此时，docker-compose 会创建网络和容器，并运行容器，如图 10-20 所示。

容器成功运行后，就可以访问它。在浏览器中输入 http://localhost:5000 访问应用程序，程序会重定向 https://localhost:5001，并显示 Swagger 文档，如图 10-21 所示。

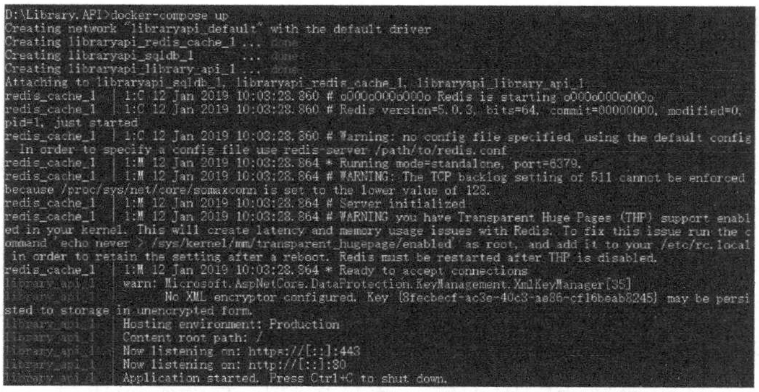

10.2 部署到 Docker

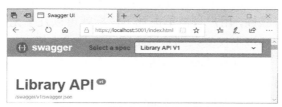

图 10-20 使用 docker-compose up 命令创建并运行容器

图 10-21 访问部署到容器中的程序

尽管此时已经能够访问应用程序，但由于数据库并不存在，因此如果访问 https://localhost: 5001/api/authors/，应用程序会返回如下错误信息。

```
{"detail":"Cannot open database \"Library\" requested by the login. The login failed.\nLogin failed for user 'sa'.","message":"服务器出错"}
```

若要使程序正确运行，应创建数据库。由于在创建 SQL Server 容器时进行了端口映射，因此可以使用当前计算机中的 SQL Server 客户端（如 SQL Server Management Studio）连接容器中的数据库引擎，设置服务器名称为 localhost，并使用 sa 账号以及 docker-compose.yml 文件中 sqldb 服务指定的密码来连接容器中的 SQL Server。连接成功后，首先应在其中创建一个名为 Library 的数据库。

在第 5 章中，我们曾介绍使用命令可以将 EF Core 的迁移生成 SQL 脚本，这在部署应用程序时很方便。根据迁移生成脚本的方式有两种，一种是使用 dotnet ef migrations script 命令，另一种是在 Visual Studio 中的"程序包管理器控制台"中使用 script-migrations 命令。接下来，在项目所在的目录执行以下命令来生成数据库脚本。

```
dotnet ef migrations script --idempotent --output libraryapi_script.sql
```

其中，--idempotent 参数指明生成的脚本能用于任何迁移，--output 参数则指明了脚本文件的位置与名称，当命令执行完成后，在当前目录中会出现该脚本文件。在 SQL Server Management Studio 中使用执行此脚本，即可在 Library 数据库中创建 Authors 和 Books 等数据表，并在各个表中添加测试数据。此时，再次请求 https://localhost:5001/api/authors，就能够正常访问了。

10.3 部署到 Azure

10.3.1 Azure 简介

Azure 是由微软提供的一个完整、强大且灵活的云平台，它提供上百种云服务，这些云服务能够完成很多事情——从常见的（如创建虚拟机、托管应用程序和创建数据库）到复杂的（如实现持续集成和持续交付工作流、使用容器等），能够简化应用程序的开发、增强应用程序的功能，涵盖了应用程序的开发、测试、部署及安全等方面。不仅如此，Azure 还在不断地推出新服务，并对已有服务进行升级、加强。

Azure 可以托管大多数类型的应用程序，并且支持所有的编程语言，所需要的操作也十分简单。当在 Azure 中托管应用程序时，Azure 可以根据访问情况实现轻松扩展应用程序，以提高应用程序的可用性与可靠性，用户只需单击几下鼠标就可以几乎无限地扩展服务和资源，而相同的操作在本地部署的环境不仅复杂到难以实现，而且成本极高。

在 Azure 的主页中，可以查看 Azure 的所有服务及其介绍、Azure 提供的解决方案、开发文档和服务定价等，也可以使用 Azure 账号登录 Azure 门户。

通过 Azure 门户能够轻松管理所有的 Azure 服务。Azure 也为一些服务提供了 API 或 SDK，方便开发人员通过编程的方式来访问并管理其中的服务。Azure 门户提供了友好一致性的操作界面，用于可以轻松并快捷地实现对所有服务的创建、使用和管理等操作。

要使用 Azure 中的服务，必须有一个 Azure 账号，该账号既可以是微软账号，也可以是由 Azure AD 创建的机构账号。除了要有 Azure 账号外，还应具有一个合适的 Azure 订阅，在 Azure 中创建服务时均依赖一个 Azure 订阅，它如同账单一样，详细地记录了每个服务产生的费用。目前 Azure 提供免费账户，一部分服务可供永久免费使用，如 Azure 应用服务等。

10.3.2 创建资源

将 ASP.NET Core 应用程序发布到 Azure 平台时，需要在 Azure 中创建相关服务，如 Azure 应用服务。此外，Azure 还提供了许多能够为应用程序提供支持的服务，如 Azure SQL Server 数据库等。

要创建这些服务，既可以使用 Visual Studio 的发布向导，也可以在 Azure 门户中创建，后者更为灵活。为了熟悉 Azure 平台，接下来我们将在 Azure 门户中创建要发布应用程序所使用的资源，当在 Azure 门户中创建好所有要用到的资源后，就可以在 Visual Studio 的发布向导中直接选择并使用这些资源了，无须在向导中再次创建。

Library.API 项目用到了 SQL Server 数据库和 Redis 缓存，这些服务在 Azure 中均有提供。接下来，我们将在 Azure 门户中创建 Azure 应用服务、Azure SQL Server 数据库和 Azure Redis 缓存服务。

首先使用 Azure 账户登录 Azure 门户，并创建一个资源组。资源组作为一个逻辑分组，能够将多个相关的 Azure 服务组织在一起，并且对其中的服务进行统一管理。一个资源（如应用服务或数据库等）只能属于一个资源组，资源可以在不同的资源组之间移动。

需要注意的是，Azure 提供了全球版云服务，也为一些国家（包括中国、德国）提供了独立的云服务，以下操作使用的是 Azure 全球版标准服务网站。

从左侧一栏的"收藏夹"目录中找到"资源组"（也可以单击左侧上部的"所有服务"，并从其中选择"资源组"选项）。单击"资源组"操作栏中的"添加"按钮创建一个资源组，选择一个 Azure 订阅、为新创建的资源组命名为 LibraryAPI，然后选择一个合适的区域，如图 10-22 所示。最后，单击"查看+创建"按钮即可成功创建资源组。

图 10-22 创建资源组

资源组创建完成后，接下来将所有要创建的服务放在该组内。继续选择左侧"收藏夹"目录中的"应用程序服务"选项，并单击操作栏中的"添加"按钮，在右侧选择"Web 应用+SQL"选项，并单击"创建"按钮，此时会弹出"Web 应用+SQL"创建界面对话框，如图 10-23 所示。

在该界面中所有带红色*号的为必填项，其中应用名称为要部署的 Web 应用程序主机名的一部分，Azure 会检查该名称是否已经被使用，主机名的其余部分为.azurewebsites.net。在"资源组"选项中选择"使用现有项"，并选择刚才创建的 LibraryAPI 资源组。"应用服务计划位置"中包含了应用所在的区域位置以及定价层选项。单击"SQL 数据库"按钮可以创建一个 SQL Server 服务器和 SQL Server 数据库，在创建时还需要指定数据库服务器的名称、服务器管理员名称和管理员密码等。当上述这些项目都填好后，单击"创建"按钮，Azure 就会开始部署需要的资源，大约需要一两分钟的时间。当部署完成后，右上角的"通知"图标会有提示。

继续添加 Redis 缓存服务，选择 Azure 门户中左侧的"所有服务"选项，在服务列表中找到"Redis 缓存"，在操作栏中单击"添加"按钮，为新服务输入唯一的 DNS 名称，选择资源组、位置和定价层，如图 10-24 所示。选择完成后，单击"创建"按钮。

图 10-23　创建应用程序服务

图 10-24　添加 Reids 缓存服务

当 Redis 缓存服务创建完成后，在其操作页面选择"访问密钥"选项，并复制其中的"主连接字符串"一行的值，留作备用，如图 10-25 所示。

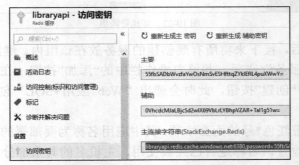

图 10-25　Redis 缓存服务的访问密钥

至此，所有要用到的资源已经创建完成了。接下来，我们可以在 Visual Studio 中使用发布向导将应用部署到 Azure 中。

10.3.3　部署到 Azure 实践

在 Visual Studio 环境中，打开项目的发布窗口（右击项目，从快捷菜单中选择"发布"选项），单击"新建配置文件"按钮，选择发布目标为"应用服务"，并选择发布到现有的 Azure 应用服务上。这是因为我们已经在 Azure 中创建好了所有需要的服务，单击"发布"按钮后会弹出图 10-26 所示的对话框，用于选择使用的 Azure 订阅和应用服务。

10.3 部署到 Azure

图 10-26 选择应用服务

选择之前创建的服务，单击"确定"按钮，之后 Visual Studio 会编译项目，并在编译成功后将项目发布到指定的 Azure 应用服务中。发布成功后，Visual Studio 还会在浏览器中打开发布后的网站，此时已经可以查看到 Swagger 文档页面。

由于应用程序使用的 Redis 缓存和 SQL Server 数据库均还未配置，因此访问应用程序中的接口（如 api/authors）将会返回错误信息。可以通过为应用服务添加配置的方式解决 Redis 缓存，而对于 SQL Server 数据库，在创建应用服务时，数据库已经创建并且 Azure 已经为其配置好了数据库连接字符串，用户需要完成的是在数据库中创建用到的数据表。

在 Azure 门户中打开刚创建的应用服务，在其操作页面中选择"应用程序配置"，并为其添加一个配置项，名称为 Caching__Host，它的值为之前所复制的 Redis 缓存主连接字符串，如图 10-27 所示。添加配置项完成后，单击"保存"按钮。

图 10-27 为应用程序添加配置项

在上述位置添加的配置项将会覆盖应用程序的配置文件 appsettings.json 中的同名配置项，因此配置后应用程序将会使用刚创建的 Redis 缓存服务。

为了在 Azure SQL Server 数据库中创建数据表，需要通过本地的 SQL Server Management Studio 连接 Azure 中的数据库。考虑到 Azure 的安全机制，要在本地访问 Azure 中的数据库服务，需要配置防火墙，使当前机器允许访问服务。

在 Azure 中打开 Library 数据库资源，并单击右侧的"设置服务器防火墙"按钮，在弹出的页面中单击"添加客户端 IP"按钮，这时本机的 IP 地址会添加到允许访问 Azure 服务的列表中，如图 10-28 所示，单击"保存"按钮。

图 10-28　SQL Server 服务的防火墙设置

保存上述设置后，就可以使用本地的 SQL Server Management Studio 来访问该数据库服务了。其中，数据库服务器地址、数据库管理员用户账号与密码都是在创建应用服务的 SQL Server 数据库时所指定的。连接成功后，即可操作已创建的 Library 数据库，并通过在上一节中生成的 EF Core 迁移脚本来创建或修改数据库中的数据表。

解决上述问题后，应用程序即可正常访问，图 10-29 所示为访问 api/authors 接口的结果。

图 10-29　访问托管到 Azure 应用服务中的程序

Azure 应用服务为托管的 Web 应用提供 SSL 配置，这些配置包括 HTTPS 重定向和 SSL 证书绑定等，SSL 证书可以从本地上传或在 Azure 中购买。此外，对于 Web API 应用程序，Azure 应用服务还提供了关于 CORS 的配置。

10.3.4　持续部署

持续部署能够使新提交的代码快速、安全并自动部署到生产环境中，它由一系列过程构成，如测试、编译和部署等，所有操作都以自动化方式完成，当系统检查到有代码迁入时，会触发并执行这一系列过程。操作自动化执行将极大地提高部署效率，并减少人为的重复性工作和出错的可能，对软件的快速迭代具有重要意义。

Azure 应用服务提供部署中心功能，部署中心支持从多种类型的源代理管理中获取代码，如 Azure Repo（Azure DevOps 服务）、GitHub 和本地 Git 存储库等，并提供了生成提供程序，如 Kudu 生成服务器和 Azure Pipelines，能够实现应用程序的持续生成、测试和部署操作。

为了实现持续部署，首先应将 Library.API 项目添加到源代理管理，如 Azure DevOps 和 GitHub 等。这里使用 Azure DevOps，Azure DevOps 作为 Azure 提供的服务，提供了无限制免费的 Git 存储库、代码评审、工作项和生成等功能。当项目添加到本地 Git 存储后，在"团队资源管理器"中单击"同步"按钮即可将项目同步到 Azure DevOps 上，如图 10-30 所示。

图 10-30　同步到 Azure DevOps

同步操作需要微软账号，同步成功后会在其中创建相应的 Git 存储库。在 Azure DevOps 网站中打开该项目后，还可以查看它的工作项、分支、所有的提交和测试等内容，通过其中的 Azure Pipelines 可以看到项目的编译与发布情况。

接下来，回到 Azure 应用服务的部署中心，此时可以选择源代码管理为 Azure Repos，并选择生成提供程序为 Azure Pipelines，在配置界面中选择刚才创建的项目与存储库即可，如图 10-31 所示。

图 10-31　应用程序的部署配置选项

当向导完成后，Azure 会对创建的部署进行设置。设置部署成功后，即可实现持续部署。此时，当在项目中提交代码并同步到 Azure DevOps 上的 Git 存储库时，将会触发 Azure Pipelines

中的编译与发布操作,并最终部署到 Azure 应用服务中。

编译与发布操作均由多个任务完成,如编译操作包含获取源代码、执行 dotnet restore、dotnet build、dotnet test 和 dotnet publish 等命令。如果其中某一个任务执行失败,则将影响后续的操作。每一次编译操作的执行情况可以在历史记录中查看,如果操作失败,通过历史记录就能够查看具体原因。默认情况下,当提交代码后,Azure Pipelines 在对项目进行编译操作时将会出现图 10-32 所示的错误。

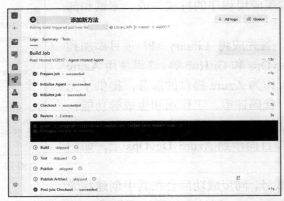

图 10-32 编译出错

上述错误主要是由于 Azure Pipelines 中编译项目的机器使用了较低版本的.NET Core SDK,并非项目所使用的.NET Core 2.2 版本。要解决这一问题,只要在执行 dotnet restore 等命令之前获取项目使用的.NET Core SDK 版本即可。单击"Edit"选项对当前编译操作进行编辑,在任务列表中添加一个任务,并在任务模板中选择".NET Core SDK Installer"选项,修改其版本为 2.2.100,并将添加的任务拖动到任务列表的最开始处,如图 10-33 所示。

图 10-33 添加安装指定版本的.NET Core SDK 的新任务

除了这一问题以外，API 项目在执行 dotnet publish 命令时也会出错。这是由于在 dotnet publish 命令中勾选了"Publish Web Projects"选项，仅当项目中包含 web.config 文件或者 wwwroot 目录时才被认为是 Web Projects，而 API 应用程序并不符合此条件，因此应去掉此处的勾选，并在 Path to project(s)中填入"**/Library.csproj"，有助于该命令发现项目文件，如图 10-34 所示。

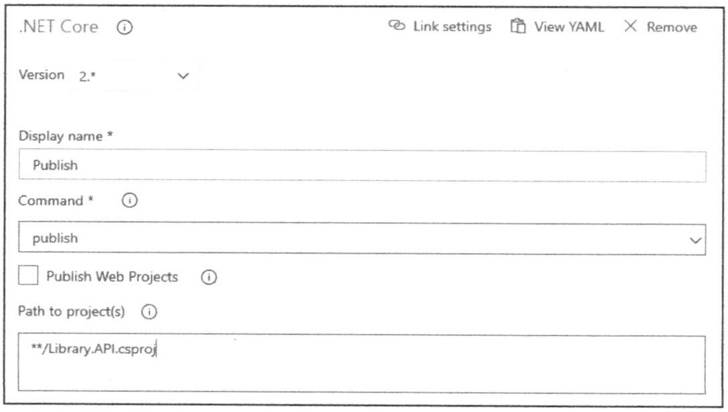

图 10-34 修改 dotnet publish 任务

修改完成后，单击"Save & queue"按钮将会保存修改并重新执行编译操作。编译成功后，项目最终会部署到 Azure 应用服务中，过一段时间再次打开或刷新应用程序的页面，就能够看到之前在代码中所做的修改。

10.4 本章小结

ASP.NET Core 因其跨平台以及支持云和容器等特点，能够部署到不同的平台中。部署过程也是比较方便的，只要编译项目成功并执行发布操作后，就可以将其部署到不同的位置。

由于通过默认方式创建的 WebHost 启用了应用程序对 IIS 的支持，因此将 ASP.NET Core 应用部署到 Windows 的 IIS 中不需要在代码中进行额外的配置，只需安装.NET Core 托管捆绑包，并在 IIS 中添加一个网站对其进行简单的配置即可。容器能够为应用程序在不同平台、不同环境的情况下提供相同的运行环境，容器技术已经越来越普及，ASP.NET Core 也完全支持将应用部署到容器中。本章介绍了 Docker 容器及其相关的一些基本概念，例如镜像、容器等。Docker 提供了一系列完整且功能强大的命令，通过这些命令能够灵活地实现对镜像和容器的操作，并使应用程序运行在容器中。对于复杂的应用程序，Docker Compose 能够简化其部署过程，且能够保证操作的一致性，它通过一个 YAML 格式的文件来描述应用程序及其依赖的服务。本章通过实践操作分别介绍了如何使用 Docker 命令和 Docker Compose 工具部署 ASP.NET Core 应用程序。

作为微软提供的完整、强大且灵活的云平台，Azure 包含了众多的云服务，覆盖了虚拟机、应用部署、存储、数据库、数据分析、AI 与机器学习、安全、容器等方面，能够满足几乎所有行业的商业需求。将 ASP.NET Core 应用程序部署到 Azure 中是比较容易的，只要在 Azure 中创建 Azure 应用服务以及所需要的其他资源，并在部署时在 Visual Studio 的发布向导中选择所创建的应用服务即可。Azure 应用服务也支持持续部署，本章也介绍了如何在 Azure 中实现这一操作。